普通高等教育“十二五”规划教材（高职高专教育）

（第三版）

建筑工程测量

主　编　谢炳科
副主编　来丽芳　赵雪云
编　写　兰贵亭
主　审　陈福山

中国电力出版社
CHINA ELECTRIC POWER PRESS

内 容 提 要

本书为普通高等教育“十二五”规划教材（高职高专教育），全书共十一章，主要内容包括水准测量、角度测量、距离测量与直线定向、地形图的基本知识、小地区控制测量、地形图测绘、地形图的应用、施工测量的基本工作、建筑施工测量、线路工程测量等。本书根据建筑工程技术专业对建筑工程测量课程的基本要求，简单地介绍了测量学的基础知识、基本技能和基本方法。各章后面附有习题与思考题。

本书可作为高职高专院校建筑工程技术专业教材，也可作为建筑类相关专业培训教材，还可作为工程技术人员自学参考书。

图书在版编目（CIP）数据

建筑工程测量/谢炳科主编. —3版. —北京：中国电力出版社，2013.8（2018.3重印）

普通高等教育“十二五”规划教材. 高职高专教育

ISBN 978-7-5123-4655-0

Ⅰ.①建… Ⅱ.①谢… Ⅲ.①建筑测量－高等学校－教材 Ⅳ.①TU198

中国版本图书馆CIP数据核字（2013）第148558号

中国电力出版社出版、发行

（北京市东城区北京站西街19号 100005 http://www.cepp.sgcc.com.cn）

北京雁林吉兆印刷有限公司印刷

各地新华书店经售

*

2004年6月第一版

2013年8月第三版 2018年3月北京第十次印刷

787毫米×1092毫米 16开本 14印张 335千字

定价**25.00**元

前　言

本书是根据高职高专院校建筑工程技术专业教学大纲的要求，并结合编者多年的教学实践而编写的。书中介绍了测量学的基础理论和基本知识，常用测量仪器的构造和使用方法，角度、距离和高差的测量方法，地形图的测绘和使用方法，以及一般建筑物、构筑物的施工测量方法，并适当地介绍了一些测绘新仪器、新技术的应用方法。

本书对建筑工程测量内容的取舍与难易程度的把握上，以必需、够用为度。全书内容图文并茂，直观形象，对测量学理论的阐述，深入浅出，通俗易懂。全书的文字叙述简洁，语言精练，简单明了。考虑新的出版规定，原测量教材中许多以中文作下标的公式，采用相应汉语拼音第一个字母作下标，敬请读者见谅。

本书由重庆科技学院谢炳科主编，参加编写的有谢炳科（第一、二、五、七章），山西建筑职业技术学院赵雪云（第八、十一章），山西太原大学兰贵亭（第六、十章），浙江建设职业技术学院来丽芳（第三、四、九章）。全书由重庆大学陈福山主审。

编　者

2013年6月

第一版前言

本书是根据高职高专房屋建筑工程专业教学大纲的要求，并结合我们多年的教学实践而编写的。书中介绍了测量学的基础理论和基本知识，常用测量仪器的构造和使用方法，角度、距离和高差的测量方法，地形图的测绘和使用方法，以及一般建筑物、构筑物的施工测量方法，并适当地介绍了一部分测绘新仪器、新技术的应用方法。

本书在进行建筑工程测量的内容取舍与难易程度的掌握时，以必需、够用为度。讲解测量仪器的构造与各种测量方法的过程中，基本做到了图文并茂，直观形象。在阐述测量学理论时，力求深入浅出，通俗易懂。全书的文字叙述简洁，语言精练，简单明了。考虑新的出版规定，原测量教材中许多以中文作下标的公式，采用相应汉语拼音第一个字母作下标，敬请使用者见谅。

本书由重庆科技学院谢炳科主编，参加编写的有谢炳科（第一、二、五、七章），山西建筑职业技术学院赵雪云（第八、十一章），山西太原大学兰贵亭（第六、十章），浙江建设职业技术学院来丽芳（第三、四、九章）。全书由重庆大学陈福山主审。

编　者

2004年4月

第二版前言

为贯彻落实教育部《关于进一步加强高等学校本科教学工作的若干意见》和《教育部关于以就业为导向深化高等职业教育改革的若干意见》的精神，加强教材建设，确保教材质量，中国电力教育协会组织制订了普通高等教育"十一五"教材规划。该规划强调适应不同层次、不同类型院校，满足学科发展和人才培养的需求，坚持专业基础课教材与教学急需的专业教材并重、新编与修订相结合。本书为修订教材。

本书是根据高职、高专房屋建筑工程专业教学大纲的要求，并结合我们多年的教学实践而编写的。书中介绍了测量学的基础理论和基本知识，常用测量仪器的构造和使用方法，角度、距离和高差的测量方法，地形图的测绘和使用方法，以及一般建筑物、构筑物的施工测量方法，并适当地介绍了一部分测绘新仪器、新技术的应用方法。

本书在进行建筑工程测量的内容取舍与难易程度的掌握时，以必需、够用为度。讲解测量仪器的构造与各种测量方法的过程中，基本做到了图文并茂，直观形象。在阐述测量学理论时，力求深入浅出，通俗易懂。全书的文字叙述简洁，语言精练，简单明了。考虑新的出版规定，原测量教材中许多以中文作下标的公式，采用相应汉语拼音第一个字母作下标，敬请使用者见谅。

本书由重庆科技学院谢炳科主编，参加编写的有谢炳科（第一、二、五、七章），山西建筑职业技术学院赵雪云（第八、十一章），山西太原大学兰贵亭（第六、十章），浙江建设职业技术学院来丽芳（第三、四、九章）。全书由重庆大学陈福山主审。

编　者

目　录

第一章　概　　述

第一节　测量学及其应用

一、测量学的概念和任务

测量学是研究如何测定地面点的平面位置和高程，将地球表面的地形及其他信息测绘成图，以及确定地球的形状和大小等的科学。

测量学的任务包括测绘和测设两个方面。

测绘就是研究如何采用测量仪器和运用测量方法将地面点测定出来，并用规定的符号表示在图上，绘制成地形图的工作。地形图可用于勘测设计和施工中。

测设就是研究如何运用测量仪器和方法，并按照设计要求，将图纸上已经设计好的建筑物和构筑物的位置在地面上标定出来，给出施工标志的工作。施工标志是施工中各项操作的依据。对一些重要的大型建筑物和构筑物而言，为保证使用中的安全或为某些设计积累资料，在其施工中和施工结束后一段时间，还需要进行沉降变形观测。

二、测量学的分类

根据研究问题的范围和侧重点不同，测量学形成了许多分支学科。

1. 大地测量学

大地测量学是研究在大范围内如何建立国家大地控制网，并测定地球形状大小的学科。根据测量方法不同，又分为常规大地测量和人造卫星大地测量。

2. 普通测量学

普通测量学是研究地球表面较小区域内测绘工作的基本理论、技术、方法和应用的学科，是测量学的基础。主要研究内容有图根控制网的建立、地形图的测绘及一般工程的施工测量。

3. 摄影测量学

摄影测量学是研究如何利用陆地摄影、航空摄影、水下摄影获得的摄影图像，经过分析处理、量测得到物体的形状大小和位置的学科。

4. 工程测量学

工程测量学是指在工程建设勘测设计、施工和管理阶段所进行的各种测量工作。按工作顺序和性质分为勘测设计阶段的控制测量和地形测量、施工阶段的施工测量和设备安装测量、管理阶段的变形观测和维修养护测量。按工程建设的对象分为建筑、水利、铁路、公路、桥梁、隧道、矿山、城市和国防等工程测量。

三、测量学的应用

测量学的应用遍布于工业、农业、国防和科研各个领域，本书着重介绍测量学在工程建设中的应用。在工程的勘测阶段，需要建立测图控制网，测绘地形图和断面图，以及进行道路桥梁等定线工作，为规划设计提供地形资料；在工程设计阶段，需要在地形图上进行总体规划及技术设计，使工程布局经济合理；在工程施工阶段，需要进行施工放样和设备安装测设，给定施工标志，以作为施工的依据；施工结束以后，需要进行竣工测量，编绘竣工总平面图，用以评定施工质量和为建筑物或构筑物以后的维修管理、扩建、改建提供资料。对一些重要的大型建筑物或构筑物，还需要进行沉降变形观测，以监视运行情况，确保工程安全。由此可见，在工程建设的各个阶段，都需要进行测量工作，尤其在建设之初的勘测更为重要。

四、学习本课程的要求

测量学是土木工程、城乡规划、给水排水工程等土建类专业的一门技术基础课程，作为一名工程技术人员，必须掌握测量学的基础理论和基本知识；学会正确使用和保养常用的测量仪器、工具；了解在小范围内测绘大比例尺地形图的测图程序；在工程建设的规划设计和施工中，能正确使用地形图和各种测量资料；在一般工程建设的施工中，具备有测设常见建筑物和构筑物的施工放样能力。这些也是对一名工程技术人员最基本的要求。

第二节 地面点位的确定

一、确定点位的原理

测量工作的实质就是确定地面点的位置。地球表面高低起伏不平，各种地物的形状千变万化，确定点的位置就是将地面点沿铅垂线投影到基准面上，然后在基准面上建立一个平面直角坐标系，地面点的位置就以它在平面直角坐标系中的坐标和它离开基准面的铅垂距离表示。这就是确定点位的基本原理。

二、测量的基准线和基准面

测量上确定地面点的位置与数学上一样，首先需要定义一些基准线和基准面。

如前所述的铅垂线就是测量用的基准线，在测量仪器的对中和分段丈量距离的投点时常常使用。因为地球表面上任何一点都同时受到地心对它的引力和地球自转产生的离心力作用，这两个力的合力称为重力。在某一点上用细线挂一个铅锤，铅锤尖总是指向下，铅垂线也就是该点的重力方向线。

由于地球表面上海洋面积远远大于陆地面积，测量人员首先想到使用海水面作为测量的基准面。假设海水处于静止不动，将它延伸穿过大陆内部形成的闭合曲面，即所谓水准面。由于海水面受潮汐影响，并非静止不动，使用时是通过验潮观测，求出通过某一点的平均海水面位置。再将平均海水面延伸穿过大陆内部形成的闭合曲面，称为大地水准面。水准面和大地水准面是高程系统的基准面。水准面和大地水准面都是曲面。在半径为 10km 的范围内，即面积约 $314km^2$ 内，测量工作可以水平面代替水准面。水平面就是通过水准面上某一点所作的切平面。

三、点的平面直角坐标

地面点的位置是以其在平面直角坐标系中的坐标描述的。根据测量范围的大小，测量上使用的平面直角坐标系有两种。一是大范围进行测量工作，使用高斯平面直角坐标系描述地面点的位置。二是小范围进行测量工作，使用假定的平面直角坐标系描述地面点的位置。本书介绍的是小区域的测量工作，所以仅介绍假定的平面直角坐标系。如图 1-1 所示，假定的平面直角坐标系是以经过测区中心某一点的子午线方向作为坐标系的纵轴，命名为 x 轴，规定子午线的北方向为 x 轴的正方向，向南为 x 轴的负方向。以经过该点的东西方向作为坐标系的横轴，命名为 y 轴，规定向东为 y 轴的正方向，向西为 y 轴的负方向。纵、横坐标轴的交点作为坐标系的原点，记为 o 点。由于测量坐标系 x、y 轴的位置正好与数学坐标系相反，为了使数学计算公式能够在测量上运用，测量坐标系各象限的编号顺序也与数学上相反，即从 x、y 轴的正方向夹角开始，按顺时针方向编号。为了使点的坐标书写和标注方便而避免点的坐标出现负值，如图 1-2 所示，通常将 x、y 轴向西和向南平移一段距离，使坐标系的原点位于测区的西南角。这样即可保证测区内各点的平面直角坐标均为正值。

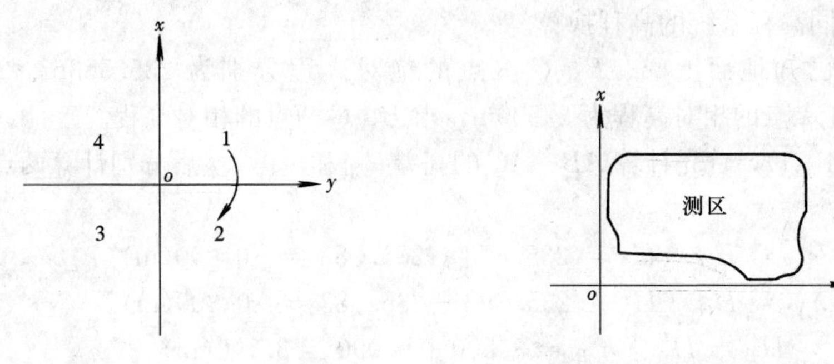

图 1-1　坐标系原理图　　图 1-2　坐标系应用示意图

四、点的高程

地面点位置的高低用地面点的高程来描述。地面点的高程，即地面点离开基准面的铅垂距离。由于使用的基准面不一样，通常用于描述地面点的高程有两种。

（一）绝对高程

如图 1-3 所示，从地面点开始，沿铅垂线量至大地水准面的铅垂距离，称为地面点的绝对高程。国家高程系统就是以大地水准面作为基准面建立起来的高程系统，它属于绝对高程系统。为了求出合适的大地水准面，我国在青岛附近设立了验潮观测站，利用 1956 年以前的验潮资料，求出黄海的平均海水面位置，作为大地水准面建立起来的高程系统，称为 1956 年黄海高程系统。在 1956 年黄海高程系统中，国家水准原点的高程为 72.289m。由于本次验潮资料较少，求出的大地水准面位置欠准确。直至 1985 年以前，我国又利用该验潮站的验潮资料，再一次求出黄海的平均海水面位置，重新建立了国家高程系统，该高程系统称为1985 年国家高程基准。在 1985 年国家高程基准中，国家水准原点的高程为 72.260m。绝对高程通常用 H 表示，如 A 点的绝对高程表示为 H_A，B 点的绝对高程表示为 H_B。绝对高程，又称为海拔。使用绝对高程描述地面点的位置高低，必须以国家高程点作为起算数据或与国家高程系统发生联系。除了绝对高程，有时候也使用相对高程描述地面点的位置高低。

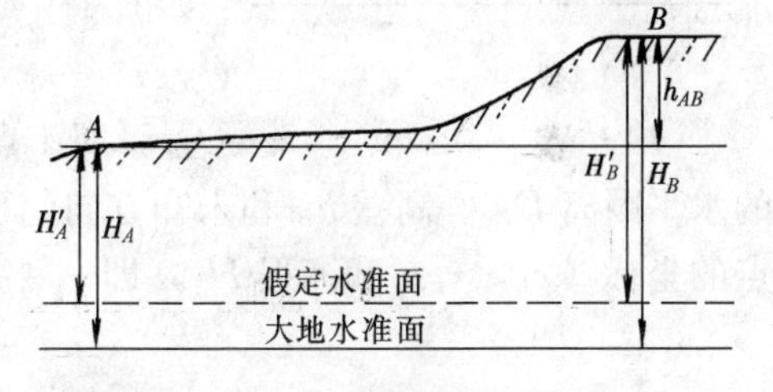

图 1-3　高程示意图

（二）相对高程

相对高程的应用也比较广泛。例如，在某些边远地区进行测量工作，仅仅为了比较地面点的位置高低，若使用绝对高程，则需要从很远的地方引测高程点，非常麻烦。若使用相对高程，则非常简单。又如用在建筑设计的剖面图上，若使用绝对高程注记，比较烦琐，若使用相对高程，既非常简单，又很容易求得建筑物各部件之间的高差。

相对高程指的是，从地面点开始，沿铅垂线量至任意（或假定）水准面的铅垂距离。相

对高程通常用 H' 表示，如 A 点的相对高程表示为 H'_A，B 点的相对高程表示为 H'_B。

（三）高差

高差指的是地面上两点的高程之差，一般用 h 表示，如地面上 A、B 两点的高差表示为 h_{AB}。高差的计算与高程系统无关，即

$$h_{AB}=H_B-H_A=H'_B-H'_A \tag{1-1}$$

该式常用于不同高程系统的高程换算。

【例 1 - 1】 已知地面上 A、B、C 三点的绝对高程分别为 235.583m、235.673m、235.892m，又已知 A 点的相对高程为 3.500m，求 B、C 两点的相对高程。

解 利用式（1 - 1），首先计算 AB、AC 的高差 h_{AB} 和 h_{AC}，然后分别计算两点的相对高程，即

$$h_{AB}=H_B-H_A=235.673-235.583=+0.090(\text{m})$$
$$h_{AC}=H_C-H_A=235.892-235.583=+0.309(\text{m})$$
$$H'_B=H'_A+h_{AB}=3.500+0.090=3.590(\text{m})$$
$$H'_C=H'_A+h_{AC}=3.500+0.309=3.809(\text{m})$$

五、确定点位的基本要素

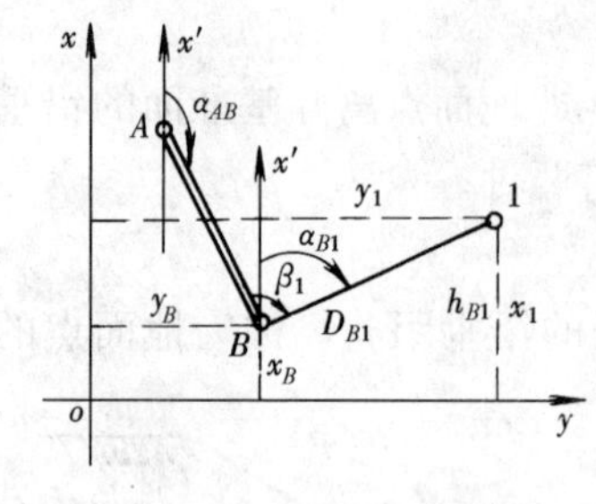

图 1 - 4 点位示意图

地面点的平面位置和高低位置，分别使用点的坐标和点的高程描述。而点的坐标和点的高程都不能直接利用测量仪器测定，只能通过观测未知点与已知点之间的相互位置关系及已知点的坐标和高程，利用公式推算未知点的坐标和高程。如图 1 - 4 所示，A、B 为地面上两已知点，其坐标（x_A，y_A）、（x_B，y_B）和高程 H_A、H_B 均为已知，欲确定 1 点的位置，即 1 点的坐标（x_1，y_1）和高程 H_1。若观测了未知方向的水平距离 D_{B1}、高差 h_{B1} 和未知方向与已知方向之间的水平角 β_1，则可利用公式推算出 1 点的坐标（x_1，y_1）和高程 H_1，即

$$\alpha_{B1}=\alpha_{AB}+180^\circ+\beta_1$$
$$\Delta x_{B1}=D_{B1}\cos\alpha_{B1}$$
$$\Delta y_{B1}=D_{B1}\sin\alpha_{B1}$$
$$x_1=x_B+\Delta x_{B1}$$
$$y_1=y_B+\Delta y_{B1}$$
$$H_1=H_B+h_{B1}$$

水平角、水平距离和高差（或高程）称为确定点位的三个基本要素。水平角测量、水平距离测量和高差（高程）测量就是测量的三项基本工作。

第三节 测量误差与测量程序

一、误差的概念与种类

（一）误差的概念

水平角、水平距离和高差（高程）等测量数据，是测量人员利用测量仪器工具，在外界

条件的影响下进行观测取得的。测量人员、仪器和外界条件三者，称为观测条件。由于人员技术水平的差异，测量仪器不够精密，以及外界条件的影响，使得测量结果与其理论值之间存在差异，这种差异测量上称为误差或真误差。即

$$\Delta = L - X \qquad (1-2)$$

式中　Δ——真误差；

L——观测值；

X——理论值。

例如，三角形的内角和理论值为 $180°00'00''$，已知某三角形观测三内角和为 $179°59'48''$，则其真误差 $\Delta = 179°59'48'' - 180°00'00'' = -12''$。

某些观测量可以很容易地求得其理论值，而另一些量则不能求得其理论值，但本身有客观存在的真值。误差亦即观测值与其客观存在的真值之间的差值。

测量误差越小，测量的精度越高。测量误差越大，测量的精度越低。精度，通常指测量结果的准确程度。

观测条件相同的一组观测值，称为等精度观测。观测条件不同的一组观测值，称为不等精度观测。

减小测量误差，提高测量成果的精度，首先要充分认识测量误差的性质。

（二）误差的种类

根据误差的性质不同，误差可分为两类。

1. 系统误差

在相同观测条件下，对某个量进行一系列观测，若误差出现的符号和数值大小都表现出明显的规律性，这类误差称为系统误差。如钢尺的尺长误差引起的距离丈量误差。设某钢尺的真实长度 l 小于钢尺的名义长度 l_0，则每丈量一段距离，含有误差 $\Delta = l_0 - l$，符号均为正值。若使用该钢尺对某段距离进行多次丈量，则该组距离中所含尺长误差的符号均为正。而且，每次丈量距离所含误差与一尺段的尺长误差成正比例关系。除此之外，水准仪的 i 角误差、经纬仪的视准轴误差等对测量结果的影响也是这样。

系统误差主要是由于测量仪器误差、测量方法误差和外界条件的影响而产生的。因此消除或减小系统误差多采用如下措施：

（1）选用精密的测量仪器观测，仪器越精密，所含误差越小。

（2）在测量之前，对使用的仪器工具进行检验和校正，将仪器误差降低到最小。

（3）在测量中，采用适当的观测方法和操作程序，使系统误差在观测结果中得以抵消。

（4）找出系统误差的大小和变化规律，然后往观测结果中加入改正数，获得接近理论值的测量成果。

2. 偶然误差

在相同的观测条件下，对某一个量进行了一系列观测，若误差出现的符号和数值大小表面看没有明显的规律性，而实质上是服从一定的统计规律的，这种误差称为偶然误差。通过研究和实践发现，偶然误差的统计规律可以概括如下：

（1）偶然误差的绝对值不会超过一定的限值。

（2）绝对值小的误差比绝对值大的误差出现的概率大。

（3）绝对值相等的正负误差出现的概率也相等。

（4）随着观测次数无限增多，偶然误差的算术平均值趋近于零。

因此，用于减小偶然误差的措施，除了提高观测人员的技术水平以外，主要的就是采用适当的方法处理观测成果，使经过处理后的测量成果接近于理论值或客观存在的真值。

二、精度标准

为了正确地评价不同观测量测量结果的准确程度，对不同的观测量应使用不同的精度标准。所谓精度高低，即误差的大小。

（一）中误差

中误差，指一组观测值的真误差平方和的平均值的平方根，即

$$m=\pm\sqrt{\frac{[\Delta\Delta]}{n}} \tag{1-3}$$

$$[\Delta\Delta]=\Delta_1^2+\Delta_2^2+\cdots+\Delta_n^2$$

式中 m——中误差；

n——真误差的个数；

Δ——真误差。

【例 1-2】 设对某一个角度进行了两组观测，其中一组观测的真误差为+2″、−2″、0″、−3″、−8″、+3″、−8″、+2″，另一组观测值的真误差分别为+3″、−4″、−5″、+4″、+3″、−5″、−4″、−4″，求两组观测值的精度。

解 根据式（1-3）分别计算两组观测值的中误差，即

$$m_1=\pm\sqrt{\frac{4+4+0+9+64+9+64+4}{8}}=\pm4.4''$$

$$m_2=\pm\sqrt{\frac{9+16+25+16+9+25+16+16}{8}}=\pm4.1''$$

由此可见，真误差反映的是个别观测值的误差大小，只能用于评价某个量某次观测的精度。而中误差反映的是某个量的一组观测值的误差大小或对多个观测量的一次观测值的误差大小，它可以用于评价某种测量方法的精度，这正是测量工作中所需要的。同时，中误差也不同于简单的平均误差（即真误差的绝对值的平均值），中误差的大小不仅反映了真误差的大小，也反映了真误差分布的离散程度，使用中误差评价观测值或测量结果的精度也更准确、更可靠。

（二）允许误差

允许误差即容许误差，指的是测量误差允许的限值，常见于 GB 50026—2007《工程测量规范》（以下简称《测量规范》）之中。

在水平角测量、水平距离测量和高差测量工作中，测量误差是不可避免的。为了满足不同工程建设的需要，《测量规范》中给出了不同测量工作的允许误差大小。例如，《测量规范》中规定一级导线的测角中误差不超过±5″，即水平角测量的允许误差。

允许误差的确定是根据误差分布规律，并按照正常观测值产生真误差所计算的中误差的2倍确定，也有采用3倍中误差作为允许误差的，即

$$\Delta_y=2m$$

式中 Δ_y——允许误差；

m——中误差。

（三）相对误差

相对误差，指的是观测量的误差与观测值本身的比值。用观测量的中误差与观测量相比，其比值称为相对中误差。用观测量的允许误差与观测量相比，其比值称为相对允许误差。

在实际工作中，某些观测量使用中误差评价测量的精度很不合适。例如，有两条直线，分别进行了一系列的距离丈量，其中一条直线长 100m，另一条直线长 200m，根据其真误差计算出距离的中误差 m_D 均为±5mm。若使用中误差评价距离丈量的精度，则这两条直线丈量距离的精度相同，但事实并非如此。如前所述，钢尺的尺长误差对距离丈量的影响与距离的长度成正比，其他误差影响也基本如此。所以，能达到相同的中误差，距离越长的那一条直线测量操作应该越仔细，其精度也应该越高。以观测值的中误差与观测值本身的比值表示距离丈量的精度，正好能解决这个问题。

相对误差一般用 K 表示，而且用一个分子为 1 的分数表示，即

$$K = |m_D|/D = 1/D/|m_D| \tag{1-4}$$

式中 K——相对中误差；

m_D——中误差；

D——直线的距离。

按照式（1-4）可计算出，100m 长的直线距离丈量的精度为 $K_1 = |\pm 5|/100000 = 1/20000$，200m 长的直线距离丈量的精度为 $K_2 = |\pm 5|/200000 = 1/40000$，200m 长的直线量距精度远远高于 100m 长的直线，这正好符合实际。

三、算术平均值

在实际工作中，大部分测量工作都是按等精度观测的。设对某一个量 L 进行了一系列等精度观测，取得了一组观测值 L_1，L_2，…，L_n，通过研究发现，该组观测值的算术平均值最接近其客观存在的真值。所以，在实际测量工作中，通常取 n 次观测值的算术平均值作为该观测量的测量成果，即

$$x = [L]/n \tag{1-5}$$

$$[L] = L_1 + L_2 + \cdots + L_n$$

式中 x——算术平均值；

n——观测值的个数。

【例 1-3】 有一条直线，使用钢尺进行了四次等精度测量，观测值分别为 235.243m、235.227m、235.231m、235.235m，试计算该直线的距离。

解 等精度测量的成果为各次观测值的算术平均值，根据式（1-5）得直线的距离为

$$D = [235.243 + 235.227 + 235.231 + 235.235]/4 = 235.234(\text{m})$$

四、测量工作程序

确定地面点位的基本测量工作有水平角测量、水平距离测量和高差测量三项。由于测量的水平角、水平距离和高差存在误差，使得确定的点位也有误差，而且点位误差是累积的。如图 1-5 所示，设 A、B 为地面上两已知点，1、2 为未知点，根据观测的水平角、水平距离，通过公式计算可求得未知点 1、2 的坐标（x_1，y_1）、（x_2，y_2），即

$$\alpha_{B1} = \alpha_{AB} + 180° + \beta_1$$

$$\alpha_{12}=\alpha_{B1}+180°+\beta_2$$
$$x_1=x_B+D_1\cos\alpha_{B1}$$
$$y_1=y_B+D_1\sin\alpha_{B1}$$
$$x_2=x_1+D_2\cos\alpha_{12}$$
$$y_2=y_1+D_2\sin\alpha_{12}$$

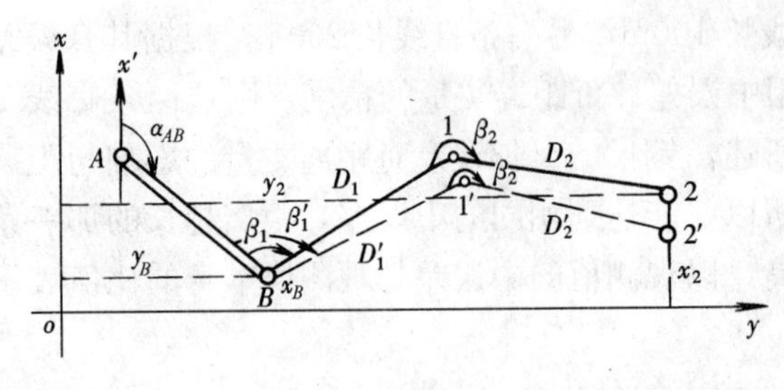

图 1-5 误差累积示意图

由于水平角 β_1 和水平距离 D_1 的测量误差，使得计算的 1 点的坐标（x_1，y_1）也产生了误差，1 点移到了 1′点的位置，而计算的 2 点的坐标，不仅受到水平角 β_1、水平距离 D_1 的误差影响，还受到水平角 β_2、水平距离 D_2 的误差影响，2 点会比 1 点的位置误差更大。由图 1-5 可知，经过中间传递的点越多，误差累积越大，甚至于造成后面点位面目全非也是可能的。但是，在工程建设中决不允许这种事情发生。

为了限制测量误差的累积，测量上采用了“从整体到局部，先控制后碎部”的工作程序开展测量工作。也就是说，在某个区域内进行测量工作，首先应该从整体考虑，在测区内选择少量有控制意义的点，组成控制网，采用高精度的测量仪器和精密的测量方法，确定控制点的位置，这项工作被称为控制测量。然后，再以控制点为基准，测量周围碎部点的位置，这项工作被称为碎部测量。这样，不仅可以很好地限制误差的累积，还可以通过控制测量将测区划分成若干个小区，各小区的碎部测量工作同时进行，从而加快了测量工作进度，缩短了工期。同时，由于控制点数量少，碎部点数量多，它还可以很好地节省人力、物力和节省经费开支。

习题与思考题

1. 测量学是一门什么样的学科？
2. 测量学的任务是什么？
3. 测量学在工程建设中有什么作用？
4. 测量坐标系与数学坐标系有什么区别？
5. 何谓绝对高程？何谓相对高程？
6. 已知水准点 A、B、C 的绝对高程分别为 576.823、823.678、1022.177m，又知道 B 点在某假定高程系统中的相对高程为 500.295m，求在该系统中 A、C 两点的相对高程。
7. 测量的基本工作是什么？
8. 何谓误差？如何分类？有什么特点？
9. 怎样减小误差，提高测量成果的精度？
10. 为什么采用中误差作为衡量测量精度的标准？
11. 何谓等精度观测？
12. 何谓测量工作程序？按这样的程序开展工作有什么好处？
13. 何谓中误差和相对误差？

第二章　水　准　测　量

测量的三项基本工作，其中之一就是高程测量。高程测量的方法很多，根据使用的仪器不同，可分为水准测量、三角高程测量和气压高程测量。由于水准测量高程的精度高，操作方法也比较简单。所以，在一般工程建设中，经常使用水准测量的方法测定高程。

第一节　水准测量的原理

一、水准测量的概念

水准测量就是根据水准仪提供的一条水平视线，直接测定出地面上两点的高差，再根据其中一点的已知高程，推算另外一点高程的测量工作。

如图 2-1 所示，地面上有 A、B 两点，其中 A 点的高程 H_A 已知，求 B 点的高程 H_B。根据水准测量的原理，首先在 A、B 两点上各立一根水准尺，在 A、B 两点之间安置一台水准仪，根据水准仪提供的一条水平视线分别读出 A、B 两尺上的读数 a、b，由图上看出可以很容易地求出未知点 B 的高程。

二、水准测量的简单计算

1. 高差法

如图 2-1 所示，水准测量的观测工作，首先从已知点开始，再到未知点，先读已知点上的后视读数，再读未知点上的前视读数。用后视读数减去前视读数，即得到两点的高差。再根据已知点的高程即可推算出未知点的高程，这种计算方法称为高差法计算。即

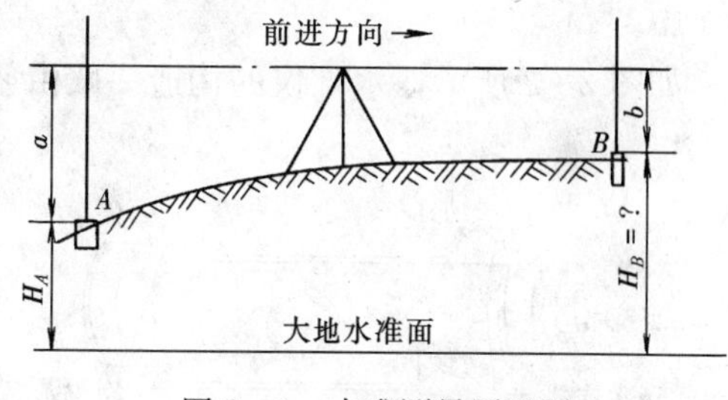

图 2-1　水准测量原理图

$$h_{AB}=a-b \tag{2-1}$$

$$H_B=H_A+h_{AB} \tag{2-2}$$

式中　a——后视读数；

b——前视读数；

h_{AB}——A、B 两点之间的高差；

H_A——A 点的高程；

H_B——B 点的高程。

高差法计算未知点的高程，常用于水准路线的观测计算之中。

2. 视线高法

如图 2-1 所示，计算时也可先根据已知点的高程，以及在它上面立尺所取读数计算出仪器的视线高程，再根据未知点上所取读数计算出未知点的高程，即

$$H_i=H_A+a \tag{2-3}$$

$$H_B=H_i-b \tag{2-4}$$

式中　H_i——水准仪的视线高程。

视线高法计算未知点的高程，常用于安置一次仪器需要求出许多点的高程的计算之中。例如，场地平整中土方方格网的高程测定，以及线路断面测量中的各碎部点的测定。

三、水准测量的基本条件

由水准测量的原理可知，在水准测量工作中，最主要的一个条件就是要有一条水平视线，这个条件称为水准测量的基本条件，也是能够进行水准测量的必要条件。

第二节　水准测量的仪器和工具

一、DS_3 微倾水准仪的构造

我国制造的水准仪，在仪器的铭牌上多用字母 D、S 来表示水准仪的名称，D、S 分别为“大地测量”、“水准仪”字头的汉语拼音的缩写，有时候也简记为 S。

水准仪按照调平视线的方式划分，有微倾水准仪和自动安平水准仪两种。按照使用仪器观测每一千米水准路线长的往返测高差中误差，亦即精度的大小划分，有 DS_{05}、DS_1、DS_3、DS_{10} 等几种。DS_3 这种仪器使用它观测一千米水准路线长的往返测高差中误差不超过±3mm。DS_3 水准仪常用于地形测量和一般工程测量之中，习惯称为普通水准仪或工程水准仪。精度高于 DS_3 的水准仪，称为精密水准仪，一般用于高程控制测量以及特殊工程测量工作中。

如图 2-2 所示，水准仪的构造一般由望远镜、水准器和基座三部分组成。

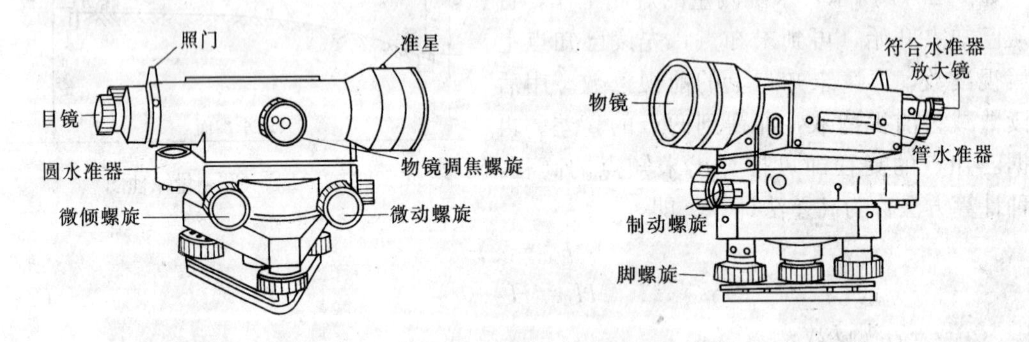

图 2-2　水准仪外观示意图

（一）望远镜

1. 望远镜的作用

望远镜的作用是使眼睛能够看清楚远处的目标，并提供一条瞄准用的视线。

2. 望远镜的构造

如图 2-3 所示，望远镜一般由物镜、物镜调焦透镜、十字丝分划板和目镜四部分组成。最简单的望远镜的物镜和目镜均为一凸透镜，物镜调焦透镜为一凹透镜。十字丝分划板为一块平板玻璃，上面刻有两条十字线，横向的一条称为十字丝横丝，又称水平丝、中丝。纵向的一条称为十字丝竖丝，又称纵丝。在十字丝横丝的上下还对称地刻有两条短横线，因为这两条短横线用于测量仪器至立尺点的视距，故称为视距丝。

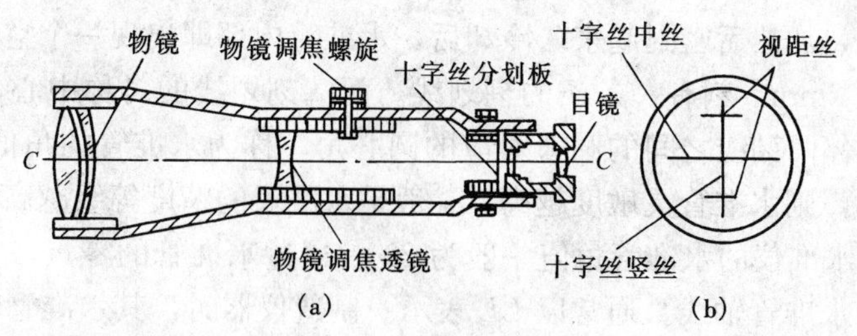

图 2-3　望远镜剖面图

如图 2-4 所示，物镜的作用是将远处的目标成一倒立的小实像于望远镜筒内。物镜调焦透镜的作用是使小实像在望远镜筒内前后移动，并落在十字丝分划板上。目镜的作用是将倒立的小实像放大成一虚像，使眼睛看得更清楚。眼睛看放大后的虚像构成的视角与眼睛直接看目标构成的夹角之比，称为望远镜的放大倍数。测量仪器的精度等级越高，其望远镜的放大倍数也越大。物镜光心与十字丝交点的连线，称为视准轴，即用于瞄准的视线，习惯用 CC 表示。

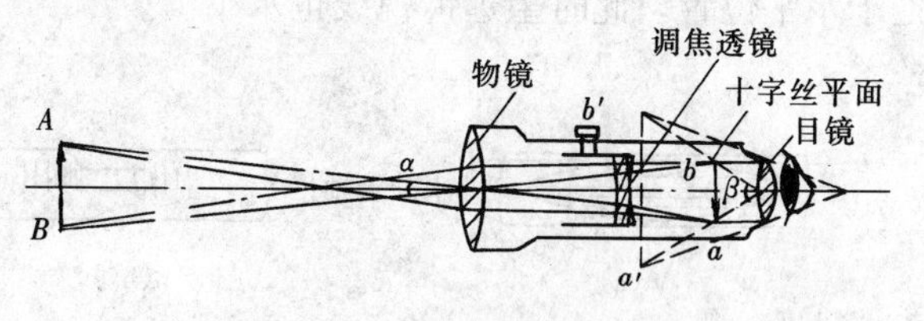

图 2-4　望远镜成像原理图

3. 望远镜的使用

在望远镜筒的上方还有一准星和照门（或称缺口），可用于粗略瞄准目标。望远镜可以在水平面内旋转，其旋转的中心轴线称为仪器的竖轴，竖轴一般用 VV 表示。用于控制望远镜物镜在水平面内旋转的是望远镜物镜下方的制动螺旋和微动螺旋。顺时针拧紧制动螺旋，则望远镜在水平面内不能转动，此时转动微动螺旋，可使望远镜在水平面内做微小的转动。目前使用的望远镜均为内调焦（亦称内对光）式望远镜，使用时应先转动目镜对光螺旋，使眼睛看清楚十字丝分划线，这一步称为目镜对光。然后再转动物镜对光螺旋，使眼睛看清楚目标所成的影像，这一步称为物镜对光。

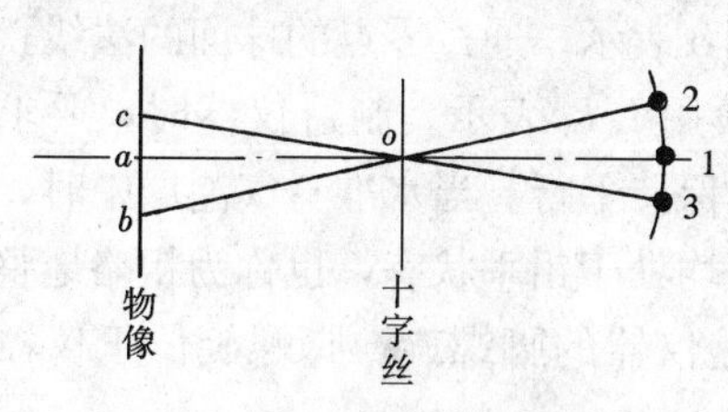

图 2-5　视差示意图

如图 2-5 所示，由于物像与十字丝分划线不在同一平面上，此时眼睛在目镜端上下晃动，可见到十字丝与物像之间有相对移动的现象，这种现象称为视差。由于视差存在，眼睛在目镜端不同的位置，可见到十字丝交点在物像上不同的位置，亦即读出水准尺上不同的读数。由此读数误差，从而导致计算的高差（高程）误差。消除视差的办法就是反复调节目镜和物镜调焦螺旋，直至物像与十字丝分划线重合，眼睛在目镜端晃动，见到的十字丝与物像之间没有相对移动的现象，亦即消除了视差。

望远镜的视准轴是否水平，只能通过水准器进行判别。

（二）水准器

在水准仪上使用的水准器有两种：一种是水准管，另一种是水准盒。

1. 水准管

水准管在水准仪上用于精确地调平望远镜视线。

如图 2-6 所示，水准管为一圆形的玻璃管，其纵向内壁被研磨成圆弧状，里面灌入酒精与乙醚的混合液，加热后密封起来。冷却后，水准管内部即出现一个空气泡。在水准管的表面，沿纵向间隔 2mm，刻有一条条的刻划线。两端刻划线的对称中心，称为水准管的零点，以 o 表示。相邻两刻线之间的圆弧对应的圆心角，称为水准管的角值，习惯用 τ 表示。水准管的角值越小，则水准管灵敏度越高。一般是水准仪的精度等级越高，其水准管的角值越小。DS_3 型微倾水准仪的水准管角值一般为 $20''$。通过水准管的零点，与水准管纵向圆弧相切的直线，称为水准管轴线。通常以 LL 表示。制造仪器时，其水准管轴线与望远镜视准轴互相平行。当水准管的零点位于气泡的中心时，称为气泡居中。气泡居中时，水准管轴线处于水平位置，此时望远镜视线也水平。

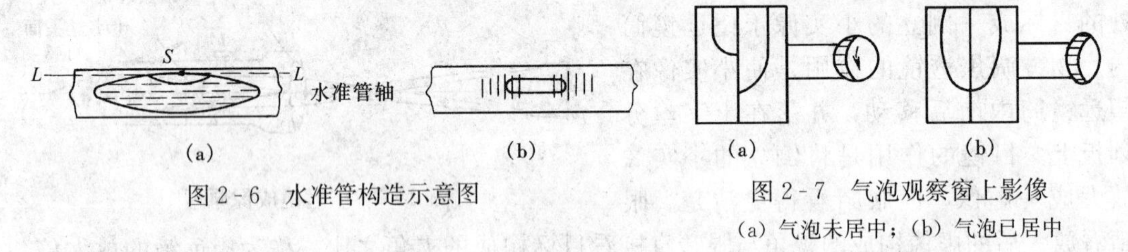

图 2-6　水准管构造示意图

图 2-7　气泡观察窗上影像

（a）气泡未居中；（b）气泡已居中

为了提高观察水准管气泡是否居中的精度，在水准管的上方，设有一套成像放大装置，将水准管两端的影像成于水准管一端的气泡观察窗上，如图2-7所示。当符合水准管气泡观察窗上两条半圆弧线平滑地吻合在一起时，则表示水准管气泡居中。这种水准管也称为符合水准管。若气泡观察窗上两条半圆弧线没有吻合在一起，此时转动仪器右侧的微倾螺旋，可使两条半圆弧线平滑地吻合在一起。

2. 水准盒

水准盒又称圆水准器，水准盒在水准仪上用于粗略地调平仪器。如图 2-8 所示，水准盒就是竖放的一段玻璃管，上面盖一半球面，球面上刻有一圆圈。在里面灌入酒精和乙醚的混合液，加热后密封起来，冷却后出现一空气泡。水准盒球面上圆圈的中心，称为水准盒的零点。水准盒的零点一般用 o' 表示。通过零点的球面的法线，称为水准盒轴线。水准盒轴线一般用 $L'L'$ 表示。制造仪器时，要求水准盒轴线 $L'L'$ 与仪器的竖轴 VV 保持平行。当水准盒气泡居中时，水准盒轴线 $L'L'$ 与仪器的竖轴 VV 均处于铅垂状态，也称为粗略地整平了仪器。粗略整平仪器的部件是仪器的脚螺旋。脚螺旋位于仪器的基座上。

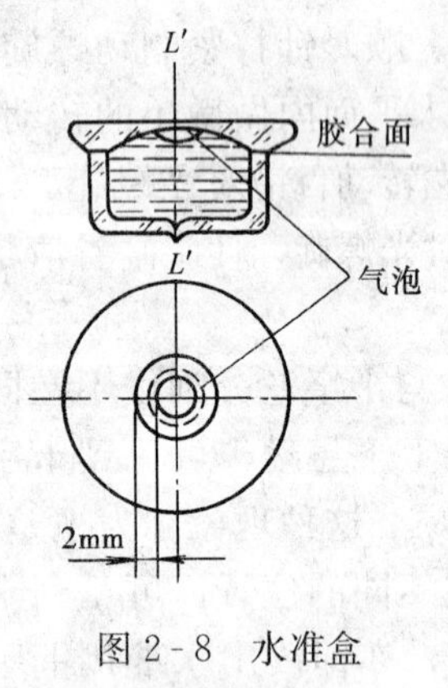

图 2-8　水准盒构造示意图

（三）基座

基座位于水准仪的下部，包括轴座、脚螺旋和连接板三部分。轴座用来支撑仪器的竖轴及整个仪器上部，脚螺旋用于粗略整平仪器，旋转它可以使仪器的竖轴处于铅垂位置，连接板上有一螺丝孔，将三脚架上的中心螺丝旋入其螺丝孔，即将仪器与三脚架紧紧地连接在一起。

基座的作用就是支撑仪器上部和连接三脚架。

二、水准尺

（一）水准尺的种类

如图 2-9 所示，水准尺的种类很多，按照连接方式划分，有直尺、塔尺和折尺三种。

按照使用材料划分，有木质尺、玻璃钢尺和铝合金尺三种。按注记方式划分，有单面尺和双面尺之分，长度有2、3、5m等几种。直尺又称杆式尺，全尺长度为一段。塔尺和折尺分别由几段组成，折尺各段之间用金属铰链连接。塔尺各段为一长方形盒子，上一段比下一段体积小，并可装在下一段尺盒内，拉出来呈上小下大的宝塔状，段与段之间通过弹簧和销钉连接。由于金属弹簧的弹性很容易出差错，使用中应特别注意段与段连接处的刻线要连续。不要有中断或重叠。

(二) 水准尺的刻划与注记

每一条水准尺在前后对称的两个面上均有刻划线，并用黑油漆与白油漆或红油漆与白油漆涂成黑、白相间或红、白相间的一个个区格。每一个黑格、白格或红格的长度均为1cm。黑、白相间的那一面，习惯称为黑面尺。红、白相间的那一面，习惯称为红面尺。在尺上每一分米处均有注字，黑面尺的尺底从“0”开始注记，而红面尺的尺底从一常数 K（4.687m 或 4.787m）开始注记。利用黑、红两面的尺常数，可以对水准测量中的读数进行校核。注记数字有正、倒两种，以适应望远镜成正、倒像均可方便地读数。注记还有直接注记与间接注记两种。直接注记的米、分米位均用数字表示出来，注字为两位数。而间接注记只有分米数，米位采用在分米数字的字顶涂注红点或三角形的方法表示，一个红点或一个红三角形代表1m，其余依次类推。每一分米处刻划的区格，用一三角形的斜尖或一加长的短横线与其他区格相区别。读数时，应找准每一分米处的准确位置。

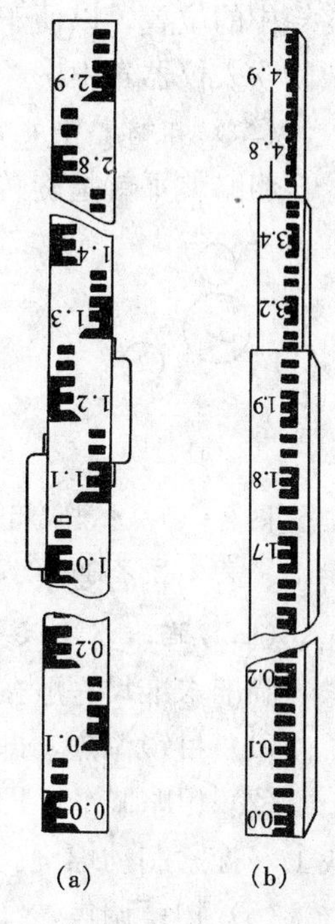

图2-9 水准尺示意图

三、尺垫

尺垫多用铸铁铸成，形状有三角形、圆形两种。下边有三只铁脚，上表面焊有一半球体。进行水准测量时，水准尺就立在该半球体上。为方便携带，尺垫上还有一手把。

尺垫的作用一是确保水准尺竖直，二是在松土地上立尺，将尺垫紧紧踩入土中，可防止水准尺下沉。还有沿道路进行水准路线观测时，可突出转点的标志。

四、水准仪的使用

使用水准仪一般按如下的方法步骤进行。

(一) 安置水准仪

安置水准仪首先要安置好三脚架。安置三脚架时，一是高度应适中，一般使望远镜与人的眼睛同高。若位置过高，踮着脚尖观测，很容易失稳。若位置过低，弓着腰观测，观测者容易劳累。二是三脚架头要大致水平。这样，放上仪器后可以减小整平调整的工作量。三是三脚架要放牢稳。首先，三脚架的伸缩固定螺钉要拧紧，其次三个脚尖的间距要合适，平地上，三脚尖连线一般呈边长为0.8～1.0m的等边三角形。坡地上安置三脚架时，应将一个脚尖放在上坡方向，两个脚尖放在下坡方向。光滑的地面安置三脚架时，最好用一条2～3m的环形绳将三脚尖圈起来，或者将脚尖放于地面的凹坑、裂缝内。

三脚架安置好以后，将仪器从仪器箱中取出，放于三脚架头上，并随手将三脚架头的中心螺旋旋入仪器连接板上的螺丝孔内，将仪器与三脚架连接在一起。取仪器时，应看清仪器在箱中的位置，以便于拆仪器时正确地装箱。取完仪器后，同时盖上箱盖，防止风将泥沙、杂物吹入仪器箱中。

（二）粗略整平

粗略整平就是旋转三个脚螺旋，使仪器的竖轴处于竖直状态，其方法如图 2－10 所示。

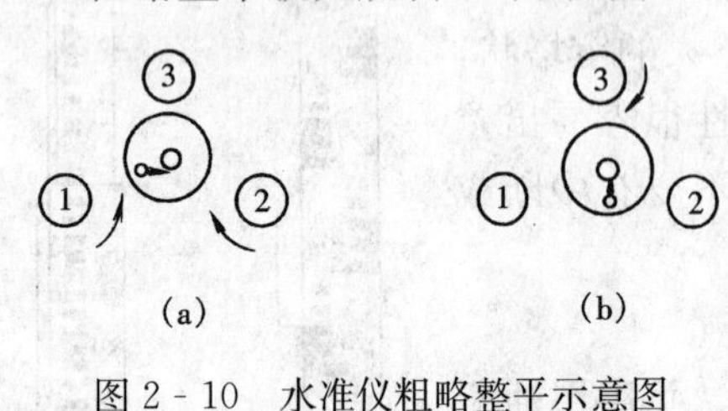

图 2－10　水准仪粗略整平示意图

（1）左右两手转动 1、2 两个脚螺旋，气泡沿 1、2 两脚螺旋连线方向移动，待气泡正对水准盒表面的圆圈时，则停止这两个脚螺旋。

（2）用另一只手转动第三个脚螺旋，气泡沿垂直于 1、2 连线方向移动，进入水准盒表面的圆圈内。

（3）旋转仪器至任意位置，检查水准盒气泡是否居中。若不符合要求，再重复操作，直至符合要求为止。

（三）瞄准水准尺

瞄准水准尺一般按如下步骤操作：

（1）目镜调焦，即转动目镜调焦螺旋，使眼睛看清望远镜的十字丝分划线。

（2）粗略瞄准，即松开制动螺旋，旋转望远镜，使准星、照门与水准尺三点位于一条直线上，拧紧制动螺旋。

（3）物镜调焦，即转动物镜调焦螺旋，使眼睛看清目标所成的影像。

（4）检查消除视差。

（5）精确地瞄准目标，即旋转微动螺旋，使十字丝纵丝与水准尺的中心线或一条棱线重合。

（四）精平与读数

1. 精平

精平，指精确地调平望远镜视线。其方法就是旋转微倾螺旋，使气泡观察窗上两个半圆弧线平滑地吻合在一起。

2. 读数

如图 2－11 所示，读数就是读取十字丝横丝在水准尺上截取的读数。读数时，一定要看清读数的标志，是十字丝横丝而不是视距丝。读数时，一定要看清楚横丝两边的 dm 注记，由小读到大。读数时，一般是先数 cm 的区格数，再将不足 1cm 的区格按十分之一估计，读出 mm 位。报数时，按 m、dm、cm 和 mm 的顺序，一次报出四位数，这样方便记录。如图2－11所示，正确的读数应是 1.337m。

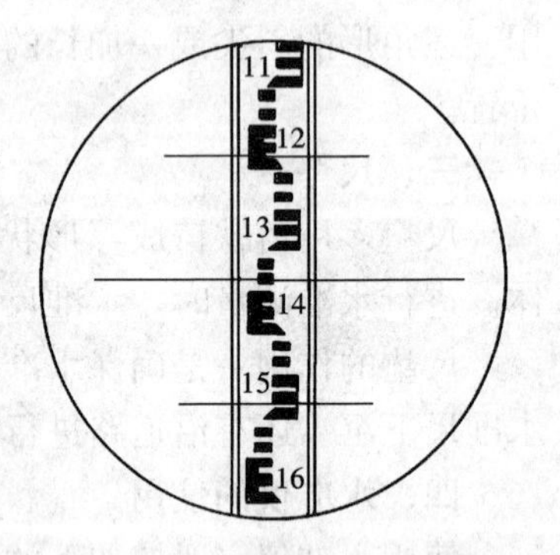

图 2－11　读数示意图

第三节　普通水准测量

一、水准点和水准路线

（一）水准点

水准点是由国家测绘部门在全国各地采用水准测量的方法测定高程，并埋设有固定高程标志的高程控制点，埋设水准点的目的是为了统一全国范围内的高程系统和为各种工程建设提供高程依据。水准点一般用字母 BM 表示，并冠以下标，以表示水准点的编号顺序。如 BM_1、BM_2 等。

根据使用期的长短，水准点分为永久性水准点和临时性水准点两种。如图 2-12 所示，永久点一般用混凝土浇筑或用条石凿成，其中心埋有一根铁标芯，标芯的顶端切削成半球面。水准点的高程即指半球顶部的高程。如国家高程控制网中各等级水准点均属于永久点，在测量规范的附录中，对永久点埋设的尺寸大小均有相应的规定。临时点可就地取材，利用原地面的树桩或在地面打入木桩，并在桩顶钉入小钉，以铁钉顶部作为高程标志。也可在水泥地面或挡土墙上，用红油漆绘高程标志线。

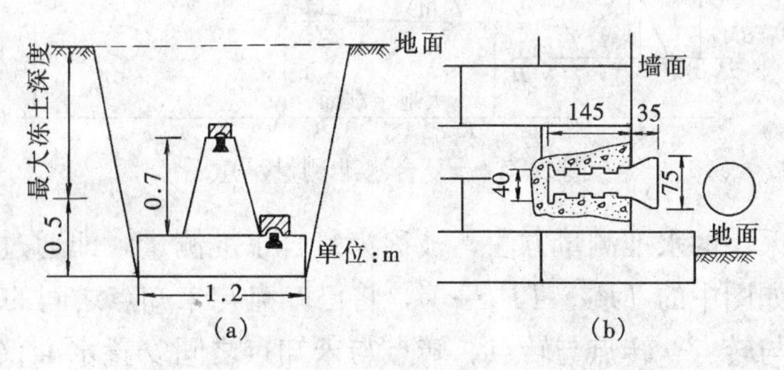

图 2-12　水准点形状示意图

（二）水准路线

进行水准测量所经过的路线，称为水准路线。为了校核水准测量成果，并考虑已知高程点的分布与未知高程点的分布，通常将水准路线布置成一定的几何形状。复杂的有水准网、结点水准路线。简单的就是单一水准路线，如图 2-13 所示，单一水准路线又分为闭合水准路线、附合水准路线和支线水准路线三种。

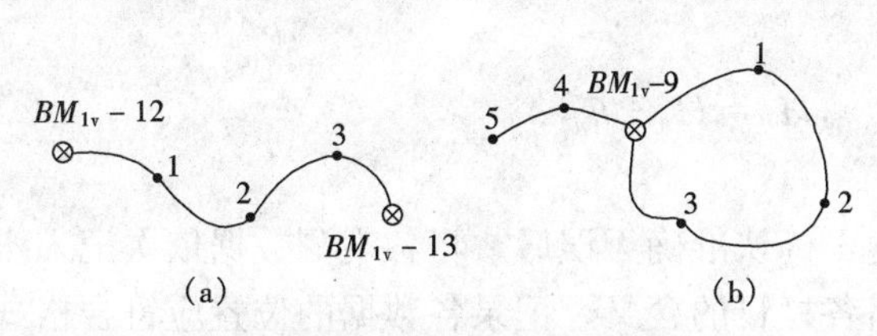

图 2-13　水准路线布置图

1. 闭合水准路线

如图 2-13 所示，从已知高程点开始，经过各未知高程点，完成各段高差观测以后，再观测回到原来的已知高程点上，水准路线形成了一个闭合环，这样的水准路线就称为闭合水准路线。对于规则的测区，且作首级高程控制测量时，一般采用闭合水准路线形式。

2. 附合水准路线

如图 2-13 所示，从已知高程点开始，经过各未知高程点，完成各段高差观测以后，再观测附合到另外一个已知高程点上，这样的水准路线就称为附合水准路线。附合水准路线多用于高程控制网的加密。对于呈条带状的测区，如管线、道路施工中的高程控制测量，若两端均有已知高程点时，一般采用附合水准路线形式。

3. 支线水准路线

支线水准路线就是从已知高程点开始，经过各未知高程点，完成各段高差观测以后，既不观测附合到另外一个已知高程点上，也不沿其他路线观测回到原来的已知高程点上，这样的水准路线就称为支线水准路线。为了检核水准路线测量成果，《测量规范》规定支线水准路线必须往返观测。支线水准路线也用于高程控制网的加密，尤其是某些测区的死角，不能采用其他路线形式加密时，多采用支线水准路线形式。

二、水准测量方法

根据某一已知高程点，欲求未知点的高程，可以在已知点与未知点之间安置一台水准仪，利用水准仪提供的一条水平视线，读出已知点水准尺上的后视读数与未知点水准尺上的

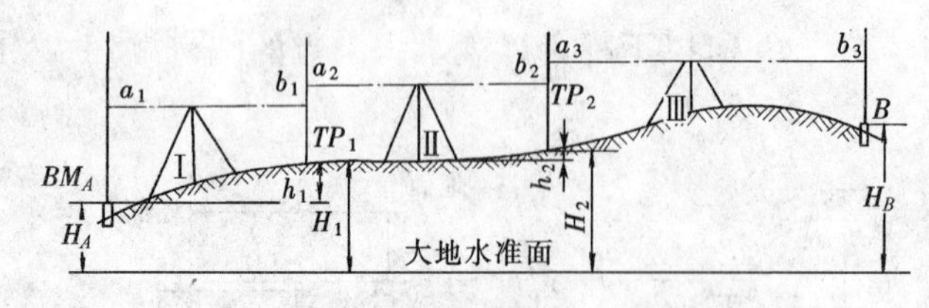

图 2-14 复合水准测量示意图

前视读数，即可推算出两点的高差，并计算出未知点的高程。这种情况称为简单水准测量，适用于两点的高差不超过一根水准尺的长度或两点的距离不超过200m。如图 2-14 所示，如果两点的高差较大或距离较远，此时采用的水准测量方法，被称为复合水准测量。即通过在已知点与未知点之间选定一些转点，如图中的 TP_1、TP_2…等，将已知点与未知点之间的水准路线分成若干小段，分别在已知点与转点、转点与转点、转点与未知点之间安置水准仪，测量出各段的高差。各段高差之和，即为已知点至未知点的高差。根据已知点的高程即可推算出未知点的高程。

1. 观测

观测者第一次在已知点 BM_A 与转点 TP_1 之间安置仪器后，首先读已知点上的尺读数 a_1，再读转点 TP_1 上的尺读数 b_1，分别报与记录者，由此推算出两点之间的高差 h_1，并计算出转点 TP_1 的高程 H_1。第二次在转点 TP_1 与转点 TP_2 之间安置仪器后，首先读转点 TP_1 上的尺读数 a_2，再读转点 TP_2 上的尺读数 b_2，由此推算出两点之间的高差 h_2，并计算出转点 TP_2 的高程 H_2。依次类推，最后求出未知点的高程 H_B，即

$$
\begin{aligned}
h_1 &= a_1 - b_1 & \qquad H_1 &= H_A + h_1 \\
h_2 &= a_2 - b_2 & \qquad H_2 &= H_1 + h_2 \\
&\vdots & &\vdots \\
h_n &= a_n - b_n & \qquad H_B &= H_n + h_n
\end{aligned}
$$

2. 记录

记录者听见观测者的报数，首先复诵一遍，确认准确无误后，将各观测数据依次记入水准测量记录手簿之中。记录前应充分理解表格各栏目的含义，记录各数据的位置应符合格式要求。

为确保测量原始资料真实可靠，记录时应遵守相应的记录规则，即直接在记录手簿上记录，不能记在草稿纸上再一次誊抄。记录数据不允许涂改擦刮，发现有错误的数据可以划改，即用一条短横线将错误的数据划掉，在其右上角写出正确的数据。注意，估读数不得划改，且前、后视读数不得同时划改。

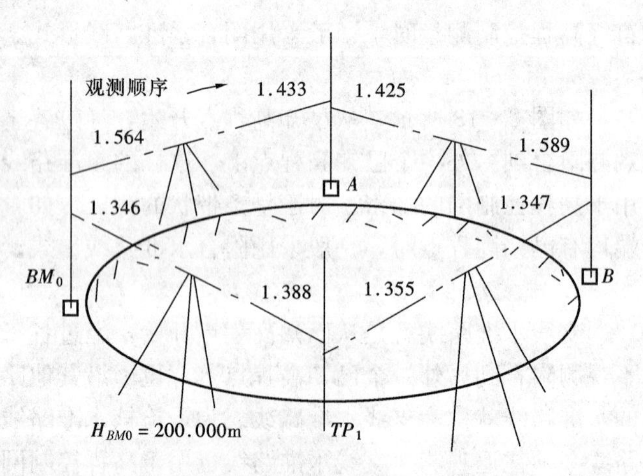

图 2-15 闭合水准路线观测

3. 计算

计算要求及时，一般简单计算必须在现场完成。同时要求计算准确，为避免有错，计算中要有校核。将上述计算式相加，可得到下式

$$\sum a - \sum b = \sum h = H_B - H_A \tag{2-5}$$

式中 $\sum a$——所有后视读数的和；

$\sum b$——所有前视读数的和；

$\sum h$——各段高差之和。

式（2-5）称为水准测量的计算校核公式。一般在水准测量记录手簿每一页的最后一行即为校核计算。

例如，某闭合水准路线观测数据如图2-15所示，其记录见表2-1。

表2-1　　水准测量手簿

日期：2004.8.31　　仪器型号：DS3-98674　　观测者：王晓天

天气：晴　　地点：大坪～石桥铺　　记录者：李　红

测站	测点		后视数（m）	前视数（m）	高差（m）		高程（m）	备注
					+	—		
1	后	BM_0	1.564	1.433	0.131		200.000	已知点
	前	A						
2	后	A	1.425	1.589		0.164		
	前	B						
3	后	B	1.347	1.355		0.008		
	前	TP_1						
4	后	TP_1	1.388	1.346	0.042			已知点
	前	BM_0					200.000	
校核计算			5.724	5.723	0.173	0.172		
			+0.001		+0.001			

4. 测站校核

计算校核只能发现计算中的错误，对于观测中的误差和错误只能通过观测校核，即测站校核才能发现。根据使用的仪器和水准尺不同，测站校核的方法有变动仪器高法和双面尺法两种。

变动仪器高法，就是先用一种仪器高度观测地面上两点的高差，求得 h_1 后，再改变仪器的高度，又观测一次地面上两点的高差，求得 h_2。一般情况下，这两次高差之差应在一定的范围内（$\leqslant \pm 5$mm）。超过此要求，则说明观测中各项操作不符合要求，应返工重测。

双面尺法，就是仪器的高度不变，前、后视的水准尺先同时用黑面尺读数，求出地面上两点的高差 h_1。然后将前、后视的水准尺同时翻成红面尺读数，又一次求出地面上两点的高差 h_2。这两次高差之差，也应该在一定的范围内（$\leqslant \pm 5$mm）。

双面尺法优于变动仪器高法的就是，不要重新安置仪器，可适当提高水准测量速度。

测站校核可以检核每一个测站上的观测是否符合要求。有时候，如日照、地形等因素对水准测量成果的误差影响，可能是随着水准路线的长度增加而逐步地累积。某一条水准路线的观测成果是否符合要求，必须利用水准路线的几何形状和应满足的几何条件进行检核。

三、水准测量成果计算

水准路线观测成果的误差大小与使用仪器的精度高低和测量的操作方法有关系，水准测量成果需要多高的精度，应视具体情况而定。

（一）精度要求

一般来说，高程控制测量或精密工程测量的高程测量精度要求更高，而普通工程测量中的水准测量精度则要求比较低。

在计算工作中，一般将水准路线的观测高差与已知高差之间的差值，称为高差闭合差，并以 f_h 表示。水准测量精度要求，也就是水准路线观测高差的允许闭合差，通常以 f_{hy} 表示。如图根水准测量的高差闭合差允许值为

$$f_{hy}=\pm 12\sqrt{N}\text{mm} \quad (\text{山地}) \tag{2-6}$$

或

$$f_{hy}=\pm 40\sqrt{L}\text{mm} \quad (\text{平地}) \tag{2-7}$$

式中 N——水准路线的测站数；

L——以 km 为单位的水准路线长度。

当每 1km 水准路线长度的测站数不超过 15 站时，可认为地面坡度比较平缓，高差闭合差使用平地上要求的允许值。否则，应使用山地的计算式。

（二）水准测量成果计算

1. 闭合水准路线成果计算

【例 2-1】 图 2-16 所示为一条闭合水准路线，试根据图中标注的已知数据和各观测数据，计算各未知点的高程。其计算步骤如下：

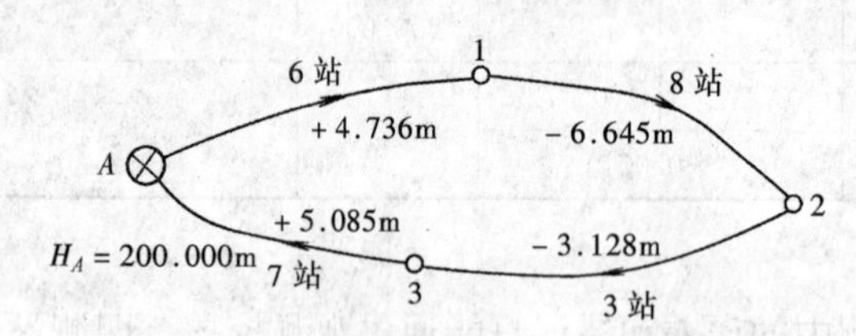

图 2-16 闭合水准路线观测数据图

（1）填表。为了使水准测量的成果计算清晰醒目，方便校核，水准测量的成果计算通常在规定的表格上进行。如表 2-2 所示，首先将各已知数据和观测数据填入表格相应的栏目中。

（2）高差闭合差计算。由闭合水准路线的几何条件可知，理论上，闭合水准路线各段观测高差之和应为“零”，则闭合水准路线的高差闭合差为

$$f_h=\sum h_c \tag{2-8}$$

式中 h_c——各段观测高差。

如上例，计算其高差闭合差，$f_h=\sum h_c=+0.048\text{m}=+48\text{mm}$，并填入表中的辅助计算栏。

（3）计算允许高差闭合差，并进行比较。如上例，若按图根水准测量要求，其允许高差闭合差 $f_{hy}=\pm 12\sqrt{N}=\pm 12\sqrt{24}=\pm 58$（mm），并填入表中的辅助计算栏。与实际观测的高差闭合差进行比较时，若实际观测的高差闭合差小于允许高差闭合差，则说明该水准路线观测资料符合精度要求，可用其观测资料计算未知点的高程。否则，应查找原因并返工重测。

（4）高差闭合差调整。一般认为，高差闭合差的产生与水准路线的长度或水准路线的测站数成正比。因此，调整闭合差的原则是，将闭合差反号，按各测段的测站数多少或路线长短成正比例计算出高差改正数，加入各测段的观测高差之中，并计算出各测段的改正高差，由此推算出各未知点的高程。即

表 2-2 **闭合水准路线成果计算**

测 点	测站数	观测高差（m）	改正数（m）	改正高差（m）	高 程（m）
A					200.000
	6	+4.736	−0.012	+4.724	
1					204.724
	8	−6.645	−0.016	−6.661	
2					198.063
	3	−3.128	−0.006	−3.134	
3					194.929
	7	+5.085	−0.014	+5.071	
A					200.000
Σ	24	+0.048	−0.048	0.000	
辅助计算	$f_h=\sum h_c=+0.048\text{m}=+48\text{mm}$ $f_{hy}=\pm 12\sqrt{N}\text{mm}=\pm 12\sqrt{24}=\pm 58\text{mm}$　$f_h<f_{hy}$，合格				

每一测站的高差改正数为

$$V=\frac{-f_h}{N} \tag{2-9}$$

如上例，$V=-\frac{-48}{24}=2$（mm）

各测段的高差改正数为

$$V_i=VN_i \tag{2-10}$$

式中 V——每一测站的高差改正数；

N_i——各测段的测站数；

V_i——各测段的高差改正数。

如上例，第一测段的高差改正数 $V_1=-2\times 6=-12$（mm），第二测段的高差改正数 $V_2=-2\times 8=-16$（mm），…，其余以此类推。

计算后将各改正数相加，其和应与高差闭合差大小相等、符号相反，以此进行检核，并达到消除闭合差的目的。即

$$\sum V=-f_h \tag{2-11}$$

由于进位凑整误差的存在，可能出现改正数的总和不等于闭合差（小于或大于闭合差）。即出现按前述原则调整，闭合差不够调整或有剩余的现象。此时，可将凑整误差放在最后一个测段上，在最后一个测段上多改正或少改正一些，迫使改正数的总和与闭合差相等，达到消除闭合差的目的。

计算出各段高差改止数以后，再与各段观测高差相加，计算出各测段的改正高差。即

$$h_i=h'_i+v_i \tag{2-12}$$

式中 h_i——改正高差；

h'_i——观测高差；

v_i——各测段改正数。

改正高差计算以后，也应求其总和，检核其是否等于已知高差（闭合水准路线各段观测

高差之和应为“零”）。

（5）高程计算。根据已知点的高程和各测段的改正高差即可推算出各未知点的高程。即

$$H_j = H_i + h_{ij} \tag{2-13}$$

式中　H_j——前一点的高程；

H_i——后一点的高程；

h_{ij}——两点之间的高差。

2. 附合水准路线成果计算

附合水准路线成果计算的步骤与闭合水准路线相同，不同的是由于水准路线形状不一样，高差闭合差计算公式不一样。

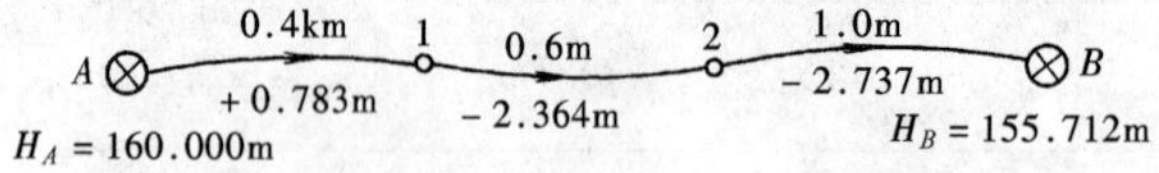

【例 2-2】　图 2-17 所示为一条附合水准路线，试根据图中标注的已知数据和各观测数据，计算各未知点的高程。其计算步骤如下：

A　0.4km　+0.783m　1　0.6m　−2.364m　2　1.0m　−2.737m　B

$H_A = 160.000$m　　$H_B = 155.712$m

图 2-17　附合水准路线观测数据图

（1）填表，见表 2-3。

（2）计算高差闭合差。理论上，附合水准路线观测的各段高差之和与两点之间已知的高差应相等，其差值为高差闭合差。即

$$f_h = \sum h_c - (H_B - H_A) \tag{2-14}$$

示例计算见表 2-3，其余计算与闭合水准路线相同。

（3）计算允许高差闭合差，并进行比较。

（4）高差闭合差调整。

（5）高程计算。

表 2-3　　**附合水准路线成果计算**

测　点	距　离 (km)	观测高差 (m)	改正数 (m)	改正高差 (m)	高　程 (m)
A					160.000
	0.4	+0.783	+0.006	+0.789	
1					160.789
	0.6	−2.364	+0.009	−2.355	
2					158.434
	1.0	−2.737	+0.015	−2.722	
B					155.712
$\sum$	2.0	−4.318	+0.030	−4.288	
辅助计算	$f_h = \sum h_c - (H_B - H_A) = -4.318 - (-4.288) = -0.030$ (m) $= -30$ (mm) $f_{hy} = \pm 40\sqrt{L} = \pm 40\sqrt{2.0} = \pm 56$ (mm)　$f_h < f_{hy}$，合格				

3. 支线水准路线成果计算

支线水准路线成果计算的原理与闭合水准路线相同，计算的步骤更简单，一般不需在表格上进行计算。

【例 2-3】　图 2-18 所示为一条支线水准路线，试根据图中标注的已知数据和各观测数据，计算各未知点的高程。其计算步骤如下：

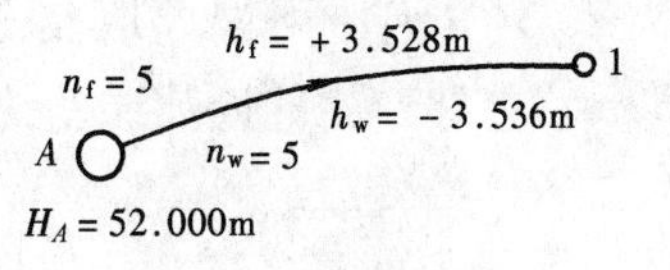

图2-18　支线水准路线观测数据图

(1) 计算高差闭合差。理论上，支线水准路线往返测高差应大小相等、符号相反，其代数和应为“零”，以此作为水准测量成果校核。实际观测中，支线水准路线往返测高差之代数和不为“零”，其差值为高差闭合差。即

$$f_h = h_f + h_w \tag{2-15}$$

式中　h_w——往侧高差；

n_w——往侧测站数；

h_f——返侧高差；

n_f——返侧测站数。

如示例中，$f_h = +3.528 + (-3.536) = -0.008$ (m)。

(2) 计算允许闭合差，并进行比较。在计算支线水准路线的允许闭合差时，水准路线长度按单程计算。示例中，$f_{hy} = \pm 12\sqrt{5} = \pm 27$ (mm)。当 $f_h < f_{hy}$时，观测成果合格，可以此观测资料计算未知点的高程。

(3) 计算高差改正数、改正高差。支线水准路线的改正高差，也就是平均高差。示例中的平均高差 $h_{A1} = \frac{h_f - h_w}{2} = +3.532$m。

(4) 计算未知点高程。示例中1点的高程 $H_1 = H_A + h_{A1} = 52.000 + 3.532 = 55.532$ (m)。

第四节　减少水准测量误差的措施

在水准测量成果中，不可避免地存在着误差。了解了误差的来源以后，可采取一定的措施消除或减小误差。水准测量误差的来源大致可分为仪器误差、观测误差和外界条件的影响三部分。

一、仪器误差

仪器误差包括水准仪的误差和水准尺的误差两部分。

水准仪的误差中，影响最大的是水准管轴不平行于视准轴的误差。

1. 水准管轴误差

虽然经过仪器的检验与校正，这一项误差会有所减少，但视准轴与水准管轴仍会残留一个微小的交角。因此，在水准管气泡居中时，视线仍会有少许倾斜而产生读数误差。

观测时，若使仪器的前、后视距离相等，可消除或适当减少这项误差。

2. 水准尺误差

水准尺刻划不准确、尺底磨损、弯曲变形等都会给读数带来误差，为消除这些误差影响，一是对水准尺进行检验，剔除不合格的水准尺。二是采用一定的路线形式，如水准路线设置偶数站，始点和终点用同一条水准尺的方法进行消除或减小。

二、观测误差

观测中的误差来源有整平误差、读数误差、视差影响以及水准尺倾斜误差等几项。

1. 整平误差

由于人眼睛的局限性，在观测水准管气泡是否居中时，不能准确地判别，从而产生水准管气泡居中误差，直接导致望远镜视线偏离水平位置，产生整平误差。设水准管的分划值 τ

为 20″，气泡居中误差取其分划值的 0.15，则整平误差为 3″。若仪器至水准尺的距离取 80m，由此产生的读数误差约为 1.2mm。

2. 读数误差

水准尺的毫米读数是根据十字丝在水准尺上的一个厘米分划内所处的位置采用估计的方法读取的。由于估读不准确而产生读数误差。此项误差与望远镜的放大倍数和视距长度有关。因此，欲减小读数误差，一是提高望远镜的放大倍数，二是适当限制视距长度，提高目标成像的清晰度。

3. 视差影响

由前述可知，物镜对光不准确会产生视差，并导致产生读数误差。视差的大小也直接影响读数误差的大小。减小读数误差的措施之一，就是仔细地进行物镜调焦，消除视差的影响。

4. 水准尺倾斜误差

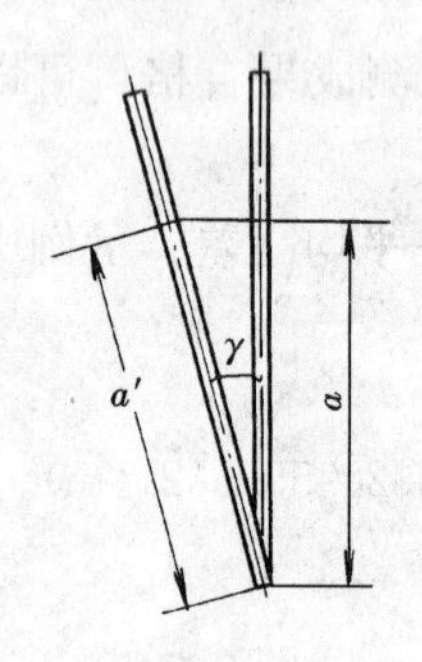

图 2-19　水准尺倾斜误差示意图

如图 2-19 所示，水准尺倾斜时读取的读数 a' 总是大于水准尺竖直时的正确读数 a，因此产生读数误差。设水准尺的倾角为 γ，该读数误差的大小为

$$\Delta a = a' - a = a'(1 - \cos\gamma) \tag{2-16}$$

由式（2-16）可知，若水准尺倾角相同，则水准尺读数越大（即视线越高），读数误差也越大。若视线高度不变，则水准尺倾角越大，读数误差也越大。例如，当水准尺读数 a' 为 1.700m，水准尺倾角 γ 为 4°时，产生的读数误差 Δa 可达 4mm。由此可见，水准尺倾斜误差较大，完全不能忽视。在进行水准测量，并遇到高差大和读数大时，应借助水准尺上的水准管或水准盒气泡，特别注意扶直水准尺。

三、外界条件的影响

外界条件对水准测量的影响主要有地球曲率、大气折光以及水准仪、水准尺放置在松软的土地上引起的下沉等影响。

（一）地球曲率及大气折光的影响

如图 2-20 所示，若通过水准仪高度 a 点的水准面在水准尺上截得读数为 b'，用通过 a 点的水平视线代替水准面时所得读数为 b''，则 b'' 与 b' 之差就是地球曲率对读数的影响，用 c 表示。即

$$c = \frac{l^2}{2R} \tag{2-17}$$

式中　l——仪器到水准尺的距离；

　　R——地球的平均半径，为 6371km。

由于地表空气从上到下密度发生变化，光线通过密度不同的介质时产生折射现象。实际上，从望远镜中看出去的光线不是直线，而是向上或向下弯曲，因而在尺上的实际读数为 b，b'' 与 b 的差值就是大气折光对读数的影响，用 r 表示（r 约为 c 的 1/7）。即

$$r = \frac{1}{7} \times \frac{l^2}{2R} \tag{2-18}$$

地球曲率和大气折光对读数的综合影响 f 为

$$f=c-r=\frac{l^2}{2R}\left(1-\frac{1}{7}\right)=0.43\frac{l^2}{R} \quad (2-19)$$

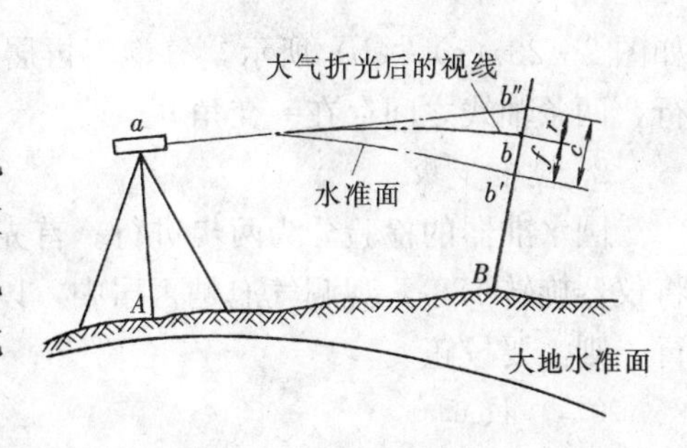

图 2-20　地球曲率及大气折光对水准测量的影响

减小地球曲率和大气折光影响的方法，一是观测时尽量使前、后视距离相等，从而使读数中存在的 f 相等，在高差计算时抵消；二是考虑到接近地面的空气密度变化较大，光线折射现象明显，因此规定水准测量中仪器的视线须高出地面 0.3m 以上。

（二）水准仪、水准尺下沉的影响

仪器安置在松软的土地上时，会发生缓慢下沉现象，致使在一个测站内，仪器从读完后视转向读取前视的一段时间里，水平视线高度下降，使前视读数减小，该测站产生高差误差。因此，欲减小仪器下沉的影响，测量时应注意选择坚实的地面安置水准仪；熟练操作，缩短观测时间；精密水准测量按照"后—前—前—后"的观测方法观测。

水准尺竖立在松软的土地上时，也会发生缓慢下沉现象。仪器在前一站读完前视读数转至下一站读取后视读数的一段时间内，若水准尺下沉了一 Δ 值，则下一站的后视读数会因此增大一 Δ 值，从而引起高差误差。欲减小其影响，可选择坚实的地面立尺设转点，或采用往、返观测的方法，取两次观测高差的平均值作为观测高差。

第五节　微倾水准仪的检验与校正

在水准测量时，只有水准仪准确地提供一条水平视线，才能测出地面上两点的高差。因此，如图 2-21 所示，微倾水准仪在构造上应满足以下几何关系：

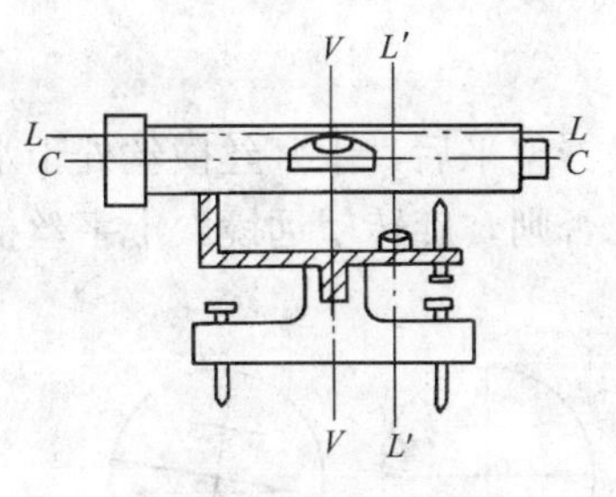

图 2-21　水准仪各轴线示意图

（1）圆水准器轴线 $L'L'$ 平行于仪器的竖轴 VV。

（2）十字丝横丝垂直于仪器竖轴 VV。

（3）水准管轴 LL 平行于望远镜视准轴 CC。

水准仪在生产出厂时，经过严格的检验和校正，各轴线之间能满足这些几何关系，但在使用和搬运过程中，由于受到震动或碰撞，各轴线之间的关系可能发生改变，从而影响水准测量成果。所以，在测量作业之前应对水准仪进行检验和校正。这些检验和校正相互有联系，检验和校正必须按如下步骤进行。

一、圆水准器轴线的检验与校正

（一）检验

1. 检验原理

如图 2-22 所示，旋转三个脚螺旋，使圆水准器气泡居中，则圆水准器轴线 $L'L'$ 处于竖直位置。松开制动螺旋，使仪器围绕竖轴 VV 旋转 180°，若气泡仍然居中，则说明竖轴 VV 也处于竖直位置，圆水准器轴线 $L'L'$ 与仪器竖轴 VV 平行，不需校正。否则，若仪器旋转 180°以后，

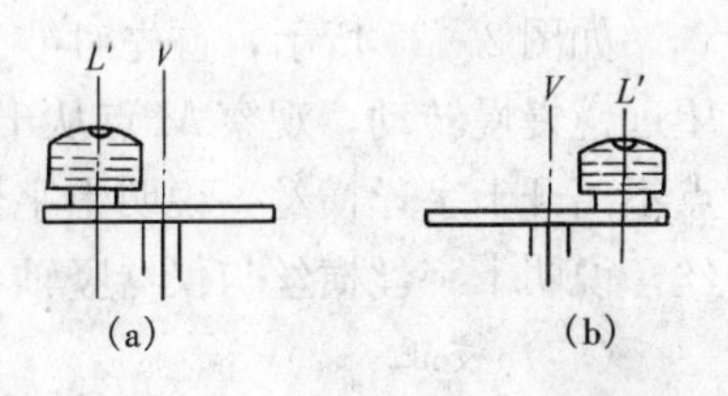

图 2-22　水准盒检验原理图

如图 2-23（a）、（b）所示，气泡不再居中，则说明圆水准器轴线 $L'L'$ 与仪器竖轴 VV 不平行，两条轴线之间存在一交角 δ。

2. 检验步骤

圆水准器的检验分为两步进行。首先是调整三个脚螺旋，使圆水准器气泡居中。其次是将仪器旋转 180°，观测气泡是否居中，以判断圆水准器轴线与仪器的竖轴是否平行。若不平行，则需要校正。

（二）校正

由图 2-23 中可知，此时圆水准器气泡偏离中心的距离是由于圆水准器轴线偏离竖直位置二倍 δ 角引起。这二倍 δ 角是因为竖轴偏离铅垂线一 δ 角，圆水准器轴线偏离竖轴一 δ 角形成的。因此，校正时，如图 2-24 所示，首先用校正针拨动圆水准器下面的校正螺丝，使圆水准器气泡退回偏离的一半。然后转动三个脚螺旋，使圆水准器气泡居中。

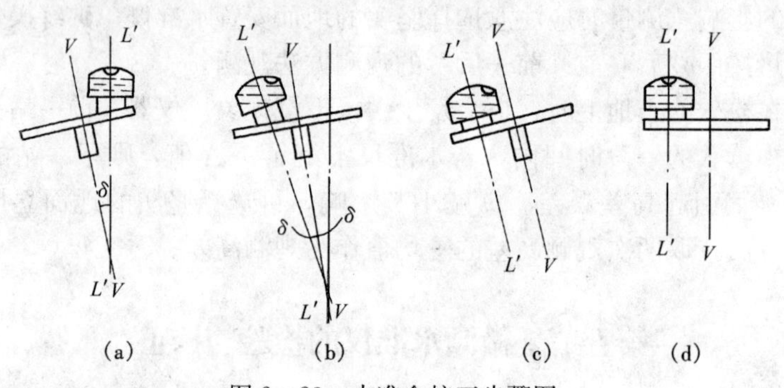

图 2-23　水准盒校正步骤图

二、十字丝横丝的检验与校正

（一）检验

1. 检验原理

如图 2-25 所示，若十字丝横丝垂直于仪器的竖轴，则仪器整平后，十字丝横丝处于水平位置，旋转望远镜，十字丝横丝始终在同一水平面内移动。否则，旋转望远镜，十字丝横丝扫出一个倾斜面。

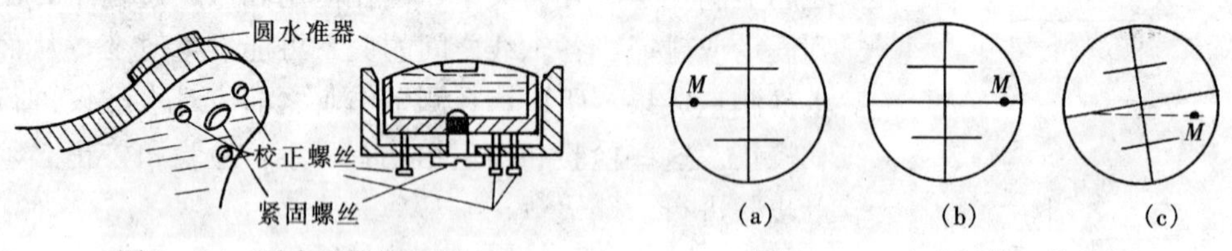

图 2-24　圆水准器校正图　　图 2-25　十字丝横丝检验图

2. 检验步骤

如图 2-25 所示，首先对准十字丝横丝一端，在墙上作一标志点 M，然后用微动螺旋使望远镜慢慢转动，观察 M 点从十字丝的一端移动到另一端，是否离开十字丝横丝。如果 M 点不离开十字丝横丝，说明十字丝横丝与仪器竖轴垂直，无需校正。若 M 点离开十字丝横丝，说明十字丝横丝与仪器竖轴不垂直，则需校正。

（二）校正

校正前，首先旋下十字丝护盖，用螺丝刀拧松十字丝分划板座的固定螺钉。然后轻轻旋转十字丝分划板，并重新检验，直至 M 点不再偏离十字丝横丝为止。最后拧紧十字丝分划板的固定螺丝。

三、水准管轴线的检验与校正

（一）检验

1. 检验原理

由前述可知，若使用水准仪的水准管轴平行于望远镜视准轴，则水准管气泡居中，望远镜提供一条水平视线，利用水准仪观测地面上两点的高差，仪器安置在两点的任意位置，观测的高差都应相同。照此原理，检验步骤如下。

2. 检验步骤

（1）测量地面上两点的正确高差。如图 2-26（a）所示，在地面上选定相距约 80m 的 A、B 两点，打入木桩或放置尺垫。在 A、B 两点的中间安置水准仪。若仪器的水准管轴平行于视准轴，仪器精平后，分别读出 A、B 两点的水准尺读数 a、b，根据两个读数求出两点的正确高差 h。若仪器的水准管轴不平行于视准轴，也不影响该高差的正确性，因为仪器至 A、B 两点的距离相等，所得读数 a_1、b_1 中包含两轴不平行而产生的误差 Δ 是相同的，在计算高差时可以抵消，因而不会导致高差误差。即

$$h=a_1-b_1=a-b \tag{2-20}$$

为保证校正工作的精确性，测定正确高差 h 时，应采用变动仪高法连续两次测出 A、B 两点的高差，若两次高差之差不超过 3mm，取其平均值作为正确高差 h。

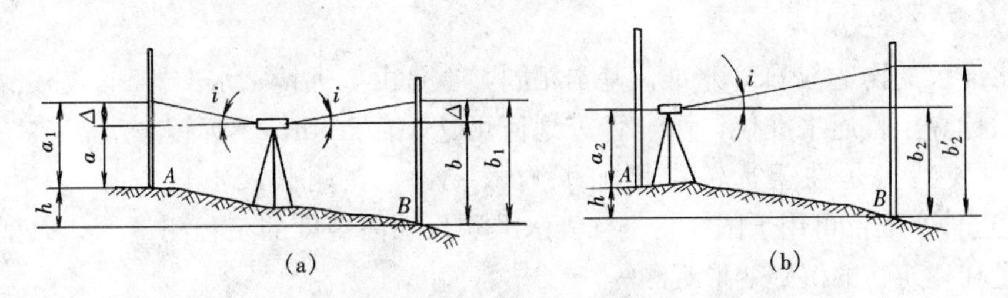

图 2-26 水准管轴检验图

（a）正确高差测定；（b）测量带 i 角影响的高差

（2）测量带有 i 角影响的高差。如图 2-26（b）所示，将仪器移至 A（或 B）点附近，距离 A 点约 3m 处（若倒转望远镜从物镜端读数，也可使目镜贴近水准尺），精平后分别读取 A、B 点上水准尺读数 a_2、b'_2。因仪器与 A 点的距离很近，两轴不平行引起的读数误差很小，可忽略不计，即认为 a_2 为正确读数。由 a_2、b'_2 又求得两点之间的高差 h'，即

$$h'=a_2-b'_2 \tag{2-21}$$

若 $h'\neq h$，说明仪器的水准管轴不平行于视准轴，其夹角超过允许范围，则需要校正。

（3）i 角计算。根据 A、B 两点之间的水平距离 D_{AB} 即可计算出水准管轴与视准轴之间的夹角 i。即

$$i=\frac{h'-h}{D_{AB}}\rho \tag{2-22}$$

式中 D_{AB}——地面上 A、B 两点之间的水平距离；

ρ——206265″。

一般要求对 DS3 级水准仪，其 i 角应不大于 20″，超过则需要校正。

（二）校正

校正时，首先根据读数 a_2 和高差 h，计算出视线水平时 B 点水准尺上的正确读数 b_2，即

$$b_2=a_2-h \tag{2-23}$$

然后转动微倾螺旋，使十字丝横丝对准 B 点水准尺上的正确读数 b_2，此时视准轴处于水平位置，而水准管气泡却不居中，再用校正针拨动水准管一端的上、下两个校正螺丝，使气泡居中。

注意，使用这种成对的校正螺钉时，应先松一个螺钉，留出一定空隙，然后再紧另一个螺钉。否则，可能损坏仪器的相关部件。

该项校正工作一般要反复几次，直至计算所得视准轴与水准管轴之间的夹角 i 小于 20″为止。

第六节　精密水准仪与自动安平水准仪

在一、二等精密水准测量和高精度的工程测量工作中，如大型机械设备的安装测量和建筑物的沉降变形观测，都会使用精密水准仪。在一般工程测量中，为了减少操作步骤，提高工作效率，测量人员很喜欢使用自动安平水准仪。

一、精密水准仪与水准尺

（一）精密水准仪

精密水准仪的构造与 DS3 水准仪基本相同，也是由望远镜、水准器和基座三部分组成。但其技术指标高于普通水准仪，水准管分划值可达 10″/2mm，望远镜放大倍数一般不小于 40 倍。其主要特点是在望远镜中增加了测微装置，在测微尺上可直接读出 0.1mm 或 0.05mm。这种水准仪可用于国家一、二等水准测量和高精度的工程测量，如大型机械设备的安装测量和建筑物的沉降变形观测等。

图 2-27 所示为 DS1 级精密水准仪。它的光学测微器读数装置如图 2-28 所示。由装在望远镜前的平行玻璃板 P、传动杆 L、测微轮 W 和测微尺 R 组成。平行玻璃板可绕与视准轴正交的旋转轴 A 转动，并通过传动杆与测微尺相连。测微尺上有 100 个分格。它与标尺上的 1cm 或 5mm 分格相对应，所以用测微尺读取标尺的读数可读到 0.1mm 或 0.05mm。

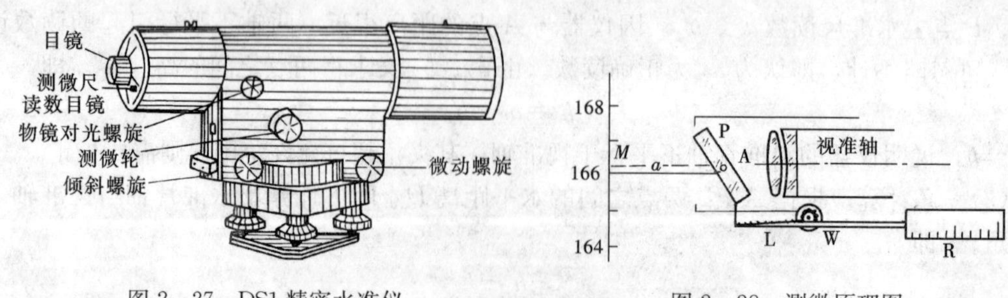

图 2-27　DS1 精密水准仪　　图 2-28　测微原理图

（二）水准尺

精密水准仪必须配备精密水准尺。图 2-29 所示为南京光学仪器厂生产的精密水准尺。它全长 3m，是将一条膨胀系数极小的因瓦合金带，安置在木质的尺槽内制成。在合金带上

标有左、右两排分划，每排的最小分划值均为 10mm。由于两排分划相互错开 5mm，呈交错形式，故左右分划之间的分划值为 5mm。在合金带的右边木尺上注记 0～3m 的数字（习称为基本分划尺），左边注记 3.1～5.9m 的数字（习惯称为辅助分划尺），左、右注记的零点差 3.0155m 称为基辅差，相当于双面尺的黑红面之差，以供测站上读数校核之用。

精密水准仪的使用方法与微倾水准仪的使用方法基本相同，只是增加了光学测微器的使用。即在调平视线后，十字丝横丝往往不是正好切准水准尺上某一分划线，此时就要转动测微轮，使视线上下平移，直至十字丝一侧的楔形丝夹住附近的一条整分划线为止。如图 2-30 所示，水准尺分划线的读数为 1.66m，再从测微轮分划尺上读出 78 格 $\left(\text{读数为}\frac{0.01}{100}\times78.0=0.00780\text{m}\right)$，则全部读数为 1.66780m。

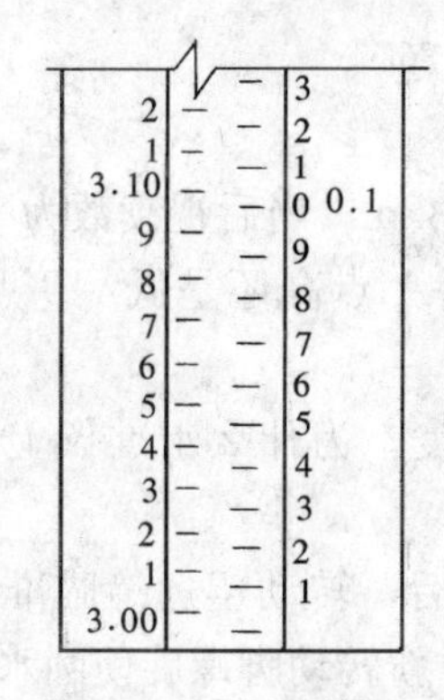

图 2-29　精密水准尺

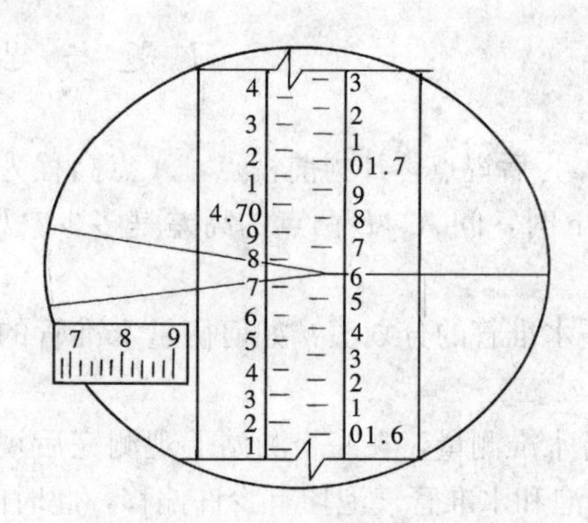

图 2-30　精密水准尺读数示意图

二、自动安平水准仪

由前述可知，使用 DS3 型微倾水准仪时，读数之前，必须调节微倾螺旋，使视线严格水平才能读数。而使用自动安平水准仪，则可以省去这一项操作，将仪器粗略调平后就直接读数。

（一）视线自动调平的原理

如图 2-31 所示，视线水平时，十字丝中心为 c，尺上读数为 a；当望远镜视线不水平，有微小倾角 α 时，十字丝中心为 c'，尺上读数为 a'。为了使视线不水平也能读得水平视线的数值 a，采用在十字丝分划板与调焦透镜之间安装一个光学补偿器 E 的办法，通过使水平视线偏转一个小角度 β，并刚好通过 c'，从 c' 就可以看见水平视线的读数 a。

由图中可知，望远镜的焦距为 f，$cc'=f\alpha$；E 至 c' 的距离为 d，$cc'=d\beta$，故 $f\alpha=d\beta$，即 $\frac{\beta}{\alpha}=\frac{f}{d}$。令 $\frac{\beta}{\alpha}=n$（n 称为补偿器的放大倍数，补偿器的类型不同，n 值也不相同），从 d、f、n 的关系式中可以求得 $d=f/n$，根据所求的 d 安置补偿器以后，在视线有微小倾角 α 时，补偿器能自动向相反方向转动 α 角，并使视线在 E 处偏转 β 角，从而在 c' 处能看见水平视线的尺上读数 a。

（二）自动安平水准仪的使用

自动安平补偿器的种类很多，一般都是吊挂安装在望远镜内，当望远镜有微小倾斜时补偿器能借助重力自动处于理想状态。图 2-32 所示为国产 SETL 自动安平水准仪。这种仪器自动安平的工作范围是 ±15′，而圆水准器的精度为 8′/2mm，所以只要仪器的圆水准器气泡居中，仪器粗略调平以后，望远镜视线即可自动补偿为水平视线，直接进行瞄准和读数，其方法与微倾水准仪使用方法相同。

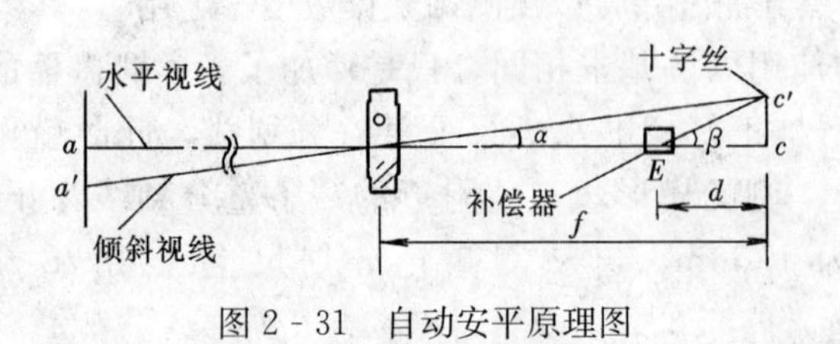

图 2-31 自动安平原理图

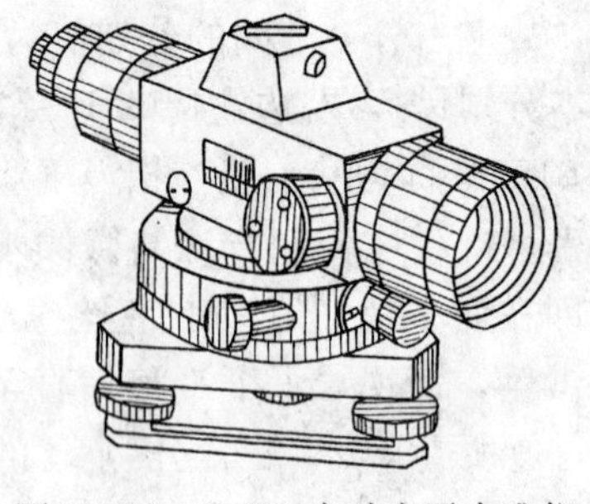

图 2-32 SETL 自动安平水准仪

习题与思考题

1. 设 A 为后视点，B 为前视点，A 点高程为 54.432m。当后视读数为 1.124m，前视读数为 1.428m 时，问 A、B 两点的高差是多少？B 点比 A 点高还是低？B 点的高程是多少？并绘图说明。

2. 何谓水准管的分划值？如何衡量水准管的灵敏度？为什么水准仪上有了水准管还要有圆水准器？

3. 进行水准测量，在一个测站上观测完后视读数后，转动望远镜瞄准前视尺时，发现圆水准器气泡和水准管气泡均有少许偏移，此时能否重新转动脚螺旋使圆水准气泡居中，以及转动微倾螺旋使水准管气泡居中，然后读出前视读数？为什么？

4. 何谓视准轴？何谓视差？产生视差的原因是什么？如何消除视差？

5. 为了测得图根控制点 A、B 的高程，由四等水准点 BM_1（高程为 29.826m）开始，以附合水准路线形式测量至另一个四等水准点 BM_5（高程为 30.586m），观测数据及部分成果如图 2-33 所示。试列表完成下列记录、计算问题：

（1）将从水准点 BM_1 至 A 点的观测数据填入记录表中，求出该段高差 h_1。

（2）根据观测成果计算 A、B 点的高程。

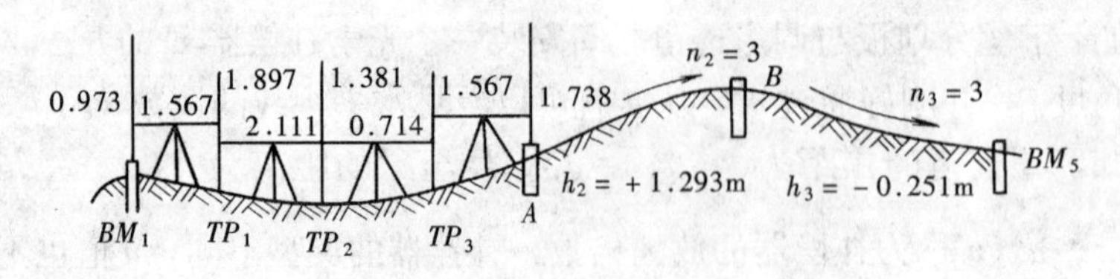

图 2-33 水准测量成果示意图

6. 计算和调整图 2-34 所示闭合水准路线的观测成果，求出各点的高程。

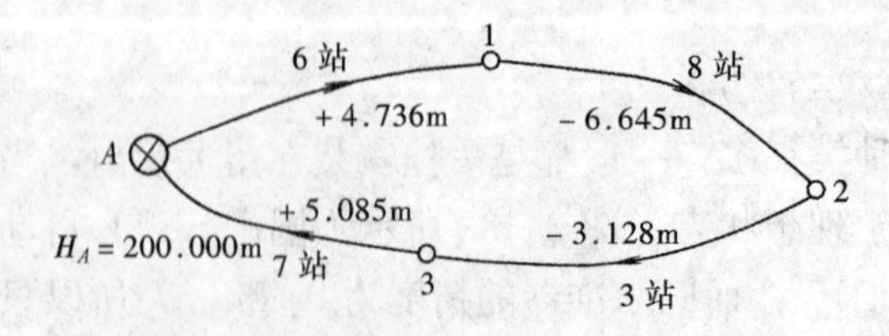

图 2-34 闭合水准路线测量成果

7. 计算和调整图 2-35 所示附合水准路线的观测成果，求出各点的高程。

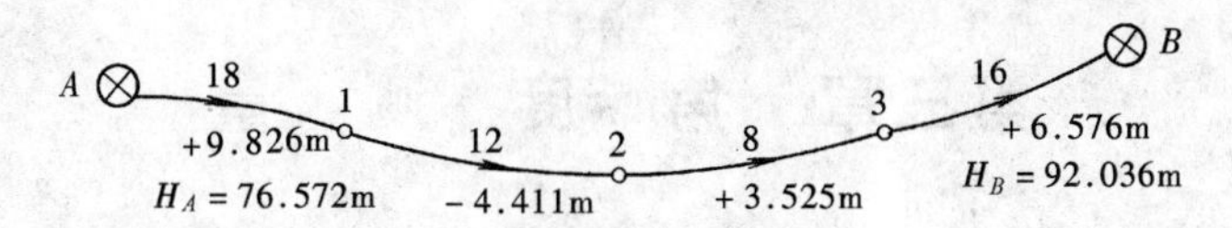

图 2-35 附合水准路线测量成果

8. 水准仪上有哪些轴线？它们之间应满足哪些条件？哪个是主要条件？为什么？

9. 水准测量中，前后视距相等可以消除哪些误差？

10. 设 A、B 两点相距 80m，水准仪安置在 AB 中点时，测得 A 点尺上读数 a_1 为 1.531m，B 点尺上读数 b_1 为 1.317m，仪器移至 B 点附近，测得 B 点尺上读数 b_2 为 1.327m，A 点尺上读数 a_2 为 1.565m，试问水准仪的视准轴是否与水准管轴平行？若不平行，计算出 i 角的角值，并说明如何校正。

11. 水准仪上目镜对光螺旋、物镜对光螺旋、脚螺旋、微动螺旋、制动螺旋和微倾螺旋各起什么作用？

12. 水准测量有哪些检核方式？

13. 布设水准路线有哪些形式？

14. 如何根据水准尺读数判断地面点位置高低？

第三章　角　度　测　量

角度测量是确定地面点位的三项基本测量工作之一，角度测量分为水平角测量和竖直角测量两种。水平角测量是为了确定地面点的平面位置，竖直角测量是为了确定地面点的高程。常用的测角仪器是经纬仪，它既可测量水平角，又可测量竖直角。

第一节　水平角的测量原理

一、水平角的概念

水平角是指一点到两目标的方向线垂直投影在水平面上所夹的角。如图 3-1 所示，A、B、O 为地面上的任意点，从 O 点出发的两条方向线 OA、OB 沿铅垂方向投影到水平面 P 上得 Oa、Ob，则 $\angle aOb$ 就是 $\angle AOB$ 的水平角 β，也就是通过直线 OA 与 OB 所作两个竖直面所夹的二面角。用水平角可以确定各点之间在水平面上的相互关系。

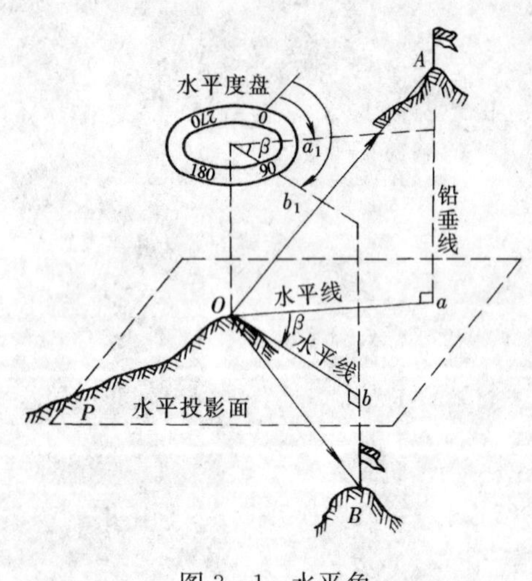

图 3-1　水平角

二、水平角的测量原理

如图 3-1 所示，为了测出水平角，在 O 点的铅垂线上水平地放置一个带有刻度的圆盘，并使水平度盘中心位于通过 O 点的铅垂线上。通过 OA 与 OB 各做一竖直面，在度盘上分别截得读数为 a_1 和 b_1，此两读数之差即为该水平角的角值，即

$$\beta = \text{右目标读数 } b_1 - \text{左目标读数 } a_1 \qquad (3-1)$$

其角值范围为 0°～360°。

三、测角仪器的必要设备

根据上述水平角的测量原理，用于角度测量的仪器必须有一个带刻划的水平度盘，其中心位于测站点的铅垂线上，且能使度盘水平。还要有具备瞄准远处目标的望远镜，它既能在水平方向转动，又能在竖直方向转动，其视准轴绕水平轴运动的轨迹为一竖直面。再加上相应的读数设备，就能够精确读出视线在水平度盘上投影所对应的读数。经纬仪就是满足这些要求的测角仪器。

第二节　普通光学经纬仪

光学经纬仪具有体积小、重量轻、密封性好、读数方便等优点，是角度测量的主要仪器。其按精度等级分为精密经纬仪和普通经纬仪。水平度盘一测回水平方向中误差为 2″及 2″以内的为精密经纬仪，中误差为 6″及 6″以上的为普通经纬仪。此外，还有一些具备特殊性能的经纬仪，如光学度盘改变成为光栅盘或光学码盘经光电转换、数据处理后实现水平角、竖直角读数自动显示和自动纪录的电子经纬仪；利用陀螺定向原理迅速独立测定地面点方位的陀螺经纬仪；将电源、激光器、经纬仪联成一个整体，使激光束与望远镜视准轴同轴、同心、同焦，用来定线、垂准用的激光经纬仪；既能测角又能测距，具备多种解算功能的电子速测仪（全站仪）等。

一般地形测量和工程测量上常用的为 DJ6 级和 DJ2 级光学经纬仪。其中 D 和 J 分别表示“大地测量”和“经纬仪”的汉语拼音第一个字母，2 和 6 表示该仪器所能达到的精度指标。如 DJ6 表示水平方向测量一测回的方向中误差不超过±6″的大地测量经纬仪。本节介绍 DJ6 型光学经纬仪的构造和使用。

一、DJ6 光学经纬仪的构造

图 3－2 所示是南京华东光学仪器厂生产的 DJ6 光学经纬仪。它主要由照准部、水平度盘和基座三部分组成。

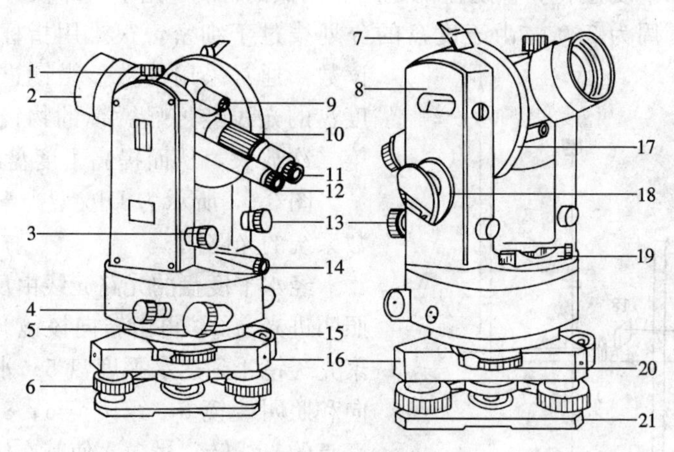

图 3－2　DJ6 光学经纬仪

1—望远镜制动螺旋；2—望远镜物镜；3—望远镜微动螺旋；4—水平制动螺旋；
5—水平微动螺旋；6—脚螺旋；7—竖盘水准管观察镜；8—竖盘水准管；
9—瞄准器；10—物镜调焦环；11—望远镜目镜；12—读数显微镜；
13—竖盘水准管微动螺旋；14—光学对中器；15—圆水准器；
16—基座；17—竖直度盘；18—水平照明镜；19—照准部水准管；
20—水平度盘位置变换手轮；21—基座底板

（一）照准部

照准部是经纬仪水平度盘上部能绕仪器竖轴旋转的部分，主要部件有望远镜、支架、横轴、竖直度盘、光学读数显微镜及水准器等。

望远镜、竖盘和横轴固连在一起，组装于支架上。望远镜用于瞄准目标，其构造与水准仪的望远镜相似，照准部在水平方向的转动由水平制动螺旋和水平微动螺旋控制；望远镜绕横轴在竖直方向的转动由望远镜制动螺旋和微动螺旋控制。读数显微镜可使度盘的分划线放大一定的倍数，使读数更精确。竖盘、竖盘指标水准管和竖直指标水准管微动螺旋，是用来测量竖直角的。照准部的水准管和圆水准器的作用是整平仪器。

（二）水平度盘

水平度盘是由光学玻璃制成的圆盘，在其上刻有分划，从 0°～360°按顺时针方向注记，用来测量水平角。

为了控制水平度盘和照准部之间关系，经纬仪在水平度盘上装有变换手轮。当转动照准部时，水平度盘不随之转动。若要改变水平度盘读数，可以转动度盘变换手轮使水平度盘调至指定的读数位置。

（三）基座

基座是支承仪器的底座，它主要由轴座、三个脚螺旋和三角形底板组成。经纬仪与三脚架用连接螺旋连接。连接螺旋上悬挂的垂球表示了水平度盘的中心位置，借助垂球可将水平度盘中心安置在所测角顶点的铅垂线上。经纬仪上还装有光学对中器，以代替垂球对中。光学对中器与垂球相比，具有对点精度高和不受风吹摆动的优点。

二、DJ6 型光学经纬仪的读数

（一）读数设备

前面介绍的水平度盘和竖直度盘都是用玻璃做的。DJ6 光学经纬仪一般每隔 1°有一分划并注记，整个圆周为 360°。由于度盘的分划线过于细密，很难用指标线直接在度盘上读数，通常采用读数显微镜进行读数，使通过度盘的光线经过显微镜的物镜放大，再经目镜第二次放大，从而提高了度盘的放大率。

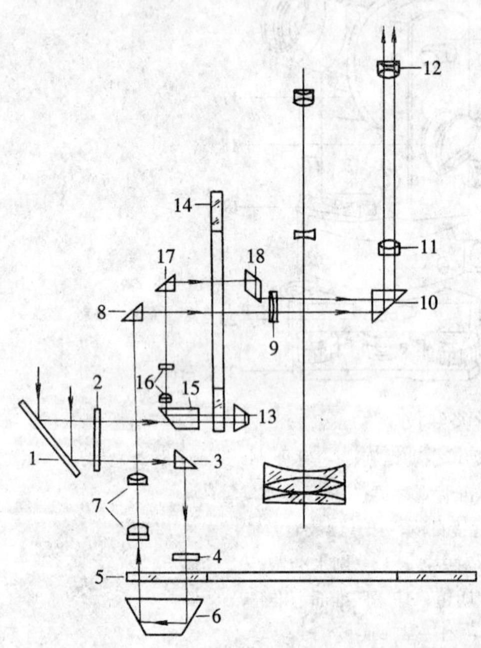

图 3-3　分微尺读数系统光路图

图 3-3 所示为 DJ6 型光学经纬仪分微尺读数系统的光路图。

经水平度盘的光路光线由反光镜 1 反射进入照明进光窗 2，再由转向棱镜 3 折射向下，通过聚光透镜 4 到达水平度盘 5。水平度盘下面为转向和照明棱镜 6，经棱镜 6、8 几次折射后通过度盘的光线转入横向，使其在读数窗与场镜 9 的平面上成像。此后，度盘的图像再经转向棱镜 10 和转像透镜 11，成像在读数显微镜目镜 12 的焦平面上，故从读数显微镜的目镜可看到光线通过部分的水平度盘分划的图像。

经竖直度盘的光路光线同样是由反光镜 1 反射进入照明进光窗 2，经照明棱镜 13 的折射，通过竖盘 14，照亮了竖盘分划线，并由转向棱镜 15 折射向上，经竖盘显微物镜组 16 转向棱镜 17 和菱形棱镜 18，使竖盘分划线在读数窗与场镜 9 的平面上成像。此后，竖盘的图像沿着与水平度盘相同的路线到达目镜的焦平面。因此，通过读数显微镜可看到水平和竖直两个度盘的图像。光路中的透镜组 7 和 16 起放大作用，调节透镜组上下位置，可保证度盘一个分划的间隔与分微尺全长相等。

为了精确地读出度盘的分划值，在读数显微镜中还设有测微装置，将放大后的度盘的分划值再细分。DJ6 光学经纬仪常用的测微装置有两种，一种为分微尺测微装置，另一种为单平板玻璃测微装置，不同的测微装置对应于不同的读数方法。

（二）读数方法

1. 分微尺测微器的读数方法

分微尺测微器的读数设备是将度盘和分微尺的影像，通过一系列透镜的放大和棱镜的折射，反映到读数显微镜内，在读数显微镜内读取水平度盘和竖直度盘读数。如图 3-4 所示，水平度盘与竖直度盘上 1 的分划间隔，成像后与分微尺的全长相等。上面窗格注有“水平”或“H”的是水平度盘与分微尺的影像；下面窗格注有“竖直”或“V”的是竖直度盘与分微尺的影像。分微尺等分成 6 大格，每大格注一数字，为 0～6，每大格分为 10 小格。因此，分微尺 每一大格代表 10′，每一小格代表 1′，可以估读到 0.1′，即 6″。读数前，先对读数显微镜调焦，使度盘分划线和分微尺分划线清晰。读数时，以分微尺零线为指标，度数由夹在分微尺上的度盘注记读出，小于 1°的数值在分微尺上读出，即分微尺零线至度盘刻度线间的角值。图 3-4 中，在分微尺上读出水平度盘刻划线注记为 172，该刻划线在分微尺上读数为 59′00″，则水平度盘读数为 172°+59′00″=172°59′00″，竖直度盘读数为 85°05′24″。

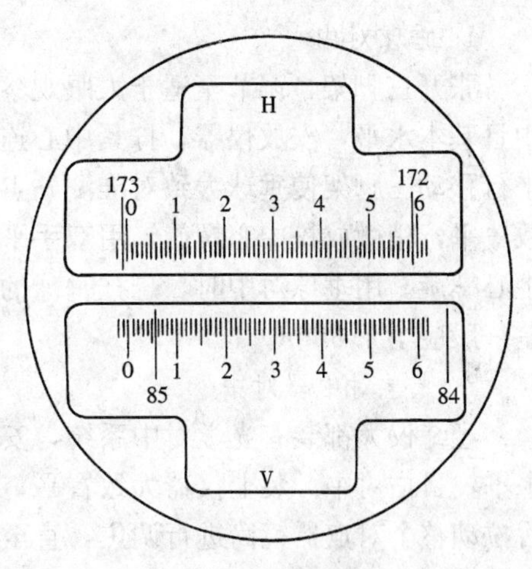

图 3-4 分微尺测微器读数窗

国产的 DJ6 型光学经纬仪除北京光学仪器厂的 DJ6-1 型以外，几乎均采用此种读数装置。

2. 单平板玻璃测微器的读数方法

单平板玻璃测微器的读数设备将竖直度盘分划、水平度盘分划和测微尺三者同时成像在刻有单、双指标线的读数窗场镜上，最后进入读数显微镜。采用此种读数装置的度盘的刻度值不是 1°，而是 30′。度盘和测微分划尺放大后的影像如图 3-5 所示，视场中共有三个小窗，上面的小窗为测微分划尺的像和单指标线，中窗为竖盘的像和双指标线，下窗为水平度盘的像和双指标线。测微尺全长为 30′，共分 30 大格，每 5 大格有相应数字注记。每大格又分为 3 小格，每小格为 20″，理论上能估读至 2″，实际由于该测微尺的视宽太小，一般只能估读至 1/4 格（5″）左右。读数时首先转动测微手轮，使度盘上某一分划线精确地夹在双丝指标线中间，同时上面测微小窗中的单指标线也随之移动。由双指标线所夹的分划线读出整 30′的度盘数值，小于 30′的数则由测微器读数窗中单指标线读出，两窗读数之和即为所需读数。图 3-5（a）所示水平度盘读数为 49°30′+22′30″=49°52′30″。图 3-6（b）所示竖直度盘读数为 107°+01′45″—107°01′45″。

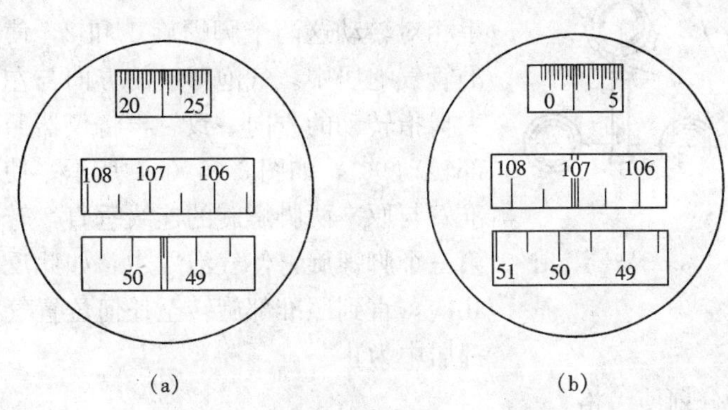

图 3-5 单平板玻璃测微器读数窗

三、经纬仪的使用

经纬仪的使用包括对中、整平、瞄准和读数四项操作步骤。

（一）对中

对中的目的是使水平度盘的中心与测站点位于同一铅垂线上。对中的方法主要有下列两种：

1. 垂球对中

张开三脚架，调节至适于人眼观察的高度，用眼睛估计三脚架中心平面大致与测站点对中且基本水平，安放仪器，拧紧中心连接螺旋，挂上垂球。如果垂球尖端离测站点较远，可平行移动三脚架使垂球大致对准测站点，并用力踩紧架腿，使其插入土中。然后，将仪器大致置平，稍微放松中心螺旋，用双手平行移动仪器，使垂球尖端精确对准测站点，最后拧紧中心螺旋。用垂球对中时，悬挂垂球的线长要调节合适，使垂球尖尽量接近测站点，对中误差一般应小于 3mm。

2. 光学对中器对中

经纬仪大都装有光学对中系统，安装在竖轴中心。光学对中的方法为：安置三脚架大致水平，目估对中。装上仪器大致置平，调节光学对中器目镜，使视场中分划圆成像清晰。然后拉动整个对点器镜筒进行调焦，直至看清地面物体。此时，如果测站点偏离光学对中器中心圆太远，运用三脚架腿的伸缩粗略居中。精确整平仪器，观察对中器中心圆是否与测站点对中，如果尚未对中，稍松开仪器中心螺旋，用双手平行移动仪器基座，使对中器分划板圆心精确对准测站点，最后固紧中心连接螺旋。采用光学对中时对中、整平工作须反复交替进行，直至对中与整平都满足要求为止。光学对中器对中误差一般应小于 1mm。

（二）整平

整平的目的是使仪器的竖轴竖直，水平度盘处于水平位置，方法如下。先转动照准部，使水平度盘的水准管平行于任意两个脚螺旋的连线，如图 3-6（a）所示，双手相对转动这两个脚螺旋 1 和 2，使水准管气泡居中。气泡移动的方向与左手大拇指转动的方向一致。再将仪器照准部转动 90°，如图 3-6（b）所示，使水准管与原来两脚螺旋的连线垂直，转动第三个脚螺旋，使气泡居中。如此反复几次，直到照准部旋转至任何位置气泡都居中为止。

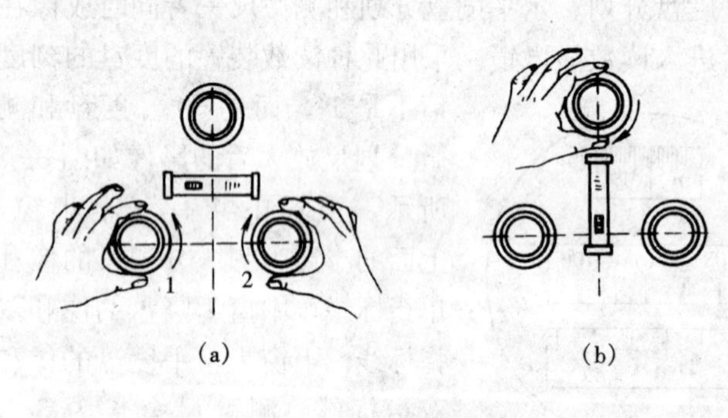

图 3-6　整平仪器

整平误差一般不应大于水准管分划值一格。

（三）瞄准

调节目镜对光螺旋使十字丝清晰，然后用望远镜的照门和准星（或光学瞄准器）瞄准目标。从望远镜内观看，使目标成像在望远镜视场内，即旋紧望远镜制动螺旋和水平制动螺旋，转动物镜对光螺旋，使目标成像清晰并消除视差；再转动望远镜微动螺旋和水平微动螺旋，使十字丝精确照准目标。测水平角时，使十字丝竖丝精确照准目标并尽量瞄准目标底部；测竖直角时，使十字丝横丝精确照准目标。

（四）读数

打开水平度盘或垂直度盘反光镜，转动读数显微镜目镜，使读数分划线清晰。对于带分微尺读数的仪器，直接读出度盘的刻划值和分微尺分划尺值；对于带单平板玻璃测微器的仪器，旋转测微手轮，使度盘对径分划线符合要求，再读出度、分、秒值。在垂直角读数前，首先看仪器竖盘是指标水准器还是竖盘指标自动补偿器。若是指标水准器，则转动竖盘水准管微动螺旋，使竖盘水准气泡居中后再读数；如果是自动补偿装置，则在读数前按一下补偿器，同时观察指标线是否左右摆动，如左右摆动，等静止后直接读数，否则，自动补偿器卡固，需调校。

第三节　水平角测量方法

常用的水平角测量方法有两种：测回法和方向观测法。

一、测回法

测回法适用于观测只有两个方向的单角，如图 3-7 所示，*A*、*B*、*C* 分别为地面上的三点，欲测定 *BC* 与 *BA* 所构成的水平角 β，其观测步骤为：

图 3-7　水平角测量

(1) 在测站 *B* 点上安置经纬仪，对中、整平仪器。

(2) 用盘左位置（竖盘在望远镜的左面，亦称正镜）瞄准左目标 *C*，并置水平度盘读数为 0°00′00″（或略大于 0°），将该读数 0°00′00″记入表 3-1 中。

表 3-1　**测回法观测手簿**

测站	竖盘位置	目标	水平度盘读数			半测回角值			一测回角值			各测回平均值			备注
			(°)	(′)	(″)	(°)	(′)	(″)	(°)	(′)	(″)	(°)	(′)	(″)	
第 1 测回 *B*	左	*C*	0	00	00	123	26	18	123	26	36	123	26	30	
		A	123	26	18										
	右	*C*	180	00	12	123	26	54							
		A	303	27	06										
第 2 测回 *B*	左	*C*	90	00	24	123	26	36	123	26	24				
		A	213	27	00										
	右	*C*	270	00	42	123	26	12							
		A	33	26	54										

(3) 顺时针方向转动照准部，瞄准右目标 *A* 点，读取水平度盘读数为 123°26′18″，记入表 3-1 中。则盘左所测得的上半测回角值 $\beta_s = 123°26'18'' - 0°00'00'' = 123°26'18''$，称上半测回。

(4) 为了检核观测成果并消除仪器误差对测角的影响，提高观测精度，还要用盘右位置（竖盘在望远镜的右面，亦称倒镜）再测下半测回。倒转望远镜成盘右位置，先瞄准右目标 *A* 点，读取读数为 303°27′06″，逆时针转动照准部瞄准左目标 *C* 点，读取读数为 180°00′12″，将测得数据记入表 3-1 中，则盘右所测得的下半测回角值 $\beta_x = 303°27'06'' - 180°00'12'' = 123°26'54''$。

上、下两半测回合称一测回。一般规定，如果 DJ6 型光学经纬仪两个半测回角值之差

不超过±40″时，取其平均值作为一测回的角值，即

$$\beta=(\beta_s+\beta_x)/2=(123°26'18''+123°26'54'')/2=123°26'36'' \quad (3-2)$$

式中 β_s——盘左半测回角值；

β_x——盘右半测回角值。

将结果记入表 3 - 1 中。

若两个半测回角值之差超过±40″时，则须找出原因进行重测。

为了提高观测精度，减少度盘的刻划不均匀误差，可采用多测回法进行观测。每个测回盘左起始方向水平度盘位置相差 $\frac{180°}{n}$（n 为测回数），如 $n=3$，则每个测回的第一个起始目标读数应等于或略大于 0°，60°，120°。对于 DJ6 型光学经纬仪，当各测回互差不超过±24″时，取各测回平均值作为一测回的角值。表 3 - 1 即为两个测回的记录计算成果表。

二、方向观测法

方向观测法简称方向法，适用于观测方向在三个或三个以上时测量角度。

（一）观测方法

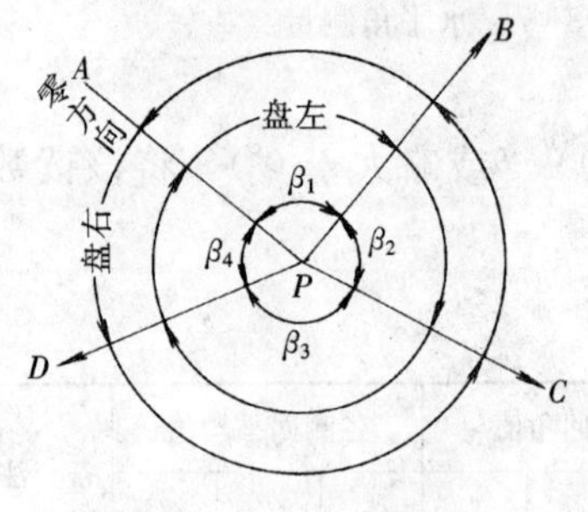

图 3 - 8 方向观测法

如图 3 - 8 所示，在 P 点设站，观测 A、B、C、D 四个水平角 β_1、β_2、β_3、β_4，其观测步骤为：

(1) 在测站 P 上安置经纬仪，对中、整平仪器。

(2) 用盘左位置瞄准选定的起始方向（即零方向）目标点 A（观测中可选视线条件好，目标清晰、稳定，边长相对较长的作为起始零方向）。转动度盘变换手轮，将起始方向读数置于 2′左右，将该读数 0°02′00″记入表3 - 2中。

(3) 顺时针方向转动照准部，依次瞄准 B、C、D，将相应读数记入盘左记录栏。最后再照准起始方向 A（称为归零），将读数记入手簿，完成上半测回观测。检查半测回归零差（即起始方向两次读数之差）有否超限，如超限应立即查明原因重测。如归零差在允许范围内，可进行下半测回观测。J6 级经纬仪半测回归零差不超过±18″，见表 3 - 3。

表 3 - 2　方向观测法观测手簿

测回数	测站	目标	读数						2C=左－（右±180°）	平均读数=1/2［左+（右±180°）］			归零后方向值			各测回归零方向平均值			角值		
			盘左（L）			盘右（R）															
			(°)	(′)	(″)	(°)	(′)	(″)	(″)	(°)	(′)	(″)	(°)	(′)	(″)	(°)	(′)	(″)	(°)	(′)	(″)
										(0	02	15)									
1	P	A	0	02	00	180	02	18	−18	0	02	09	0	00	00	0	00	00	37	41	58
		B	37	44	12	217	44	12	0	37	44	12	37	41	57	37	41	58	72	44	50
		C	110	29	06	290	28	54	+12	110	29	00	110	26	45	110	26	48	39	46	00
		D	150	15	06	330	14	54	+12	150	15	00	150	12	45	150	12	48	209	47	12
		A	0	02	18	180	02	24	−6	0	02	21									

续表

测回数	测站	目标	读数						2C=左－（右±180°）	平均读数=1/2［左+（右±180°）］			归零后方向值			各测回归零方向平均值			角值		
			盘左（L）			盘右（R）															
			(°)	(′)	(″)	(°)	(′)	(″)	(″)	(°)	(′)	(″)	(°)	(′)	(″)	(°)	(′)	(″)	(°)	(′)	(″)
										(90	03	30)									
		A	90	03	30	270	03	42	−12	90	03	36	0	00	00						
		B	127	45	36	307	45	24	+12	127	45	30	37	42	00						
2	P	C	200	30	24	20	30	18	+6	200	30	21	110	26	51						
		D	240	16	24	60	16	18	+6	240	16	21	150	12	51						
		A	90	03	18	270	03	30	−12	90	03	24									

表 3-3　　方向观测法观测水平角限差

仪　器	半测回归零差	一测回内 2C 互差	同一方向值各测回互差
DJ1	6″	9″	6″
DJ2	8″	13″	9″
DJ6	18″	—	24″

（4）倒转望远镜，旋转照准部成盘右位置，瞄准起始方向 A，读取读数 180°02′24″，记入表 3-2 中盘右栏。

（5）逆时针转动照准部，依次照准目标 D、C、B、A，读取读数记入盘右记录栏（记录从下往上记）。计算盘右归零差是否符合限差要求，如符合要求，则一测回观测完成。

（二）计算方法

1. 计算 $2C$ 值

同一方向，盘左与盘右读数 ±180°之差，称为两倍视准轴误差 $2C$，限差要求见表 3-3。即

$$2C=\text{盘左读数}-（\text{盘右读数}\pm180°）\tag{3-3}$$

如表 3-2 中 A 方向的 $2C$ 为

$$2C=0°02'00''-（180°02'18''-180°）=-18''$$

2. 计算方向值

对同一方向取盘左盘右读数的平均值，称该方向的方向值，即

$$\text{方向值}=\frac{1}{2}［\text{盘左读数 } b_z+（\text{盘右读数 } b_y\pm180°）］\tag{3-4}$$

如目标 B 的平均方向值 b_p 为

$$b_p=\frac{1}{2}［b_z+（b_y\pm180°）］-\frac{1}{2}［37°44'12''+（217°44'12''\pm180°）］$$
$$=37°44'12''$$

起始目标 A 盘左、盘右各观测了两次，有两个方向值，应取其平均值作为目标 A 的方向值，记入表 3-2 第一行目标 A 的方向值上面的括号中。

3. 计算归零后方向值

将起始目标 A 的一测回方向值化为 0°00′00″，其他目标的方向值减去目标 A 的方向值

（即括号中数字 0°02′15″），得到各目标一测回归零方向值。

4. 计算各测回归零后方向值的平均值

在精度较高的测量中，往往需要观测几个测回。当一个测站观测两个或两个以上测回时，须检查同一方向值各测回的互差，互差要求见表 3-3。若观测结果在规定的限差范围之内，取各测回同一方向归零后的方向值平均值作为最后结果。

5. 计算水平角

相邻方向值之差即为相邻方向所夹的水平角，计算结果记入表 3-2，也可画简图表示。表 3-2 为两个测回的记录计算成果表。

（三）观测中应注意的问题

（1）记簿六不准：不得连环改，即观测值与半测回方向值的分、秒不得同时改动；不准就字改字，允许改动的数字应用横线整齐划去，在上面写上正确的数字；不准使用橡皮；不准转抄结果；水平角观测不准留空页，垂直角观测不准留空格；不准改动零方向。

（2）重测和补测的规定：因超限而重测完整的测回称重测。对错度盘、测错方向、读记错误、上半测回归零差超限、碰动仪器、气泡偏离过大以及其他原因造成误差，均应重测。

零方向 2*C* 差超限或补测方向数超过总方向数 1/2 时应重测该测回。

2*C* 差或各测回互差超限时，应补测该方向并联测零方向。

第四节 竖直角测量方法

一、竖直角

竖直角是同一竖直面内倾斜视线与水平线间的夹角，其角范围为 0°～90°，用 α 来表示。如图 3-9 所示，视线在水平线之上的竖直角为仰角，符号为正；视线在水平线之下的竖直角为俯角，符号为负。

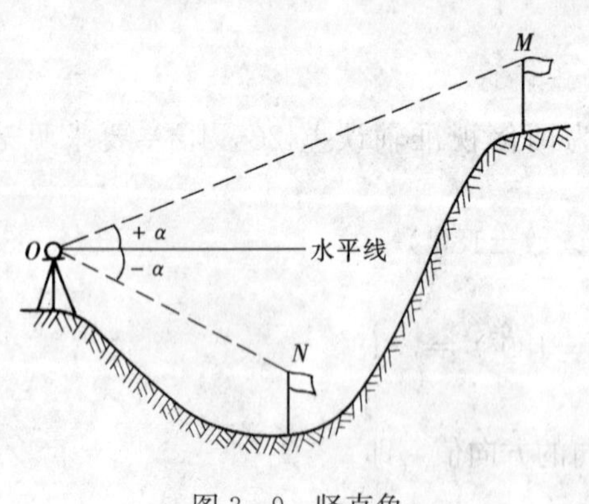

图 3-9 竖直角

为了测出竖直角的大小，在经纬仪横轴一端安置一竖直度盘，望远镜照准目标后的方向线和水平方向线在竖直度盘上的读数之差即为竖直角。与水平角不同的是这两个方向中有一个是水平方向，当望远镜视线水平时，其竖盘读数是一个固定值（90°或 270°）。所以在测量竖直角时，只要瞄准目标方向读取竖盘读数，便可计算出竖直角。

二、竖直度盘

DJ6 光学经纬仪装置有竖直度盘、竖盘指标水准管和竖盘指标水准管微动螺旋。竖盘固定在望远镜横轴的一端，随着望远镜一起在竖直面内转动，而竖盘读数指标则固定不动，因此可读取望远镜不同位置的竖盘读数，计算竖直角。

竖盘的刻划与水平度盘基本相同，但注记形式有多种，一般为 0°～360°顺时针方向［见图 3-10（a）］注记和逆时针方向［见图 3-10（b）］注记。对应于不同的竖盘注记形式，计算竖直角的公式也不相同，但其基本原理是相通的。

竖盘的读数指标有两种形式：一种是读数指标与指标水准器连成一体的微动式指标。指标水准器的轴与指标线之间的夹角为 90°，当指标水准器气泡居中时，指示指标线位于铅垂方向位置。因此在测量竖直角时，每次读数之前，都必须调整指标水准器气泡居中。另一种是竖盘指标装有自动补偿装置，能使指标总是处于铅垂位置，即自动归零。此种仪器瞄准目标即可读数。

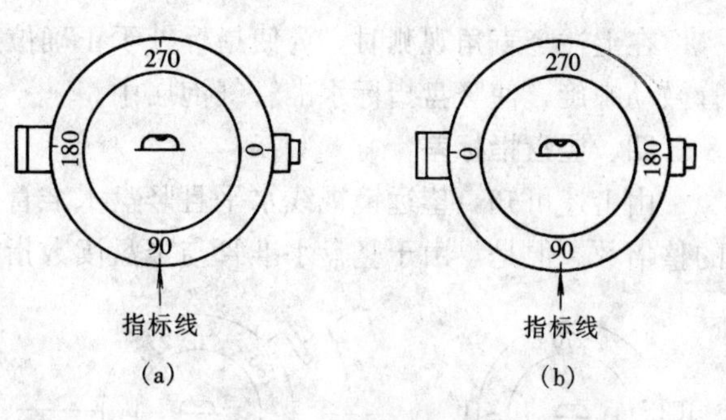

图 3-10 竖盘注记

三、竖直角的测量和计算

测量竖直角时亦要用盘左盘右观测，计算竖直角要根据竖盘注记的形式确定计算方法。现以最常用的顺时针注记的竖盘为例，说明竖直角的观测步骤和计算方法。

(1) 如图 3-9 所示，仪器安置在测站点 O 上，用盘左位置瞄准目标 M，使十字丝中丝准确地切于目标顶端。转动竖盘指标水准管微动螺旋，使竖盘指标水准管气泡居中，读取竖盘读数 $L=76°45'12''$，记入表 3-4 中。

表 3-4 竖直角观测手簿

测站	目标	竖盘位置	竖盘读数			半测回竖直角值			指标差	一测回竖直角			备注
			(°)	(′)	(″)	(°)	(′)	(″)	(″)	(°)	(′)	(″)	
O	M	左	76	45	12	+13	14	48	−06	+13	14	42	
		右	283	14	36	+13	14	36					
	N	左	122	03	36	−32	03	36	+12	−32	03	24	
		右	237	56	48	−32	03	12					

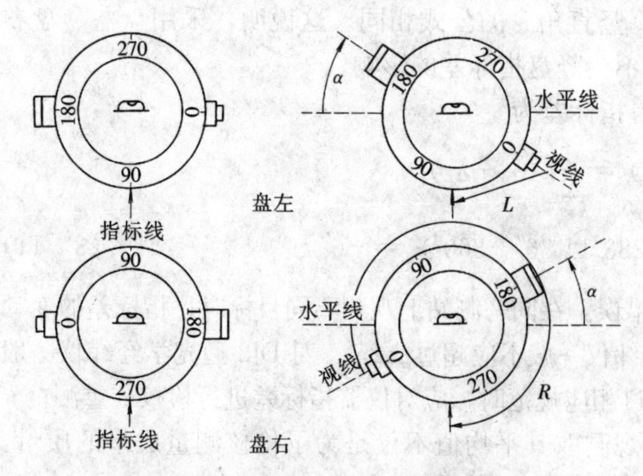

图 3-11 竖盘读数与竖直角计算

(2) 用盘右位置再瞄准目标 M，并调竖盘指标水准管气泡居中，读取竖盘读数 $R=283°14'36''$，记入表 3-4 中。

(3) 计算竖直角 α。竖直角 α 是视线倾斜时与视线水平时的读数之差。对应于图 3-11，视线水平时，盘左位置竖盘读数为 90°，当望远镜仰起时，读数减小，则盘左时竖直角 α_L 的计算公式为

$$\alpha_L=90°-L=90°-76°45'12''=13°14'48'' \tag{3-5}$$

视线水平时，盘右位置竖盘读数为 270°，当望远镜仰起时，读数增加，则盘右时竖直角 α_R 的计算公式为

$$\alpha_R=R-270°=283°14'36''-270°=13°14'36'' \tag{3-6}$$

一测回竖直值（盘左、盘右竖直角值的平均值）为

$$\alpha=\frac{1}{2}(\alpha_L+\alpha_R)=\frac{1}{2}[(R-L)-180°]=\frac{1}{2}(13°14'48''+13°14'36'')=13°14'42'' \tag{3-7}$$

在上述竖直角观测时，为使指标处于正确位置，注意每次读数前必须转动竖盘指标水准管微动螺旋，使竖盘指标水准管气泡居中。

四、竖盘指标差

由上述可知，望远镜视线水平且竖盘水准管气泡居中时，竖盘指标的正确读数应是90°的整倍数。但是，由于竖盘水准管与竖盘读数指标的关系难以完全正确，当视线水平且竖盘水准管气泡居中时，竖盘读数与应有的竖盘指标正确读数（即90°的整倍数）有一个小的角度差 x，称为竖盘指标差，即竖盘指标偏离正确位置引起的差值。竖盘指标差 x 本身有正负号，一般规定当竖盘读数指标偏移方向与竖盘注记方向一致时，x 取正号，反之 x 取负号。图3-12所示的竖盘注记与指标偏移方向一致，竖盘指标差 x 取正号。

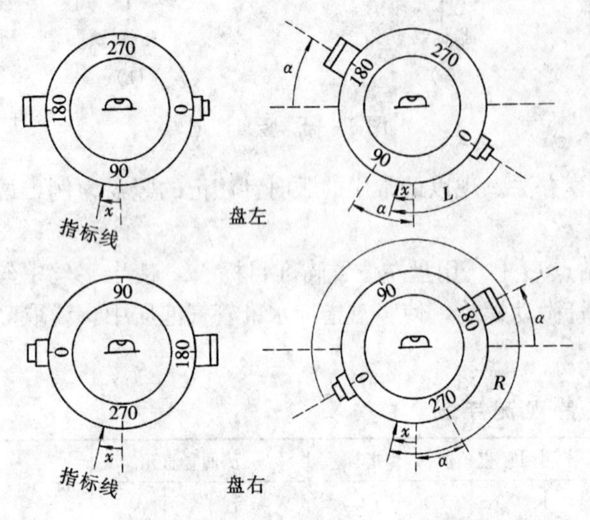

图3-12　竖盘指标差

由于图3-12中，竖盘是顺时针方向注记，按照上述规则并顾及竖盘指标差 x，得到

$$\alpha=90°-L'+x=\alpha_L+x \tag{3-8}$$

$$\alpha=R-270°-x=\alpha_R-x \tag{3-9}$$

两者取平均得竖角 α 为

$$\alpha=\frac{1}{2}(\alpha_L+\alpha_R)=\frac{1}{2}[(R-L)-180°] \tag{3-10}$$

可见，式（3-10）与式（3-7）计算竖直角 α 的公式相同。这说明，采用盘左、盘右位置观测取平均计算的竖直角时，其角值不受竖盘指标差的影响。

若将式（3-8）减去式（3-9），则得指标差为

$$x=\frac{1}{2}(L+R-360°)=\frac{1}{2}(\alpha_R-\alpha_L)$$

$$=\frac{1}{2}(76°45'12''+283°14'36''-360°)=-6'' \tag{3-11}$$

指标差 x 可用来检查观测质量，防止错误。在同一测站上观测不同目标时，指标差的变动范围（即指标差的互差）：对DJ6型光学经纬仪一般不应超过±25″；对DJ2型光学经纬仪一般不应超过±15″。当指标差和指标差互差超过相应规范时，应对仪器指标差进行检校或重测。

由此可见，测量竖直角时，用测回法观测取其平均值不仅是为了检核测量成果的质量，防止错误，而且可以消除竖盘指标差对竖直角测量的影响。

五、带自动补偿器的竖直度盘

由竖直角测定的过程可知，竖盘指标水准管气泡居中很重要，若水准管气泡不居中，则指标不能指向正确位置，带来读数错误。然而每次读数前都必须使竖盘水准管气泡严格居中给操作者带来很大不便。因此，现代很多经纬仪都采用了竖盘指标自动归零装置以取代竖盘指标水准管及其微动螺旋。当仪器整平后，这种装置会自动调整光路使竖盘指标居于正确位置，既简化了操作程序，又提高了竖直角观测的速度和精度。竖盘指标自动归零装置的基本

原理与自动安平水准仪的补偿装置原理相同。目前，DJ6 光学经纬仪采用 V 型吊丝式、DJ2 光学经纬仪采用 X 型吊丝式（长摆式）自动补偿器，它们均具有较好的防高频振动的能力。补偿器的工作范围为 2′（仪器整平的精度一般在 1′以内）；DJ6 的自动归零误差不超过 ±2″.0，DJ2 不超过±0″.3。

补偿器结构及吊丝本身具有一定的防震性能，但为了防止仪器在转动、装卸和运输过程中受到过大的震动或冲击，仪器专门设有锁紧装置——自动归零旋钮。使用时，将自动归零旋钮逆时针旋转，使旋钮上红点对准照准支架上的黑点，同时听到竖盘自动归零补偿器有叮当声，表示补偿器处于正常工作状态。如听不到响声，表示补偿器有故障，可再次旋转旋钮，反复一、二次，直到同时听到或用手轻敲有响声为止。竖直角观测完毕，一定要顺时针方向旋转旋钮，重新锁紧补偿机构，防止震坏吊丝。

第五节 减小角度测量误差的措施

水平角观测的误差主要来源于仪器本身的误差及测角时的误差。为了提高成果的精度，必须了解产生误差的原因和规律，采取相应措施，以消除或减少其误差对水平角测量的影响。

一、仪器误差

仪器误差主要是指仪器加工制造误差、装校工艺误差以及使用过程中产生的轴线偏离正确位置所带来的误差。

1. 度盘偏心差和照准部偏心差及度盘刻划不均匀误差

度盘刻划线的几何中心称为度盘刻划中心，而度盘旋转轴的中心称度盘旋转中心，在理论上要求两者重合，但是由于制造或装配的误差，使他们不完全重合，这种不重合偏差称为度盘偏心差，如图 3-13（b）所示，用 e_p 表示。度盘的旋转中心和照准部的旋转中心在制造时也因为有误差而两中心不重合，称这种误差为度盘转轴偏心差，用 e_a 表示。因此照准部旋转中心与度盘刻划中心也将不重合，此不重合偏差称为照准部偏心差，用 e_s 表示。当在水平度盘的某一个位置上读数时，因这个中心不重合，就会在读数中引入误差。在大多数经纬仪中，水平度盘是可以单独旋转的。这样，照准部偏心差就随度盘的不同位置而发生改变，在某一个位置照准部偏心差将达到最大值，其值为转轴偏心差与度盘偏心差之和，即

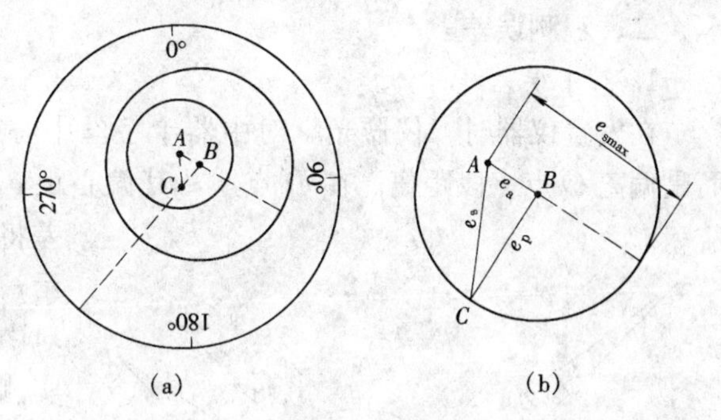

图 3-13 度盘偏心差和照准部偏心差

A—照准部旋转中心；B—度盘旋转中心；C—度盘刻划中心

$$e_{smax}=e_a+e_p \tag{3-12}$$

由此可见，照准部偏心差是转轴偏心差和度盘偏心差的综合误差，而且是一个变值。要消除照准部偏心差，首先要消除或减少度盘偏心差。

消除度盘偏心差的方法是卸下度盘在度盘偏心校正仪上进行校正，在消除度盘偏心差或校正在允许公差范围以内的前提下，用盘左、盘右观测，并取读数平均值，可消除、减少照准部偏心差。

此外，度盘的刻划总是或多或少地存在不均匀误差。在观测水平角时，多个测回之间按一定方式变换度盘起始位置的读数，可以有效地削弱刻划误差的影响。

2. 视准轴误差

望远镜视准轴不垂直仪器横轴所引起的误差称视准轴误差，也称二倍照准差，简称 $2C$。两轴不垂直时，望远镜绕横轴旋转时所形成的轨迹不是一个垂直平面，而是一个圆锥面。望远镜处在不同高度位置，它的视线在水平面上的投影方向值就不同，从而就产生了水平方向观测的测量误差。消除或减少视准轴误差是通过校正视准轴，使视准轴与横轴垂直。由于 $2C$ 误差校正时，仪器存在度盘和照准部偏心差，校正后，视准轴与横轴不可能完全垂直，还留有一定残差，这个误差通过盘左、盘右两个位置观测同一目标，取其平均值（因视准轴误差的大小相等，符号相反）就能消除。

3. 横轴误差

视准轴与横轴垂直，如横轴不水平，望远镜视准轴旋转时所形成的轨迹不是竖直面，而是一个倾斜面，横轴倾斜了一个小角度 θ，则视准面也相应地偏转了一个小角度 θ，这给水平角观测带来了一定的误差。

在光学经纬仪中，大多数横轴都采用偏心轴装置结构，通过校正偏心轴使横轴水平。剩余残差可用盘左、盘右观测同一目标取平均值消除。

4. 竖轴误差

照准部长水准器轴与竖轴不垂直时，竖轴与铅垂线有一微小的倾角，称竖轴误差。由于在一个测站上竖轴的倾角不变，竖轴倾斜误差的影响不能用盘左、盘右观测取平均值来消除。减小或消除竖轴误差的方法是要对长水准器气泡进行严格校正，使仪器气泡在360°范围内的任意位置都能居中或偏离值小于1/2格值。

二、观测误差

1. 对中误差

在安置仪器时，仪器光学对中器十字丝中心或垂球中心没有对准测站标志中心 O 点，而是偏离 O 点一段距离。在 O' 点上，其偏心距 e 就是对中误差，也称测站偏心差。对中误差将直接影响水平角观测结果。如图 3-14 所示，图中 O 为测站，O' 为仪器中心，$e=OO'$ 为对中误差。目标 A、B 间的正确水平角为 β，实测水平角为 β'，比正确水平角 β 减小了两个误差角 ε_1 和 ε_2，即 $\beta=\beta_1+(\varepsilon_1+\varepsilon_2)$，于是有

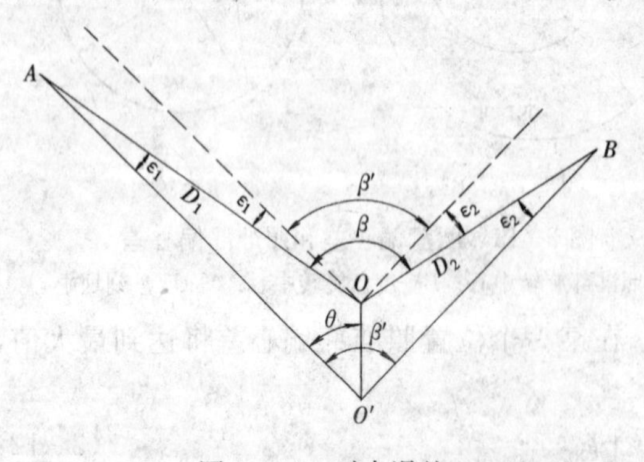

图 3-14 对中误差

$$\frac{D_1}{\sin\theta}=\frac{e}{\sin\varepsilon_1}$$

$$\sin\varepsilon_1=\frac{e}{D_1}\sin\theta$$

$$\sin\varepsilon_2=\frac{e}{D_2}\sin(\beta'-\theta)$$

对中偏心引起的角 ε_1 和 ε_2 很小，则

$$\varepsilon_1=\frac{e}{D_1}\sin\theta\rho''$$

$$\varepsilon_2=\frac{e}{D_2}\sin\ (\beta'-\theta)\ \rho''$$

因为 $\Delta\beta=\beta-\beta_1=\varepsilon_1+\varepsilon_2$，所以有

$$\Delta\beta=\varepsilon_1+\varepsilon_2=e\rho''\left[\frac{\sin\theta}{D_1}+\frac{\sin\ (\beta'-\theta)}{D_2}\right] \tag{3-13}$$

分析上式，可知仪器对中误差对水平角的影响：

（1）当 β' 一定时，ε_1 和 ε_2 与偏心距 e 成正比，偏心距越大，测角误差 $\Delta\beta$ 就越大。

（2）当偏心距 e 一定时，测角误差 $\Delta\beta$ 与所测角的边长 D_1、D_2 成反比，即边长越短，测角误差越大，边长越长，测角误差越小。

（3）当偏心距 e 和边长 D 一定时，$\Delta\beta$ 与 β 的大小有关，当 β 接近 180°（$\theta=90°$）时，$\Delta\beta$ 为最大。

因此，在观测短边或 A、B 两目标接近 180°时，要特别注意仪器的对中，避免引起较大误差。一般对中误差最大不应超过 3mm。

2. 整平误差

由于仪器没有整平将引起仪器竖轴和横轴的倾斜，望远镜绕横轴旋转时，视准轴扫出一倾斜面。用盘左、盘右观测时，该误差对水平角角值影响相同，无法用正倒镜的观测方法消除。所以，观测前应认真地整平仪器，在观测过程中，不得再调整照准部水准管。如气泡偏离中央超过 1 格时，须再次整平，重新观测。整平误差与竖直角大小有关，竖直角越大，则该误差对水平角的影响也越大。因此，在山区作业时，尤其要注意整平。

3. 标杆倾斜误差

测角时，常用标杆立于目标点上作为照准标志，当标杆倾斜而又瞄准标杆上部时，则由于瞄准点偏离测点产生目标偏心误差。

如图 3-15 所示，B 为测站点，A 和 C 为测点标志中心，C' 为照准目标点，$CC'=l$ 为标杆长，$CC''=e$ 为偏心距，标杆倾斜与铅垂线的夹角为 α，则测角误差为

$$\Delta\beta=\rho''\frac{e}{D}=\rho''\frac{l\sin\alpha}{D} \tag{3-14}$$

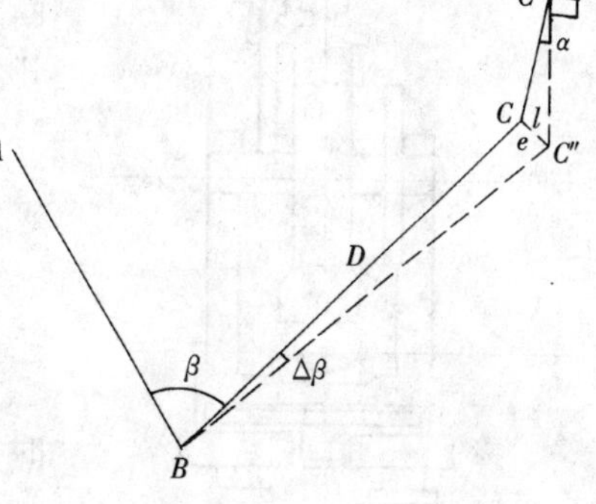

图 3-15　标杆倾斜误差

例如标杆长 $l=2\text{m}$，倾角 $\alpha=1°$，边长 $D=100\text{m}$，则

$$\Delta\beta=206265''\times\frac{2\times\sin1°}{100}=1'12''$$

由此可见，边长越短，标杆越倾斜，瞄准点越高，引起的测角误差越大。所以在水平角观测时，标杆要竖直，并尽可能瞄准标杆的底部或木桩上的小钉（边长越短，越应注意）。当目标较近，又不能瞄准其下部时，可采用悬吊垂球瞄准垂球线的方法或选用可伸缩对中杆作为目标。

4. 瞄准误差

瞄准误差与望远镜的放大倍数及人眼的鉴别能力有关。放大倍数大，则瞄准误差小，一般 DJ6 型光学经纬仪的望远镜放大倍数为 25～30 倍，则最大照准误差为 2″～4″。另外，瞄准误差与目标的形状、亮度及视差消除程度也有关。因此，观测时应尽量选择好天气和时

间，仔细切准观测目标。

5. 读数误差

读数误差与仪器的读数设备、观测者的判断经验、仪器内部光路的照明亮度和清晰度有关。根据分析和测试结果表明，DJ6 级经纬仪估读的最大误差在±6″以内。为保证读数精度，操作时应将反光镜调整到最佳照明角度，仔细调节读数显微镜目镜，使视场明亮，刻度清晰，仔细进行估读。

三、外界条件的影响

影响角度测量的外界因素很多，如大气透明度差、目标阴暗与旁折光影响等会增大照准误差；土壤松软会使仪器沉陷、位移；日晒和温度变化会影响仪器的整平；大风影响仪器的稳定；受地面热辐射的影响会引起物像的跳动等。为了减少这些误差的影响，安置时注意踩实三脚架，以防仪器下沉。阳光直射时必须撑太阳伞，刮风太大时应停止观测。要完全消除外界因素对观测的影响是有困难的，但可以选择有利于观测的时间和条件，设法克服不利因素，使这些外界条件的影响降低到最小的程度，尽量提高观测成果的精度。

第六节　经纬仪的检验与校正

在水平角测量中，要求仪器的水平度盘处于水平位置，且水平度盘的中心位于测站的铅垂线上，同时要求望远镜上、下转动的视准轴应在一个竖直面内。要达到上述要求，经纬仪各主要轴线间必须满足下列几何条件（见图 3-16）：

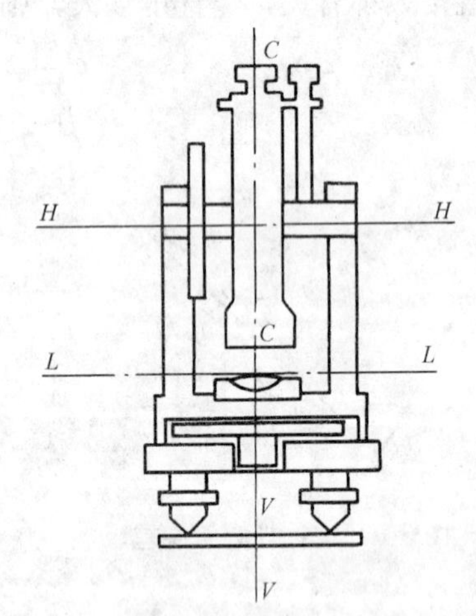

图 3-16　经纬仪主要轴线

（1）水准管轴垂直于竖轴（$LL \perp VV$）；

（2）十字丝竖丝垂直于横轴；

（3）视准轴垂直于横轴（$CC \perp HH$）；

（4）横轴垂直于竖轴（$HH \perp VV$）；

（5）当望远镜视准轴水平、竖盘指标水准管气泡居中时，指标读数应为 90°的整倍数。

仪器在出厂时，以上各项条件都是经检验合格的，但由于在搬运或长期使用过程中震动、碰撞等原因，使各部分螺丝松动，各轴线间的关系产生变化。因此，在正式作业之前，必须对仪器进行检验和校正，即使新仪器也不例外。

经纬仪的检校一般应按下列次序进行，不能随意颠倒，否则后面的检校会破坏前面的校正。

一、照准部水准管的检验和校正

1. 检验目的

检验的目的是使照准部水准管轴垂直于竖轴。当满足此条件，照准部水准管气泡居中时，竖轴就处于竖直位置，水平度盘亦处于水平位置。

2. 检验方法

如图 3-17 所示，将仪器大致整平，转动照准部使水准管平行任意两个脚螺旋的连线，调节这两个脚螺旋使水准管气泡居中。再将照准部旋转 180°，如气泡仍然居中，说明水准管轴垂直于竖轴，如果偏离量超过一格则应校正。

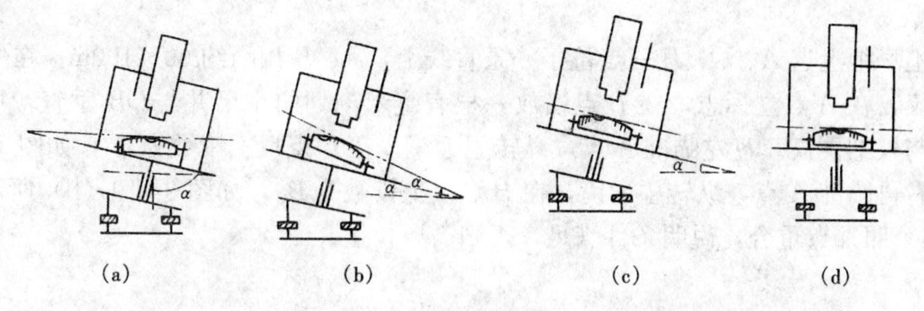

图 3-17　照准部水准管检校

3. 校正方法

先用校正针拨动水准管校正螺丝，使水准管气泡退回偏离中心距离的一半，再转动脚螺旋使气泡居中。

此项检验校正需反复进行，直至照准部旋转到任何位置气泡偏离中心均不超过一格为止。

如经过上述校正，气泡还偏离较大或反复校正不居中，那么可能是脚螺旋松动，气泡管与石膏脱离等现象所致，这时应先修复基座与水准管再较正。

二、十字丝竖丝的检验和校正

1. 检验目的

检验的目的是使十字丝竖丝铅垂、横丝水平，保证十字丝的中心位置正确。

2. 检验方法

方法一：架好仪器并整平，用望远镜十字丝竖丝瞄准远处一明显标志点 P，转动望远镜微动螺旋观察目标点 P，如果目标点 P 始终沿着竖丝上下移动，没有偏离十字丝竖丝，说明十字丝不倾斜，如上下移动 P 点偏离十字丝竖丝，表示十字丝是倾斜的，需进行校正。

方法二：在距离仪器 20m 左右用细线挂上垂球，垂球浸在一个小油桶内，使垂球静止不动。整平仪器，对准垂线，调焦清晰，将十字丝中心对准垂线。观察垂线与竖丝是否重合，如竖丝与垂线完全重合，说明位置正确，竖丝与垂线不重合则十字丝倾斜，需校正。

3. 校正方法

最好使用方法二。取下望远镜目镜分划板保护外罩，轻轻松动 4 颗十字丝分划板固定螺丝，整个目镜压环就可以绕轴转动，转动到竖丝与垂线严密重合，对称地、逐步地紧固 4 颗固定螺钉（见图 3-18），再复查竖丝是否与垂线重合，直到完全重合为止。

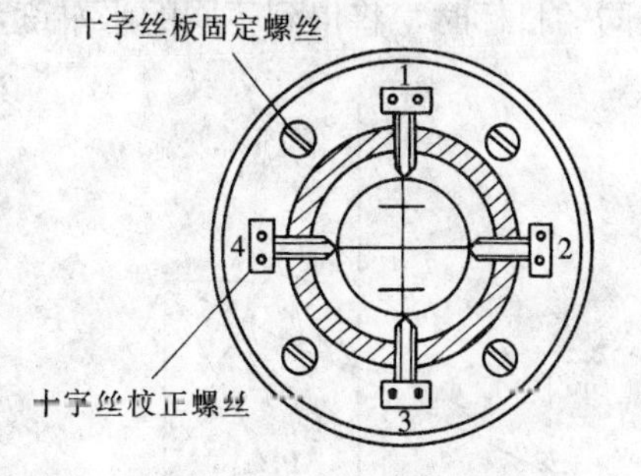

图 3-18　十字丝校正

三、视准轴的检验与校正

1. 检验目的

检验的目的是使视准轴垂直于横轴。不垂直时偏离垂直位置的角度 C 称为视准误差。视准误差 C 是由于十字丝交点位置不正确而产生的。仪器整平后，横轴为水平，望远镜绕横轴旋转时，正确的视准轴应扫出一竖直面，位置不正确的视准轴则扫出一圆锥面。当观测同一竖直面内不同高度的目标时，水平度盘的读数各不相同，从而产生测角误差。

2. 检验方法

在平坦场地上选 A、O、B 三点位于一条直线上，A、B 相距约 60～100m。在中点 O 处安置经纬仪，在 A 点立标志，在 B 点横放一根有毫米刻划的小尺并与 OB 垂直，标志和小尺要尽量与仪器同高。盘左瞄准 A 点，纵转望远镜，在 B 点尺上读数为 B_1，如图 3-19（a）所示；盘右再瞄准 A 点，纵转望远镜，在 B 点尺上读数为 B_2，如图 3-19（b）所示。如果 B_1、B_2 两个照准点重合，说明条件满足，否则需要校正。

3. 校正方法

如图 3-19（b）所示，B_1 与 B_2 两读数之差至仪器中心所夹的角度是视准轴误差的 4 倍，即 $\angle B_1OB_2=4C$。在小尺上 B_1 和 B_2 之间定一点 B_3，使 $B_2B_3=1/4B_1B_2$，此时 OB_3 垂直于仪器的水平轴方向。用校正针拨动十字丝左、右两个校正螺钉（见图 3-18），平移十字丝分划板，至十字丝交点与 B_3 点重合为止。此项检校需反复进行。

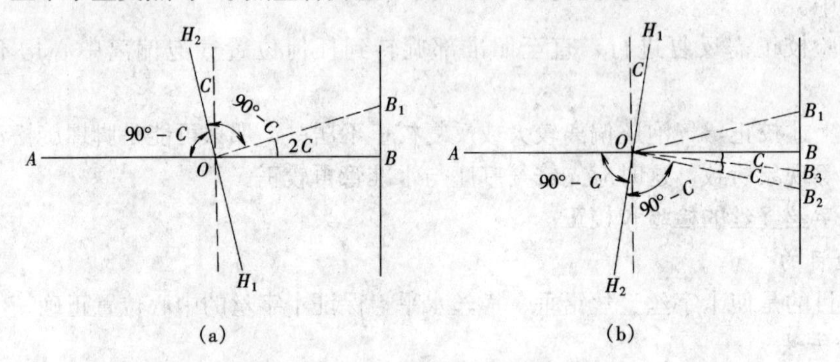

图 3-19 视准轴的检校

四、横轴的检验与校正

1. 检验目的

检验的目的是使横轴垂直于竖轴。横轴不垂直于竖轴是由于横轴两端在支架上的高度位置不相等而产生的。当仪器整平后，若竖轴竖直而横轴不水平，则有一个倾角 i。望远镜绕横轴旋转时，视准轴扫出的是一个倾斜面而不是竖直面。因此，当瞄准同一竖直面内高度不同的目标时，将得到不同的水平度盘读数，影响测角精度，必须进行检校。

2. 检验方法

在距墙 20～30m 处安置经纬仪，仪器整平后，用盘左位置瞄准墙上高处（仰角应大于30°）一目标 P 点，如图3-20所示。然后将望远镜大致水平，在墙上标出十字丝交点 P_1，倒转望远镜再用盘右位置仍然瞄准 P 点，然后将望远镜放平在墙上标出 P_2 点，如果 P_1 与 P_2 两点重合，说明横轴垂直于竖轴，否则需要较正。

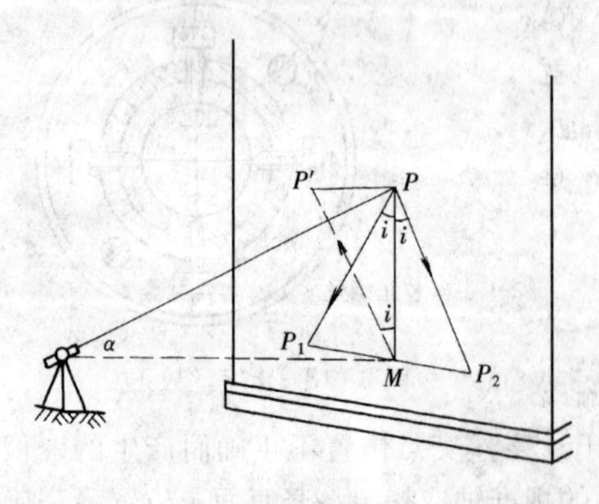

图 3-20 横轴检校

3. 校正方法

在墙上定出 P_1P_2 的中点 M，以盘右位置瞄准 M 点，固定照准部后抬高望远镜，此时十字丝交点

偏离 P 点，瞄到 P 点旁的 P' 点。打开支架护盖，用校正针拨动支架校正螺钉，升高或降低横轴的一端，使十字丝交点由 P' 点逐步准确对准 P 点，紧固校正螺钉。再将望远镜向下转动到 M 点，如十字丝中心与 M 点重合，说明校正完成，若不重合，则重复上述检校过程。

光学经纬仪密封性好，一般能保证横轴与竖轴的垂直关系，测量人员只需进行检验，如需校正，最好由专业仪器检修人员进行。

五、竖盘指标差的检验与校正

1. 检验目的

检验的目的是使竖盘指标差 x 等于零。

2. 检验方法

安置仪器整平后，用盘左、盘右两个位置瞄准高处同一目标，分别使竖盘指标水准管气泡居中，读取竖盘读数 L 和 R，用式（3-7）和式（3-11）分别计算出竖直角 α 和指标差 x。若 x 大于 $1'$ 则需校正。

3. 校正方法

用倒镜位置仍瞄准原来目标，转动竖盘指标水准管微动螺旋，使竖盘读数为 $R'=R-x$，此时竖盘指标水准管气泡不再居中，用校正针拨动竖盘指标水准管的上、下校正螺丝（先松后紧），使气泡居中。此项检校亦应反复进行，直至指标差符合限差要求。

若竖盘有自动归零装置时，作业人员一般只作检验，不作校正。

第七节　精密经纬仪与电子经纬仪

一、精密经纬仪

精密经纬仪是指水平度盘一测回水平方向中误差不大于 $2''$ 的经纬仪，多用于三、四等三角测量、精密导线测量、城市控制测量、大型精密机械安装等工作。常见的 $2''$ 级经纬仪有苏州第一光学仪器厂生产的 DJ2、DJ2E、DJ2-1、DJ2-2，北京光学仪器厂生产的 TDJ2、TDJ2E，西安光学仪器厂的 TDJ2 及德国蔡司的 010，瑞士徕卡（原威尔特）的 T2 等。此外，还有更高精度的 DT1、DT07 等。下面主要介绍常用的 DJ2 光学经纬仪。

图 3-21 是苏州第一光学仪器厂生产的 DJ2 光学经纬仪的外形。与 DJ6 经纬仪相比，其基本结构大致相同，只是望远镜的放大倍数相对较大，照准部水准管的灵敏度相对较高，度盘格值相对较小。它们最主要的区别在于光学读数系统。DJ2 读数设备有以下两个特点：

（1）采用对径重合读数法，相当于利用度盘上相差 180°的两个指标读数并取其平均值，以消除度盘偏心误差的影响，提高读数精度。

（2）在读数显微镜内一次只能看到水平度盘或竖直度盘的一种分划线影像，读数时可通过转动换像手轮转换所需要的水平度盘或竖直度盘的影像。

DJ2 型光学经纬仪的读数设备采用双光楔测微器。图 3-22 所示是读数显微镜的视场。大窗口是水平度盘对径刻划的影像，数字正置的为主像，数字倒置的为副像，度盘分划值为 $20'$。小窗口为测微分划尺的影像，分划尺全长为 $10'$，全尺共刻 600 小格，最小分划值为 $1''$。当转动测微轮，使测微尺由 $0'$ 转到 $10'$ 时，度盘正、倒像分划线向相反的方向各移动半格（相当于 $10'$），上下影像相对移动量是一格，其读数方法如下。

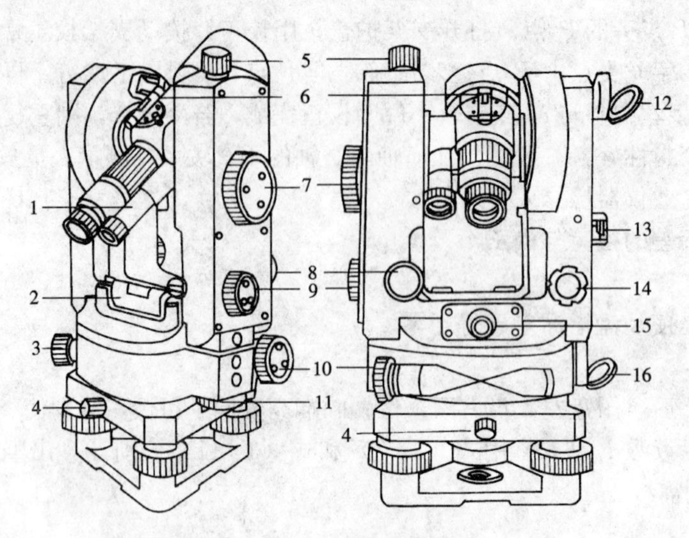

图 3-21　DJ2 光学经纬仪

1—读数显微镜；2—照准部水准管；3—水平制动螺旋；4—轴座固定螺旋；
5—望远镜制动旋；6—瞄准器；7—测微轮；8—望远镜微动螺旋；
9—换像手轮；10—水平微动螺旋；11—水平度盘位置变换手轮；
12—竖盘照明反光镜；13—竖盘水准管；14—竖盘水准管微动螺旋；
15—光学对中器；16—水平度盘照明反光镜

转动测微轮，使度盘对径影像相对移动，直至上下分划线精确重合。读数应按正像在左、倒像在右、相距最近的一对注有度数的对径分划线进行。正像分划线所注度数即为所要读出的度数；正像分划线和倒像分划间的格数乘以度盘分划值的一半（10′），即为应读的整10′数，不足 10′的余数则在测微尺上读得。如图 3-22 所示，读数为 62°27′51″。

为了简化读数，新型的 DJ2 光学经纬仪采用了数字化读数。读数时转动测微轮，使下窗度盘对径分划线重合，整度数由上窗左侧的数字读出，整 10′数由中间小窗中的数字读出，不足 10′的分数和秒数由左侧小窗中读出。图 3-23 所示读数为 73°46′16″。

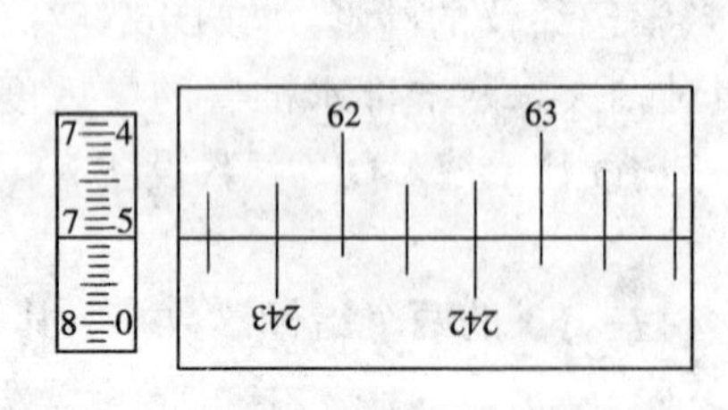

图 3-22　DJ2 读数窗

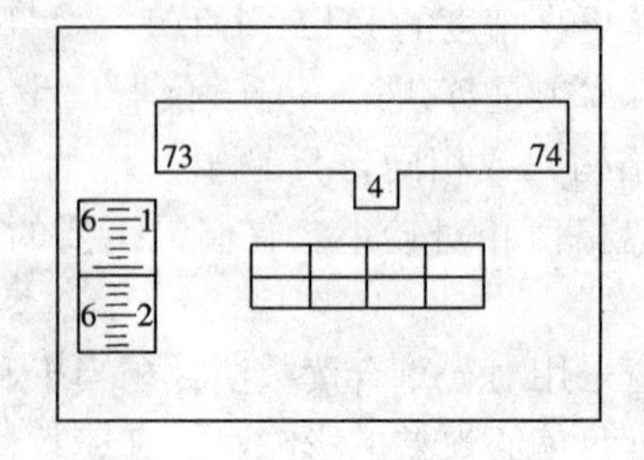

图 3-23　DJ2 改进读数窗

二、电子经纬仪

随着科学技术水平的提高，经纬仪有了很大的发展和变化。首先是竖盘指标水准器改为竖盘指标自动补偿器，望远镜也由倒像改为正像。近年来，更是出现了自动化程度较高的电子经纬仪。电子经纬仪不但能自动记录测量数据，减少读数误差，避免记簿出现差错，而且仪器中的微处理器还可以自动进行各种归算改正，大大减轻了工作强度，提高了工作效率。此外，还可与光电测距仪组合成全站型电子速测仪，通过接口设备，将电子手簿记录的数据输入计算机，实现数据处理和绘图自动化。

1. 电子经纬仪的结构和光学经纬仪的主要区别

(1) 光学经纬仪直接从度盘分划读取度数，而电子经纬仪从度盘上取得电信号，将电信号转换成角度，自动显示在显示器上或记录在电子手簿中，因此它比光学经纬仪多了电子显示器，少了读数显微镜管。图 3-24 所示为北京拓普康仪器有限公司推出的 DJD2 电子经纬仪的外形。

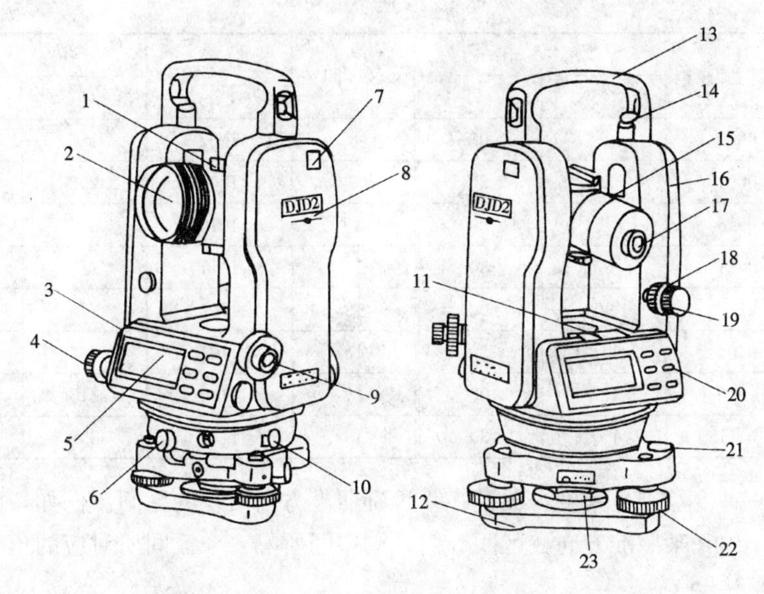

图 3-24 DJD2 电子经纬仪

1—瞄准器；2—望远镜物镜；3—水平制动螺旋；4—水平微动螺旋；
5—液晶显示器；6—下水平制动手轮；7—通信接口（与红外测距仪连接）；
8—仪器中心标志；9—光学对中器；10—RS—232C 通信接口；
11—管水准器；12—基座底板；13—手提把；14—手提固定螺丝；
15—物镜调焦手轮；16—电池；17—望远镜目镜；18—垂直制动手轮；
19—垂直微动手轮；20—操作键；21—圆水准器；
22—脚螺旋；23—基座固定扳把

(2) 可以单次测量，也可以连续测量。

(3) 一台仪器可设置几种不同的角度计量单位，根据测量的需要供使用者选用。ET·02 仪器设有 360°、400gon、6400mil（密位）度制。光学经纬仪一般只有 360°制一种，个别高精度仪器设有 360°和 400gon 两种。

(4) 竖直角测量时可根据作业需要进行初始设置，选择天顶方向为 0°或水平方向为 0°，分别测得天顶距和竖直角。

(5) 如仪器的充电电池用完、操作者操作错误、仪器竖轴倾斜超过自动补偿器补偿范围等问题发生，显示器将显示错误的原因，操作者可以及时纠正，以保证操作正常进行。

2. 电子经纬仪测角原理

电子测角度盘根据取得信号的方式不同，可分为编码度盘、光栅度盘和格区式度盘。其测角原理分述如下。

(1) 编码度盘测角原理。编码度盘属于绝对式度盘，即度盘的每一个位置均可读出绝对的数值。

图 3-25 所示为一编码度盘。整个圆盘被均匀地分成 16 个扇形区间，每个扇形区间由里到外分成 4 个环带，称为 4 条码道。图中黑色部分表示透光区，白色部分表示不透光区。透光表示二进制代码“1”，不透光表示“0”。这样通过各区间的 4 个码道的透光和不透光，即可由里向外读出 4 位二进制数来，由码道组成的状态如表 3-5 所示。

表 3-5　　码道组成状态表

区　间	二进制编码	角　值		区　间	二进制编码	角　值	
		(°)	(′)			(°)	(′)
0	0000	0	00	8	1000	180	00
1	0001	22	30	9	1001	202	30
2	0010	45	00	10	1010	225	00
3	0011	67	30	11	1011	247	30
4	0100	90	00	12	1100	270	00
5	0101	112	30	13	1101	292	30
6	0110	135	00	14	1110	315	00
7	0111	157	30	15	1111	337	30

利用这样一种度盘测量角度，关键在于识别照准方向所在的区间。例如，已知角度的起始方向在区间 1 内，某照准方向在区间 8 内，则中间所隔 6 个区间所对应的角度值即为该角角值。

图 3-26 所示的光电读数系统可译出码道的状态，以识别所在的区间。图中 8 个二极管的位置不同，度盘上方的 4 个发光二极管加上电压后就发光。当度盘转动停止后，处于度盘下方的光电二极管就接收来自上方的光信号。当发光二极管发出的光信号通过度盘透光区时，光电二极管接收到光信号，输出为 0；当光信号通过不透光区时，光电二极管接收不到光信号，输出为 1。这样，度盘的透光与不透光状态就变成电信号输出。通过对两组电信号的译码，就可得到两个度盘位置，即构成角度的两个方向值。两个方向值之间的差值就是该角值。

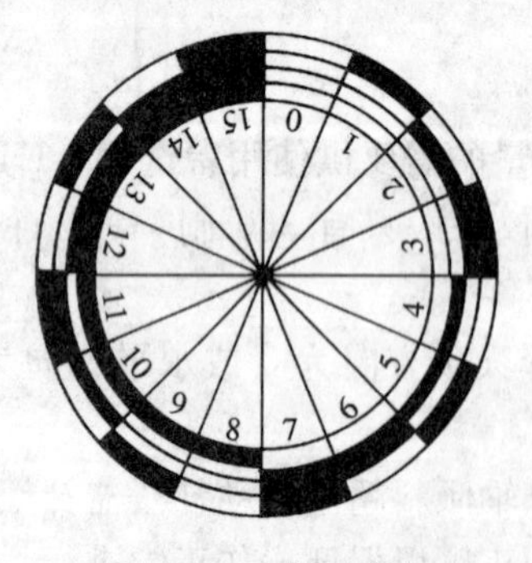

图 3-25　编码度盘

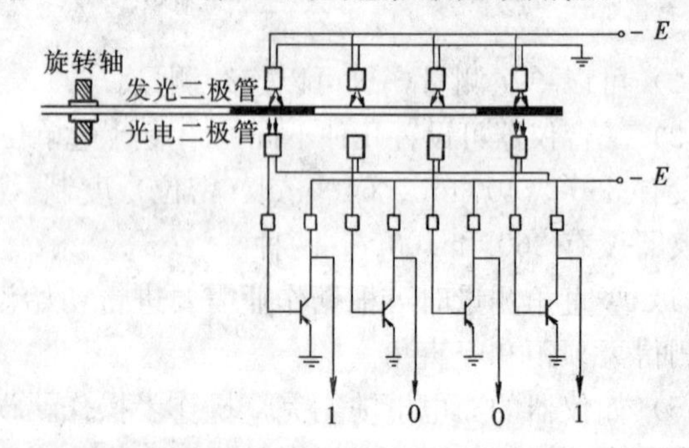

图 3-26　码盘读数结构原理

上面谈到的码盘有 4 个码道，区间为 16，其角度分辨率为 $360°/16=22°30'$。显然，这样的码盘不能在实际中应用。要提高角度分辨率，必须缩小区间间隔。要增加区间的状态数，就必须增加码道数。由于测角的度盘不能制作得很大，因此码道就受到光电二极管尺寸的限制。例如，要求角度分辨率达到10′，就需要11个码道（$2^{11}=2048$，360°/2048=10′）。由此可见，单利用编码度盘测角是很难达到很高精度的。因此在实际应用中，采用码道和各种细分法相结合进行读数。

（2）光栅度盘测角原理。在光学玻璃圆盘上全圆360°均匀而密集地刻划出许多径向刻线，构成等间隔的明暗条纹——光栅，称做光栅度盘，如图3-27所示。通常光栅的刻线宽度与缝隙宽度相同，二者之和称为光栅的栅距。栅距所对应的圆心角即为栅距的分划值。如在光栅度盘上下对应位置安装照明器和光电接收管，光栅的刻线不透光，缝隙透光，即可把光信号转换为电信号。当照明器和接收管随照准部相对于光栅度盘转动时，由计数器计出转动所累计的栅距数，就可得到转动的角度值。因为光栅度盘是累计计数的，所以通常称这种系统为增量式读数系统。

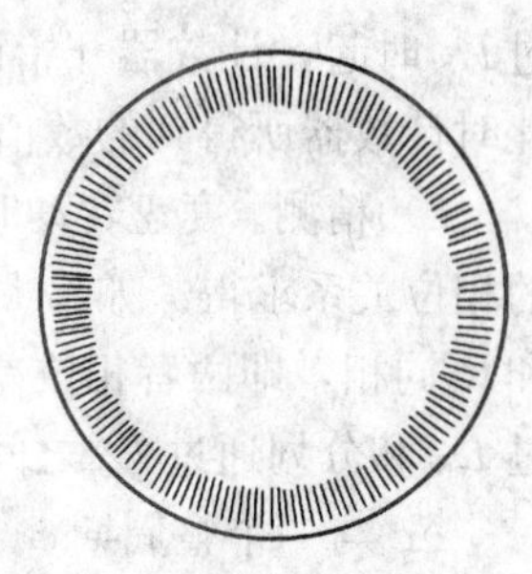

图3-27　光栅度盘

仪器在操作中会顺时针转动和逆时针转动，因此计数器在累计栅距数时也有增有减。例如在瞄准目标时，如果转动过了目标，当反向回到目标时，计数器就会减去多转的栅距数。所以这种读数系统具有方向判别的能力，顺时针转动时就进行加法计数，而逆时针转动时就进行减法计数，最后结果为顺时针转动时相应的角值。

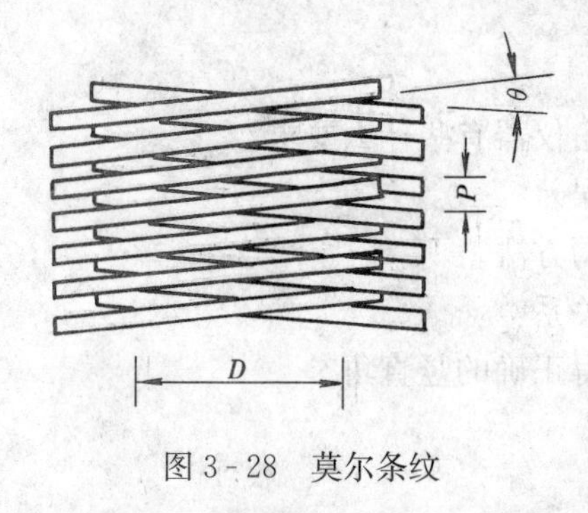

图3-28　莫尔条纹

在80mm直径的度盘上刻线密度已经达到50线/mm，如此之密，而栅距的分划值仍很大（为1′43″），为了提高测角精度，还必须用电子方法对栅距进行细分，分成几十至上千等分。由于栅距太小，细分和计数都不易准确，所以在光栅测角系统中都采用了莫尔条纹技术，借以将栅距放大，再细分和计数。莫尔条纹如图3-28所示，是用与光栅度盘相同密度和栅距的一段光栅（称为指示光栅）与光栅度盘以微小的间距重叠起来，并使两光栅刻线互成一微小的夹角θ，这时就会出现放大的明暗交替的条纹，这些条纹就是莫尔条纹。通过莫尔条纹，即可使栅距d放大至D。

图3-24所示DJD2电子经纬仪采用的就是光栅度盘，其水平、竖直角度显示读数分辨率为1″，测角精度可达2″。

（3）格区式度盘动态测角原理。图3-29所示为格区式度盘，度盘刻有1024个分划，每个分划间隔包括一条刻线和一个空隙（刻线不透光，空隙透光），其分划值为φ_0。测角时度盘以一定的速度旋转，因此称为动态测角。度盘上装有两个指示光栏，L_S为固定光栏，L_R可随照准部转动，为可动光栏。两光栏分别安装在度盘的内外缘。测角时，可动光栏L_R随照准部旋转，L_S和L_R之间构成角度φ。度盘在电动机带动下以一定的速度旋转，其分划被光栏L_S和L_R扫描而计取两个光栏之间的分划数，从而求得角度值。

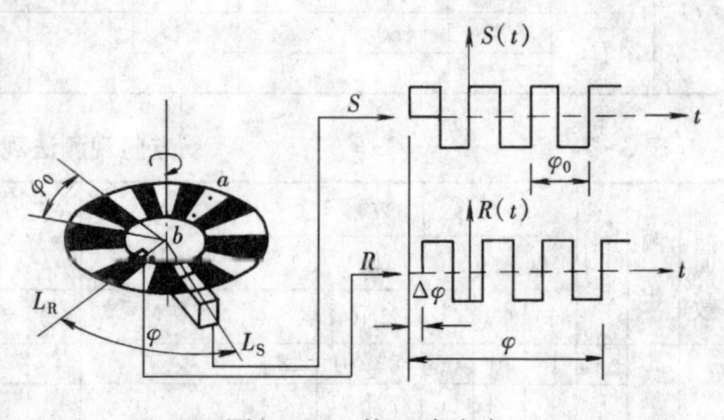

图3-29　格区式度盘

由图 3-29 可知，$\varphi=n\varphi_0+\Delta\varphi$，即 φ 角等于 n 个整周期 φ_0 与不足整周期的 $\Delta\varphi$ 之和。n 与 $\Delta\varphi$ 分别由粗测和精测求得。

1）粗测。在度盘同一径向的外内缘上设有两个标记 a 和 b，度盘旋转时，从标记 a 通过 L_S 时起，计数器开始计取整间隔 φ_0 的个数，当另一标记 b 通过 L_R 时计数器停止记数，此时计数器所得到的数值为 φ_0 的个数 n。

2）精测。度盘转动时，通过光栏 L_S 和 L_R 分别产生两个信号 S 和 R，$\Delta\varphi$ 可通过 S 和 R 的相位关系求得。如果 L_S 和 L_R 处于同一位置或相隔的角度是分划间隔 φ_0 的整倍数，则 S 和 R 同相，即两者相位差为零；如果 L_R 相对于 L_S 移动的间隔不是 φ_0 的整倍数，则分划通过 L_R 和分划通过 L_S 之间就存在着时间差 ΔT，亦即 S 和 R 之间存在的相位差 $\Delta\varphi$。

$\Delta\varphi$ 与一个整周期 φ_0 的比显然等于 ΔT 与周期 T_0 之比，即

$$\Delta\varphi=\frac{\Delta T}{T_0}\varphi_0$$

式中 ΔT——任意分划通过 L_S 之后，紧接着另一分划通过 L_R 所需要的时间。

粗测和精测数据经微处理器处理后组合成完整的角值。

瑞士徕卡公司威尔特厂生产的 T－2002 型即采用动态测角系统。

习题与思考题

1. 简述水平角和竖直角观测原理，根据此原理对测角仪器有些什么要求？
2. 为什么要用盘左和盘右观测水平角？能消除哪些误差？
3. 试述测回法和方向观测法的观测步骤和仪器操作的方法。
4. 经纬仪有哪几条轴线？各轴线间应满足哪些几何关系？
5. 何谓竖直角？如只用盘左（或盘右）观测如何测得正确的竖直角？
6. 整理表 3-6、表 3-7 所示两种观测记录。

表 3-6　　测回法观测手簿

测站	竖盘位置	目标	水平度盘读数			半测回角值			一测回角值			备注
			(°)	(′)	(″)	(°)	(′)	(″)	(°)	(′)	(″)	
O	左	A	0	03	24							
		B	79	20	30							
	右	A	180	03	54							
		B	259	21	12							

表 3-7　　方向观测法观测手簿

测回数	测站	目标	读数 盘左（L）			读数 盘右（R）			2C=左－（右±180°）	平均读数=1/2［左+（右±180°）］			归零后方向值			各测回归零方向平均值			角值		
			(°)	(′)	(″)	(°)	(′)	(″)	(″)	(°)	(′)	(″)	(°)	(′)	(″)	(°)	(′)	(″)	(°)	(′)	(″)
1	E	A	0	01	06	180	01	18													
		B	90	54	06	270	54	00													
		C	153	52	48	333	32	48													
		D	214	06	12	34	06	06													
		A	0	01	24	180	01	24													

续表

测回数	测站	目标	读　数						2C=左－（右±180°）	平均读数=1/2［左+（右±180°）］			归零后方向值			各测回归零方向平均值			角　值		
			盘左（L）			盘右（R）															
			(°)	(′)	(″)	(°)	(′)	(″)	(″)	(°)	(′)	(″)	(°)	(′)	(″)	(°)	(′)	(″)	(°)	(′)	(″)
2	E	A	90	01	12	270	01	24													
		B	180	54	00	0	54	18													
		C	243	32	54	63	33	06													
		D	304	06	36	124	06	18													
		A	90	01	30	270	01	36													

7. 根据表3-8所示记录，计算竖直角和指标差（竖盘为顺时针注记）。

表3-8　　**观　测　手　簿**

测站	目标	竖盘位置	竖盘读数			半测回竖直角值			指标差	一测回竖直角			备注
			(°)	(′)	(″)	(°)	(′)	(″)	(″)	(°)	(′)	(″)	
O	A	左	72	18	18								
		右	287	42	00								
	B	左	96	32	48								
		右	263	27	30								

8. 为什么安置经纬仪要求对中？
9. 经纬仪上各螺旋的作用是什么？
10. 操作使用经纬仪要经过哪些步骤？
11. 如何进行水平角记录？
12. 何谓指标差？
13. 如何进行竖直角计算？

第四章　距离测量与直线定向

距离测量是测量的三项基本工作之一。距离测量是指测量地面两点间的水平直线长度。常用的距离测量方法为钢尺量距，随着光电新技术的发展，电磁波测距也日益得到推广应用。

地面上两点间的相对位置，除确定两点间的水平距离以外，尚须确定两点连线的方向。确定一条直线与标准方向之间的角度关系，称为直线定向。

第一节　量距工具与直线定线

一、量距工具

钢尺量距的首要工具是钢尺，又称钢卷尺，长有 20、30、50m 三种。最小刻划到 mm，有的尺只在 0～1dm 间刻划到 mm，其他部分刻划到 cm。在 dm 和 m 的分划处注有数字。钢尺卷在铁架或圆形金属盒内，便于携带，如图 4-1 所示。

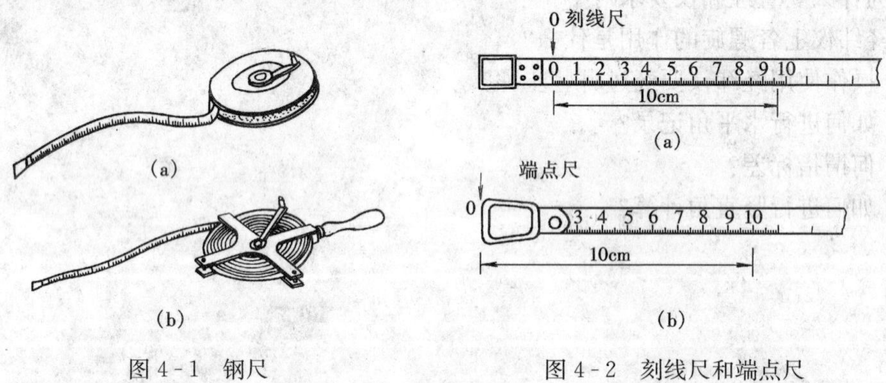

图 4-1　钢尺
（a）卷在铁架；（b）卷在圆形金属盒内

图 4-2　刻线尺和端点尺
（a）刻线尺；（b）端点尺

钢尺由于尺的零点位置不同，有刻线尺和端点尺之分，如图 4-2 所示。刻线尺是在尺上刻着零点；端点尺是以尺的端部、金属环的最外端为零点，从建筑物的边缘开始丈量时用端点尺很方便。

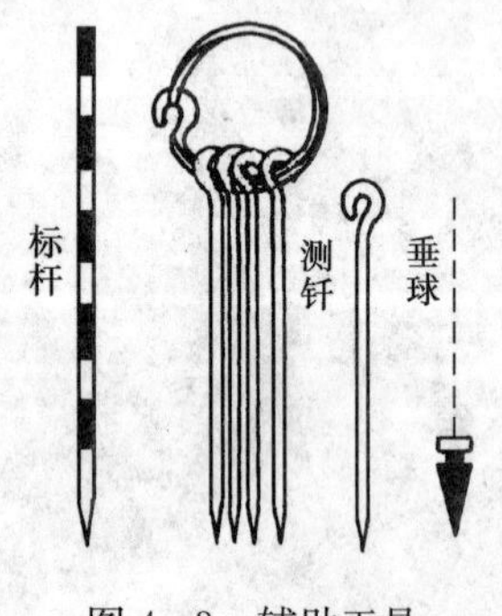

图 4-3　辅助工具

钢尺量距的辅助工具有标杆、测钎、垂球等。如图 4-3 所示，测钎又称测针，用直径 5mm 左右的粗钢丝制成，长 30～40cm，上端弯成环形，下端磨尖，一般以 11 根为一组，穿在铁环中，用来标定尺的端点位置和计算整尺段数。标杆又称花杆，直径 3～4cm，长 2～3m，杆身涂以 20cm 间隔的红、白漆，下端装有锥形铁脚，主要用于标定直线方向。垂球又称线锤，是对点的工具。当要求进行精密量距时，还需配备弹簧秤和温度计。

二、直线定线

当两个地面点之间的距离较长或地势起伏较大时，为量距工作方便，需分成若干尺段进行丈量，这就需要在直线的方向上插上一些标杆或测钎，定出若干点在同一直线上，这项工作被称为直线定线。

（一）两点间目测定线

如图 4-4 所示，A 和 B 为地面上互相通视、待测距离的两点。现要在 AB 直线上定出 1、2 等点。先在 A、B 点上竖立标杆，甲在 A 杆后约 1～2m 处，指挥乙左右移动标杆，直到甲以 A 点沿标杆同一侧看见 A、1、B 三标杆在同一直线上。用同样方法可定出 2 点。直线定线一般应由远到近，即先定 1，再定 2。

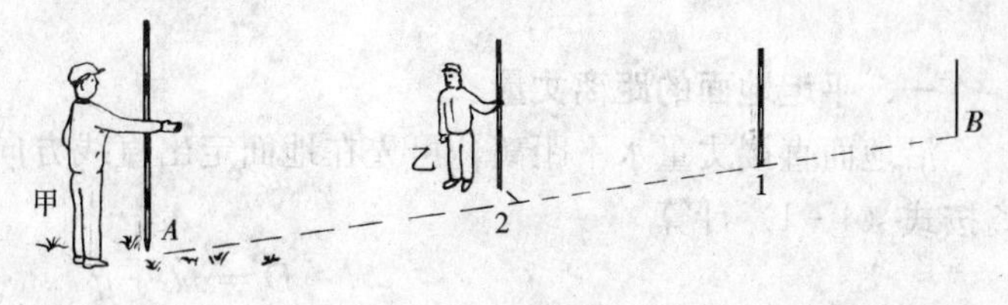

图 4-4　目测定线

（二）过高地定线

如图 4-5 所示，A、B 两点在高地两侧，互不通视，欲在 AB 内标定直线，可采用逐渐趋近法。先在 A、B 两点竖直标杆，甲、乙两人各持标杆分别选择 C_1 和 D_1 处站立，要求 B、D_1、C_1 位于同一直线上，且甲能看到 B 点，乙能看到 A 点。可先由甲站在 C_1 处指挥乙移动至 BC_1 直线上的 D_1 处。然后，由站在 D_1 处的乙指挥甲移动至 AD_1 直线上的 C_2 点，要求 C_2 能看到 B 点，接着再由站在 C_2 处的甲指挥乙移至能看到 A 点的 D_2 处，这样逐渐趋近，直到 C、D、B 在一直线上，同时 A、C、D 也在一直线上，这时说明 A、C、D、B 均在同一直线上。

这种方法也可用于分别位于两座建筑物上的 A、B 两点间的定线。

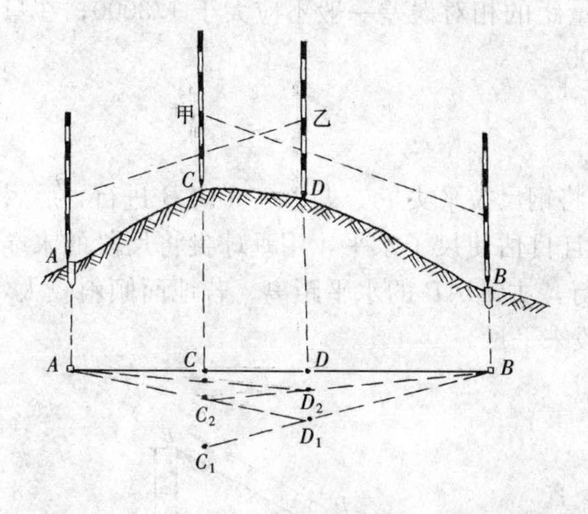

图 4-5　过高地定线

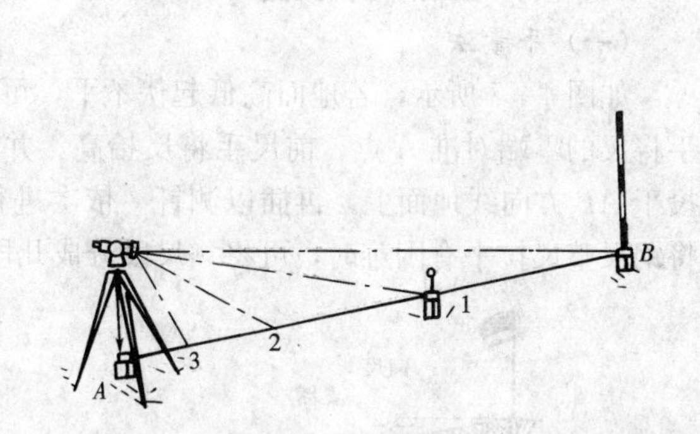

图 4-6　经纬仪定线

（三）经纬仪定线

当直线定线精度要求较高时，可用经纬仪定线。如图 4-6 所示，欲在 AB 直线上精确定出 1、2 点的位置，可将经纬仪安置于 A 点，用望远镜照准 B 点，固定照准部制动螺旋，然后将望远镜向下俯视，将十字丝交点投到木桩上，并钉小钉以确定出 1 点的位置。同法标定出 2、3 点的位置。

第二节　钢尺量距的一般方法

一、平坦地面的距离丈量

沿地面直接丈量水平距离，可先在地面定出直线方向，然后逐段丈量，则直线的水平距离按式（4-1）计算

$$D = nl + q \tag{4-1}$$

式中　l——钢尺的一整尺段长，m；

n——整尺段数；

q——不足一整尺的零尺段长，m。

丈量时后尺手持钢尺零点一端，前尺手持钢尺末端，通常用测钎标定尺段端点位置。丈量时应注意沿着直线方向，钢尺须拉紧伸直而无卷曲。直线丈量时尽量以整尺段丈量，最后丈量余长，以方便计算。丈量时应记清整尺段数，或用测钎数表示整尺段数。

为了进行校核和提高丈量精度，每尺段读两次取平均值，然后往返丈量比较。若合乎要求，取往返平均数作为丈量的最后结果。往返丈量的距离之差与平均距离之比，化成分子为1的分数时称为相对误差 K，可用它来衡量丈量结果的精度，即

$$K = \frac{|D_{往} - D_{返}|}{D_{平均}} = \frac{1}{D_{平均}/|D_{往} - D_{返}|} \tag{4-2}$$

相对误差分母越大，则 K 值越小，精度越高；反之，精度越低。量距精度取决于工程的要求和地面起伏的情况，在平坦地区，钢尺量距的相对误差一般不应大于1/3000；在量距较困难的地区，其相对误差也不应大于1/1000。

二、倾斜地面的距离丈量

（一）平量法

如图4-7所示，若地面高低起伏不平，可将钢尺拉平丈量。丈量由 A 向 B 进行，后尺手将尺的零端对准 A 点，前尺手将尺抬高，并且目估使尺子水平，用垂球尖将尺段的末端投于 AB 方向线地面上，再插以测钎。依次进行，丈量 AB 的水平距离。若地面倾斜较大，将钢尺整尺拉平有困难时，可将一尺段分成几段来平量。

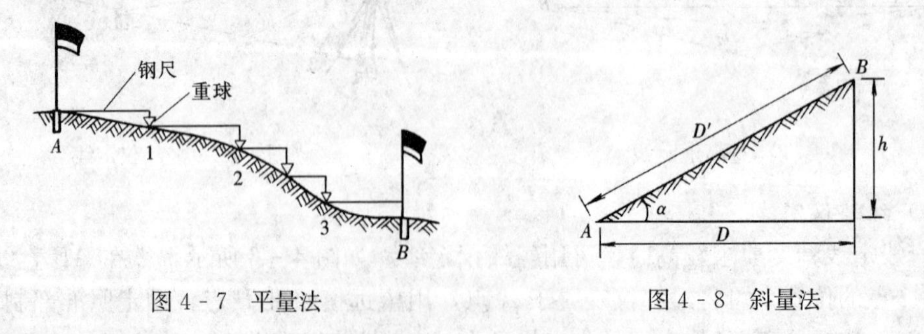

图4-7　平量法　　　　图4-8　斜量法

（二）斜量法

当倾斜地面的坡度比较均匀时，如图4-8所示，可沿斜面直接丈量出 AB 的倾斜距离 D'，测出地面倾斜角 α 或 AB 两点的高差 h，按下式计算 AB 的水平距离 D

$$D = D'\cos\alpha \tag{4-3}$$

$$D = \sqrt{D'^2 - h^2} \tag{4-4}$$

第三节　钢　尺　检　定

由于钢尺材料、质量及制造误差等因素的影响，其实际长度和名义长度（即尺上所注的长度）往往不一样，而且钢尺在长期使用中因受外界条件变化的影响也会引起尺长的变化。因此，在精密量距中，距离丈量精度要求达到1/10000时，在丈量前必须对所用钢尺进行检定，以便在丈量结果中加入尺长改正。

一、尺长方程式

所谓尺长方程式即在标准拉力下（30m钢尺用100N，50m钢尺用150N）钢尺的实长与温度的函数关系式。其形式为

$$l_t = l_0 + \Delta l + \alpha l_0 (t - t_0) \tag{4-5}$$

式中　l_t——钢尺在温度t℃时的实际长度；

l_0——钢尺的名义长度；

Δl——一尺长的尺长改正数，即钢尺在温度t_0时的改正数，等于实际长度减名义长度；

α——钢尺的膨胀系数，其值取为1.2×10^{-5}m/（m·℃）；

t_0——钢尺检定时的标准温度（20℃）；

t——钢尺使用时的温度。

每根钢尺都须有尺长方程式才能得出其实际长度，但尺长方程式中的Δl会起变化，待尺子使用一段时间后必须重新检定，得出新的尺长方程式。

二、钢尺检定的方法

（一）与标准尺比长

钢尺检定最简单的方法是将欲检定的钢尺与检定过的已有尺长方程式的钢尺进行比较（认定它们的膨胀系数相同），求出尺长改正数，再进一步求出欲检定钢尺的尺长方程式。

例如：设1号标准尺的尺长方程式为

$$l_{t1} = 30\text{m} + 0.004\text{m} + 1.2\times10^{-5}\times30(t - 20℃)\text{m}$$

被检定的2号钢尺，其名义长度也为30m，比较时的温度为24℃。当两尺末端刻划对齐并施加标准拉力后，2号钢尺比1号钢尺短0.007m，根据比较结果，可以得出

$$l_{t1} = l_{t2} + 0.007\text{m}$$

即　$l_{t2} = 30\text{m} + 0.004\text{m} + 1.2\times10^{-5}\times(24-20)\times30\text{m} - 0.007 = 30\text{m} - 0.002\text{m}$

故2号钢尺的尺长方程式为

$$l_{t2} = 30\text{m} - 0.002\text{m} + 1.2\times10^{-5}(t - 24℃)\times30\text{m}$$

若将检定温度改化成20℃，则

$$l_{t2} = 30\text{m} + 0.004\text{m} + 1.2\times10^{-5}(t - 20℃)\times30\text{m} - 0.007\text{m}$$

或
$$l_{t2} = 30\text{m} - 0.003\text{m} + 1.2\times10^{-5}(t - 20℃)\times30\text{m}$$

（二）在已知长度的两固定点间量距

如果检定精度要求更高一些，可在国家测绘机构已测定的已知精确长度的基线场进行量距，用欲检定的钢尺多次丈量基线长度，推算出尺长改正数及尺长方程式。

设基线长度为 D，丈量结果为 D'，钢尺名义长度为 l_0，则尺长改正数 Δl 为

$$\Delta l = \frac{D-D'}{D'}l_0 \tag{4-6}$$

再将结果改化为标准温度 20℃时的尺长改正数，即得到标准尺长方程式。

第四节　钢尺量距的精密方法

用钢尺量距的一般方法进行丈量，精度不高，相对误差一般只能达到 1/2000～1/5000。当相对误差要求达到 1/10000 以上时，需要用钢尺量距的精密方法进行丈量。

一、精密量距的外业工作

（一）清理场地

将沿丈量直线方向上的杂草、土坎等影响丈量的障碍物清除掉。必要时要适当平整场地，以便丈量时拉平钢尺。

（二）经纬仪定线

在丈量前，用经纬仪进行定线。根据丈量时所用的钢尺长度，一般每一尺段要比钢尺全长略短几厘米打一木桩，桩顶高出地面 20cm 左右，在桩顶钉上一块铁皮（或其他代用品），用经纬仪瞄准后，在桩顶的铁皮上用小刀划出十字线。

（三）测量高差

精密丈量是沿桩顶进行的，但各桩顶不一定同高，须用水准仪测出相邻各桩顶间的高差，以便将倾斜距离改正成水平距离。

（四）精密丈量

精密量距的钢尺要求有毫米（mm）刻度分划，至少尺的零点端有分划。钢尺须经检定，得出在检定时拉力与温度的条件下应有的尺长方程式。用两根钢尺或一根钢尺往、返丈量。丈量前应把钢尺引张半小时左右，使钢尺温度与空气温度一致，进行丈量，其步骤如下：

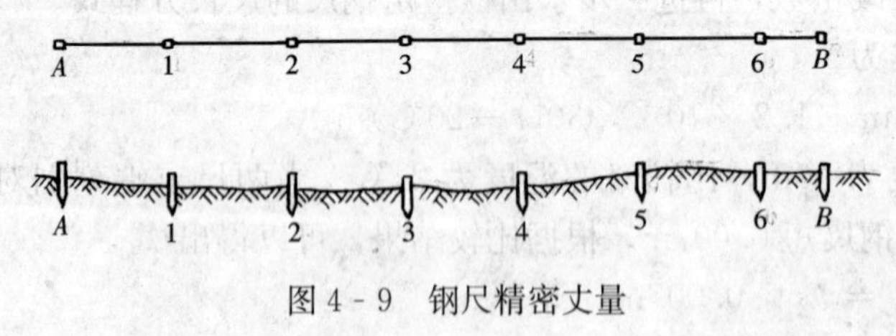

图 4-9　钢尺精密丈量

（1）如图 4-9 所示，欲丈量 AB 直线，后尺手挂弹簧秤于钢尺零端（在 A 点），前尺手持尺的末端至 1 点。

（2）用标准拉力（钢尺检定时的拉力）拉紧钢尺，使钢尺刻划紧贴桩顶的十字刻划线。

（3）当钢尺稳定后，前尺手发出“预备”的口令，后尺手见到弹簧秤上的刻线正好为标准拉力时，回答“好”的口令，这时前、后读尺员同时读数，记录者做好相应记录。

（4）按上述方法再读两次前、后尺读数，但每次须移动后尺的整厘米（cm）刻划，三次尺段长度最大较差不得超过容许限差，若超限，须进行第四次丈量。取三次结果的平均值，作为尺段的结果。每测完一尺段，用温度计读取一次温度。

（5）前、后尺手拉尺，其余人在中间托尺，前进至第二尺段，按前法继续丈量至 B 点，如此丈量一次称为往测。然后进行返测。记录计算见表 4-1。

表 4-1　　　　**钢尺量距记录计算手簿**

钢尺号：No.78—3　钢尺膨胀系数：0.000012m/(m·℃)　检定温度：20℃　计算者：任
名义尺长：30m　钢尺检定长度：30.0015m　检定拉力：10kg　日期：2012.11

尺段	丈量次数	前尺读数(m)	后尺读数(m)	尺段长度(m)	温度(℃)	高差(m)	温度改正(mm)	高差改正(mm)	尺长改正(mm)	改正后尺段长(m)
1	2	3	4	5	6	7	8	9	10	11
A—1	1	29.9910	0.0700	29.9210	25.5	−0.152	+2.0	−0.4	+1.5	29.925
	2	29.9920	0.0695	29.9225						
	3	29.9910	0.0690	29.9220						
	平均			29.9218						
1—2	1	29.8710	0.0510	29.820	25.4	−0.071	+1.9	−0.08	+1.5	29.823
	2	29.8705	0.0515	29.8190						
	3	29.8715	0.0520	29.8195						
	平均			29.8195						
2—B	1	24.1610	0.0515	24.1095	25.7	−0.210	+1.6	−0.9	+1.2	24.112
	2	24.1625	0.0505	24.1120						
	3	24.1615	0.0524	24.1091						
	平均			24.1102						
总和										83.860

二、精密量距的内业工作

精密量距丈量完成后还须进行成果整理，即改正数计算，最后得到精度较高的丈量成果。

（一）尺长改正 Δl_l

由于钢尺的名义长度和实际长度不一致，丈量时就产生误差 Δl。设钢尺在标准温度、标准拉力下的实际长度为 l，名义长度为 l_0，则尺段的尺长改正数为

$$\Delta l = l - l_0$$

每量 1m 的尺长改正数为

$$\Delta l_{米} = \frac{l - l_0}{l}$$

丈量 D' 距离的尺长改正数为

$$\Delta l_l = \frac{l - l_0}{l} D' \tag{4-7}$$

钢尺的实长大于名义长度时，尺长改正数为正，反之为负。

（二）温度改正 Δl_t

丈量距离都是在一定的环境条件下进行，温度的变化对距离将产生一定的影响。设钢尺检定时的温度为 t_0℃，丈量时的温度为 t℃，钢尺的膨胀系数 α 一般为 0.000012m/(m·℃)，则丈量一段距离 D' 的温度改正数 Δl_t 为

$$\Delta l_t = \alpha(t - t_0)D' \tag{4-8}$$

当丈量时温度大于检定时温度，改正数 Δl_t 为正；反之为负。

（三）倾斜改正Δl_h

设量得的倾斜距离为D'，测得两点的高差为h，为了将D'改算成水平距离D，故要加倾斜改正Δl_h，即

$$\Delta l_h = -\frac{h^2}{2D'} \tag{4-9}$$

倾斜改正数Δl_h永远为负值。

（四）全长计算

将测得的结果加上上述三项改正值，即得

$$D = D' + \Delta l_l + \Delta l_t + \Delta l_h \tag{4-10}$$

相对误差在限差范围之内，取平均值为丈量的结果，如相对误差超限，应重测。

钢尺丈量手簿见表4-1。

对表4-1中A—1段距离进行三项改正计算：

尺长改正 $\Delta l_l = \frac{30.0015-30}{30} \times 29.9218 = 0.0015\text{m}$

温度改正 $\Delta l_t = 0.000012 \times (25.5-20) \times 29.9218 = 0.0020\text{m}$

倾斜改正 $\Delta l_h = -\frac{(-0.152)^2}{2 \times 29.9218} = -0.0004\text{m}$

经上述三项改正后的A—1段的水平距离为

$$D_{A-1} = 29.9218 + 0.020 + (-0.0004) + 0.0015 = 29.9249\text{m}$$

其余各段改正计算与A—1段相同，然后将各段相加为83.860m。表4-1中，设返测的总长度为83.850m，可以求出相对误差，用来检查测量的精度。

$$相对误差\ K = \frac{|D_{往} - D_{返}|}{D_{平均}} = \frac{0.010}{83.855} = \frac{1}{8300}$$

故最后结果取平均值为83.855m。

第五节　减少量距误差的措施

影响钢尺量距精度的因素很多，下面简要分析一下产生误差的主要来源和减少量距误差的措施。

1. 尺长误差

钢尺的名义长度与实际长度不符，就产生尺长误差，用该钢尺所量距离越长，则误差累积越大。因此，新购的钢尺必须进行检定，以求得尺长改正值。

2. 定线误差

由于定线不准确，所量得的距离是一组折线而产生的误差称为定线误差。在一般量距中，用标杆目估定线能满足要求。但精密量距需用经纬仪定线。

3. 拉力误差

钢尺在丈量时拉力与检定时拉力不同而产生误差。使用50m钢尺丈量距离，拉力变化12N，尺长将改变1/10000。丈量时拉力可用弹簧秤衡量，30m钢尺施力100N，50m钢尺施力150N。

4. 钢尺倾斜和垂曲误差

量距时钢尺两端不水平或中间下垂成曲线，都会产生误差。因此丈量时必须注意保持尺子水平，整尺段悬空时，中间应有人托一下尺子，精密量距时须用水准仪测定两端点高差，以便进行高差改正。

5. 温度误差

钢尺丈量的温度与钢尺检定时的温度不同，将产生温度误差。尺温每变化 8.5℃，尺长将改变 1/10000，在一般量距时，丈量温度与标准温度之差不超过±8.5℃时，可不考虑温度误差。但精密量距时，必须进行温度改正。

第六节　光电测距仪测量距离

传统的距离测量采用钢尺丈量，劳动强度大，效率低，在复杂的地形条件下甚至无法工作。而普通的视距测量方法虽然迅速、简便，但测程较短，精度较低。随着光电技术的发展，创造了一种新的测距方法——电磁波测距法。与传统测距工具和方法相比，具有高精度，高效率，不受地形限制等优点。目前较普遍使用的光电测距仪是以砷化镓（GaAs）发光二极管发出的不可见红外光作光源的红外测距仪，以及在此基础上包含其他测量功能的全站仪。

一、红外测距仪

（一）测距原理

目前测距仪品种和型号繁多，但其测距原理基本相同，分为脉冲式和相位式两种。

1. 脉冲式光电测距仪测距原理

脉冲式光电测距仪是通过直接测定光脉冲在待测距离两点间往返传播的时间 t，来测定测站至目标的距离 D。如图 4 - 10 所示，用测距仪测定两点间的距离 D，在 A 点安置测距仪，在 B 点安置反射棱镜。由测距仪发射的光脉冲，经过距离 D 到达反射棱镜，再反射回仪器接收系统，所需时间为 t，则距离 D 即可按下式求得

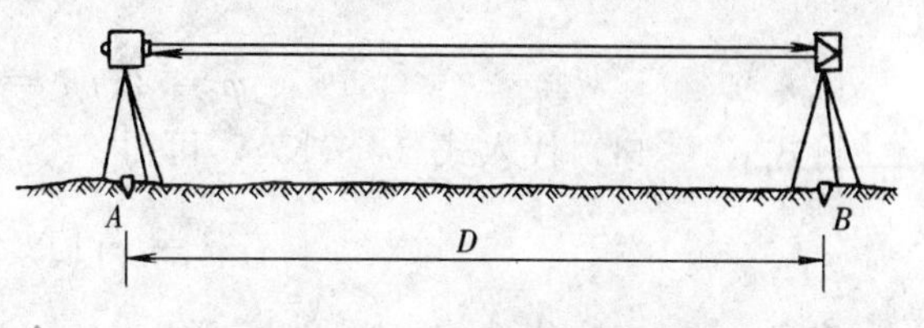

图 4 - 10　脉冲式光电测距原理

$$D = \frac{1}{2}Ct \tag{4-11}$$

式中　C——光波在大气中的传播速度。

根据物理学的基本公式有

$$C = \frac{C_0}{n} \tag{4-12}$$

式中　C_0——光波在真空中的传播速度，为一常数，C_0 =（299792458±1.2）m/s；

n——大气的折射率，是温度、湿度、气压和工作波长的函数，即 $n = f(t_1, e_1, p_1, \lambda)$。

因而有

$$D = \frac{C_0}{2n}t \tag{4-13}$$

由式（4-13）可看出，在能精确测定大气折射率 n 的条件下，光电测距仪的精度取决于测定光波的往返传播时间的精确度。由于精确测定光波的往返传播时间较困难，因此脉冲式测距仪的精度难以提高，目前市场上计时脉冲测距仪多为厘米级精度范围，要提高精度，必须采用间接测时手段——相位法测时。

2. 相位式光电测距仪测距原理

相位式光电测距仪是通过光源发出连续的调制光，通过往返传播生产相位差，间接计算出传播时间，从而计算距离。目前红外测距仪均采用相位法测距。

红外测距仪以砷化镓发光二极管作为光源。若给砷化镓发光二极管注入一定的恒定电流，它发出的红外光，其光强恒定不变；若改变注入电流的大小，砷化镓发光二极管发射的光强也随着变化，注入电流大，光强就强，流入电流小，光强就弱。若在发光二极管上注入的是频率为 f 的交变电流，则其光强也按频率 f 发生变化，这种光称为调制光。相位法测距发出的光就是连续的调制光。

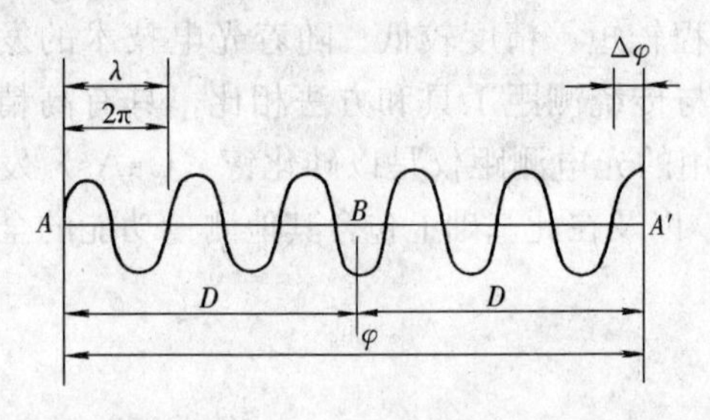

图 4-11　相位式测距原理

调制光波在待测距离上往返传播，其光强变化一个整周期的相位差为 2π，将仪器从 A 点发出的光波在测距方向上展开，如图 4-11 所示。显然，返回 A 点时的相位比发射时延迟了 φ 角，其中包含了 N 个整周（$2\pi N$）和不足一个整周的尾数 $\Delta\varphi$，即

$$\varphi = 2\pi N + \Delta\varphi \tag{4-14}$$

若调制光波的频率为 f，波长为 $\lambda=\frac{C}{f}$，则有

$$\varphi = 2\pi f t = 2\pi Ct/\lambda \tag{4-15}$$

将式（4-14）代入式（4-15），可得

$$t = \frac{\lambda}{C}\left(N + \frac{\Delta\varphi}{2\pi}\right) \tag{4-16}$$

将式（4-16）代入式（4-11），得

$$D = \frac{\lambda}{2}\left(N + \frac{\Delta\varphi}{2\pi}\right) \tag{4-17}$$

与钢尺量距公式相比，若把 $\lambda/2$ 视为整尺长，则 N 为整尺段数，$(\lambda/2)\times(\Delta\varphi/2\pi)$ 为不足一个整尺的余数，所以通常就把 $\lambda/2$ 称为“光尺”长度。

由于测距仪的测相装置只能测定不足一个整周期的相位差 $\Delta\varphi$，不能测出整周数 N 的值，因此只有当光尺长度大于待测距离时，此时 $N=0$，距离方可以确定，否则就存在多值解的问题。换句话说，测程与光尺长度有关。要想使仪器具有较大的测程，就应选用较长的“光尺”。例如用 10m 的“光尺”，只能测定小于 10m 的数据；若用 1000m 的“光尺”，则能测定 1000m 的距离。但是，由于仪器存在测相误差，它与“光尺”长度成正比，约为 1/1000的光尺长度，因此“光尺”长度越长，测距误差就越大。10m 的“光尺”测距误差为±10mm，而 1000m 的“光尺”测距误差则达到±1m。为解决测程产生的误差问题，目前多采用两把“光尺”配合使用。一把的调制频率为 15MHz，“光尺”长度为 10m，用来确定 dm、cm、mm 位数，以保证测距精度，称为“精尺”；一把的调制频率为 150kHz，“光尺”长度为 1000m，用来确定 m、10m、100m 位数，以满足测程要求，称为“粗尺”。把两尺所测数值组合起来，即可直接显示精确的测距数字。

（二）红外测距仪及使用

目前国内外生产的红外测距仪型号很多，虽然它们的基本工作原理和结构大致相同，但具体的操作方法还是有所差异。因此，使用时应认真阅读说明书，严格按照仪器的使用手册进行操作。

下面以日本索佳生产的REDmini2测距仪为例，进行简要介绍。

1. 仪器构造

REDmini2仪器的各操作部件如图4-12所示。测距仪常安置在经纬仪上同时使用。测距仪的支架座下有插孔及制紧螺旋，可使测距仪牢固地安装在经纬仪的支架上。测距仪的支架上有垂直制动螺旋和微动螺旋，可以使测距仪在竖直面内俯仰转动。测距仪的发射接收目镜内有十字丝分划板，用以瞄准反射棱镜。

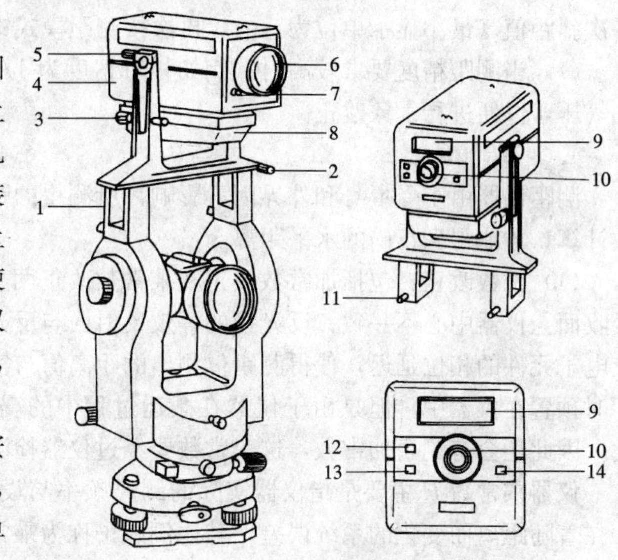

图4-12 REDmini2测距仪

1—支架座；2—水平方向调节螺旋；3—垂直微动螺旋；4—测距仪主机；5—垂直制动螺旋；6—发射接收镜物镜；7—数据传输接口；8—电池；9—显示窗；10—发射接收镜目镜；11—支架固定螺旋；12—测距模式键；13—电源开关；14—测量键

反射棱镜通常与照准觇牌一起安置在单独的基座上，如图4-13所示，测程较近时（通常在500m以内）用单棱镜，当测程较远时可换三棱镜组。

2. 仪器安置

（1）在测站点上安置经纬仪，其高度应比单纯测角度时低约25cm。

（2）将测距仪安装到经纬仪上，要将支架座上的插孔对准经纬仪支架上的插栓，并拧紧固定螺旋。

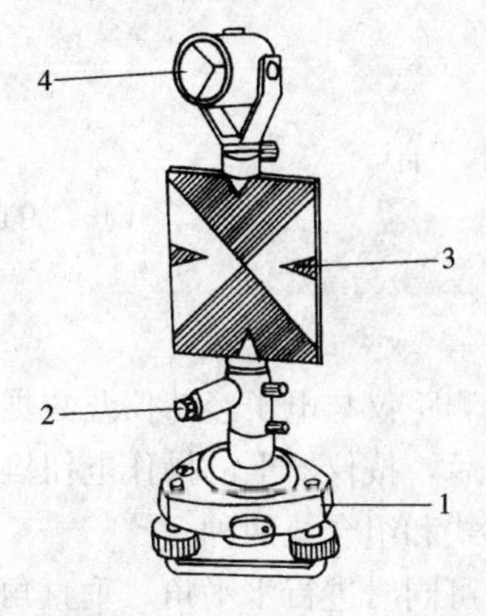

图4-13 反射棱镜与觇牌

1—基座；2—光学对中目镜；3—照准觇牌；4—反射棱镜

（3）在主机底部的电池夹内装入电池盒，按下电源开关键，显示窗内显示“8888888”约2s，此时为仪器自检，当显示“—30000”时，表示自检结果正常。

（4）在待测点上安置反射棱境，用基座上的光学对中器对中，整平基座，使觇牌面和棱镜面对准测距仪所在方向。

3. 距离测量

（1）用经纬仪望远镜中的十字丝中心瞄准目标点上的觇牌中心，读取竖盘读数，计算出竖直角α。

（2）上、下转动测距仪，使其望远镜的十字丝中心对准棱镜中心，左、右方向如果不对准棱镜中心，则调整支架上的水平方向调节螺旋，使其对准。

（3）开机，主机发射的红外光经棱镜反射回来，若仪器收到足够的回光量，则显示窗下方显示“*”。若“*”不显示，或显示暗淡，或忽隐忽现，则表示未收到回光，或回光不足，应重新瞄准棱镜。

(4) 显示窗显现“*”后，按测量键，发生短促音响，表示正在进行测量，显示测量记号“△”，并不断闪烁，测量结束时，又发生短促音响，显示测得斜距。

(5) 初次测距显示后，继续进行距离测量和斜距数值显示，直至再次按测量键，即停止测量。

(6) 如果要进行跟踪测距，则在按下电源开关键后，再按测距模式键，则每 0.3s 显示一次斜距值（最小显示单位为 cm），再次按测距模式键，则停止跟踪测量。

(7) 当测距精度要求较高时（例如相对精度为 1/10000 以上），则测距同时应测定气温和气压，以便进行气象改正。

4. 距离计算

测距仪器由于受本身和外界因素影响，所测得的距离只是斜距的初步值，还需进行改正数计算，才能得到正确的水平距离。

(1) 常数改正：包括加常数改正和乘常数改正两项。加常数 C 是由于发光管的发射面、接收面与仪器中心不一致；反光镜的等效反射面与反光镜中心不一致；内光路产生相位延迟及电子元件的相位延迟，使得测距仪测出的距离值与实际距离值不一致。此常数差在仪器出厂时预置在仪器中。但是由于仪器在搬运过程中的震动、电子元件的老化等，常数还会变化，因此还会有剩余加常数，这个常数要经过仪器检测求定，在测距中加以改正。

仪器乘常数 R 主要是指仪器实际的测尺频率与设计时的频率有了偏移，使测出的距离存在着随距离而变化的系统误差，其比例因子称为乘常数。此项差值也应通过检测求定，在测距中加以改正。

(2) 气象改正：当距离大于 2km 或温度变化较大时，要求进行气象改正计算。由于各类仪器采用波长及标准温度不尽相同，因此气象改正公式中个别系数也略有不同。REDmini2 红外测距仪以 $t=15℃$，$P=101.3\text{kPa}$ 为标准状态。在一般大气状态下，其改正公式为

$$\Delta D=[278.96-0.3872P/(1+0.00361t)]D \tag{4-18}$$

式中 P——气压值，MPa（mmHg）；

t——摄氏温度，℃；

D——测量的斜距，km；

ΔD——距离改正值，mm。

(3) 平距计算：利用测定的斜距和天顶距用式（4-19）计算平距

$$D=D_{斜}\sin z \tag{4-19}$$

二、全站型电子速测仪

（一）电子速测仪分类

电子速测仪，又称全站型电子速测仪，简称全站仪，是光电测距仪与电子经纬仪及数据终端机（数据记录兼数据处理）结合的仪器。人工设站瞄准目标后，按仪器上的操作电钮键即可自动显示并记录被测距离、角度及计算数据。全站仪有整体式和组合式两种。

整体式全站仪是测距部分和测角部分设计成一体的仪器。它可同时进行水平角、垂直角测量和距离测量；望远镜的光轴（视准轴）和光波测距部分的光轴是同轴的，并可通过电子处理记录和传输测量数据。整体式全站仪系列型号很多，国内外生产的高中低各等级精度的仪器达几十种。比较典型的普遍使用的全站仪有：瑞士徕卡的 TC 系列、日本索佳的 SET

系列、日本拓普康 GTS-300 系列、德国欧普同的 E 系列、瑞士捷创力的 GDM500 系列、日本宾得的 PTS 系列、日本尼康 DTM 系列和中国南方 NTS 系列。

因整体式全站仪有使用方便、功能强大、自动化程度高、兼容性强等诸多优点，已作为常用测量仪器普遍使用。图 4-14 所示为尼康 DTM-532C 全站仪的外形结构图。

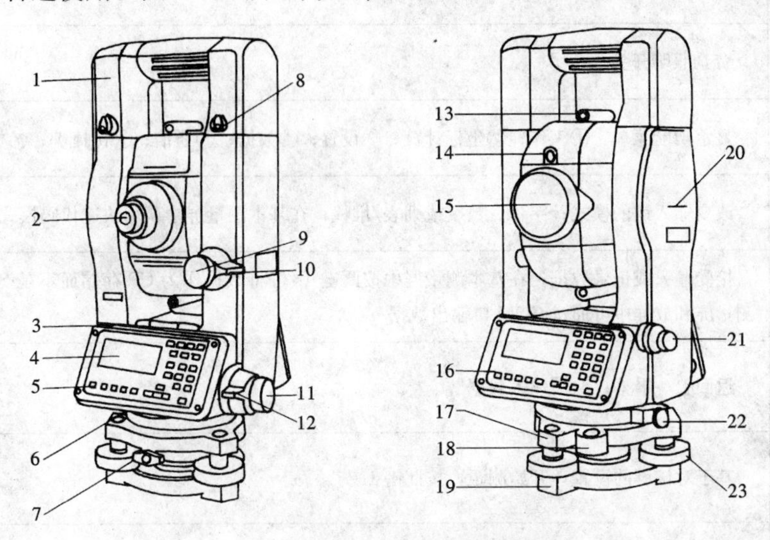

图 4-14　尼康 DTM-532C 全站仪

1—C—80 电池；2—望远镜目镜；3—管水准器；4—显示屏；5—盘左键盘；6—存储标记；7—基座固定钮；8—电池安装按钮；9—垂直微动螺旋；10—垂直制动钮；11—水平微动螺旋；12—水平制动钮；13—光学瞄准器；14—红光导向发生器；15—望远镜物镜；16—盘右键盘；17—三角基座；18—圆水准器；19—基座底板；20—水平轴指示标记；21—光学对中器；22—RS—232C 接口；23—脚螺旋

组合式全站仪是电子经纬仪和光电测距仪及电子手簿组合成一体，并通过电子经纬仪两个数据输入输出接口，与测距仪连接组成的仪器。它也可以将测距部分和测角部分分开使用。这种类型的仪器有一个优点，当其中的一个部分损坏了，另一部分仍然能正常工作，即两个独立部分根据需要组合在一起使用或分开使用。

全站仪是一种多功能仪器，除能自动测距、测角和测高差三个基本要素外，还能直接测定坐标及放样等。具有高速、高精度和多功能的特点。因此，它既能完成一般的控制测量，又能进行地形图的测绘和施工放样。

下面以尼康 DTM-532C 野外全站仪系列为例进行简要介绍。

（二）尼康电子速测仪

1. 仪器的基本构造和主要特点

（1）仪器结构。尼康 DTM-532C 全站仪的外貌和结构如图 4-14 所示。该仪器属于整体式结构，测角、测距等使用同一望远镜和同一微处理系统，盘左和盘右各设一组键盘和液晶显示器，以方便操作。在基座下方设有 RS-232C 串行信号接口，用于仪器与外部设备间的数据互传。

仪器采用中文显示，DTM-532C 的测角精度为±2″，一般气象条件下测程为 3.6km，测距精度为 2mm+2ppm。

（2）键盘设置。仪器共设置有 21 个键，其主要功能见表 4-2。

表 4-2　　键盘设置及主要功能

键	功能说明
PWR [●]	电源开关
[☼]	背景照明开关
MENU [ ]	显示功能菜单：①工作；②坐标计算；③设置；④数据；⑤通信；⑥快捷键；⑦校正；⑧时间
MODE [ ]	改变输入键的模式；字母、数字或列表/堆栈；在基本测量屏中调用快速代码模式
REC [ ]	接受输入或记录数据；在基本测量屏中按此键 1s 可将数据作为 CP 存储而不是 SS 记录；在基本测量屏和放样中可通过 COM 口输出数据
ESC [ ]	返回上一屏幕；取消输入数据
MSR1 [ ]	基于对该键的设置，开始测距，按此键 1s
MSR2 [ ]	可进入对该键的测量模式设置
DSP [ ]	换屏显示键；如按 1s 可改变 DSP1/4、DSP2/4、DSP3/4 以及 S－O3/7、S－O4/7、S－O5/7 的显示内容
ANG [ ]	显示测角菜单；水平角置零；重复角度观测；F1/F2 测角；保持水平角
STN ABC [7]	显示建站菜单，输入数字 7，字母 A、B、C
S－O DEF [8]	显示放样菜单；按此键 1s，显示与 S－O 有关的设置；输入数字 8，字母 D、E、F
O/S GHI [9]	显示偏心测量菜单，输入 9、G、H、I
PRG JKL [4]	显示附加的测量程序菜单，输入 4、J、K、L
MNO [ ]	输入 5、M、N、O
DAT PQR [6]	根据设置，显示 RAW/XYZ 或站点 STN 数据；输入 P、Q、R、6
USR STU [ ]	执行赋予 USR 键的测量功能；输入 S、T、U、1 和 V、W、X、2

续表

键	功能说明
COD YZ [3]	找开CD（代码）输入窗口；上一次输入的CD将作为缺省的CD值被显示；用于输入Y、Z、3及空格
HOT … [·]	显示HOT（热键）菜单；用于输入一、十、·
[0]	显示电子气泡指示；用于输入*、/、=和0

（3）主要特点。

1）重量轻、主机及电池仅重5.5kg。

2）电池使用时间长，连续测距/测角可达10.5h，如果间隔30s测角/测距可连续使用24h。

3）操作简便，直接面谈（屏幕采用“问答式”界面）操作，数字和字母输入方便，适合外业工作；简洁的屏幕数据显示，可任意切换显示画面。

4）高密度集成EDM，测距更快，更稳健，精确测距仅需1.0s，跟踪测距0.5s。

5）国际标准IPX4级防水设计，适应全天候作业。

6）独有的红光导向系统带有前、后、左、右四个方向指示。

2. 仪器操作和使用

（1）测前的准备工作。首先安装电力充足的配套电池，也可使用外部电源。对中、整平工作与普通经纬仪操作方法相同，如要测距离等则需在目标处设置反光棱镜。

（2）开机。操作步骤见表4-3。

表4-3　开机操作步骤

操作步骤	操作键	显示屏	说　明
（1）按［PWR］（开/关）键，打开仪器；	［PWR］	上下转动望远镜 温度20℃ 气压1011hPa	用上/下键和［ENT］可以改变“温度”、“气压”的数值；
（2）上下转动望远镜，出现基本测量屏幕		HA：180°03′24″ VA：89°45′56″ SDX：345.1230m PT：3 HT：2.000m	HA：水平角读数； VA：竖直角读数； SDX：平均斜距； PT：点号； HT：目标高

（3）角度测量。操作步骤见表4-4。

若要将起始目标的读数设置一个0°以外的度数可按［2］键输入；选择［3］键可重复测同一角度取平均值，选择［4］键可进行盘左、盘右测量。

（4）距离测量。操作步骤见表4-5。

若在测量中想要改变目标高HT或温度、气压等，按［HOT］热键进行选择输入。

表 4-4 角度测量操作步骤

操作步骤	操作键	显示屏	说明
（1）仪器瞄准角度起始方向目标，按［ANG］（角度）键显示角度菜单屏幕；	［ANG］	角度 HA：45°00′00″ 1. 置零 4. F1/F2 2. 输入 5. 保持 3. 重复	按相应的数字键 1、2、3、4、5 可选择所需的功能
（2）按［1］键可将水平角读数 HA 设置为 0°00′00″，然后返回基本测量屏；	［1］	HA：0°00′00″ VA：89°45′56″ SD： m PT：3 HT：2.000m	
（3）照准目标方向即显示角度值		HA：78°54′28″ VA：93°30′42″ SD： m PT：3 HT：2.000m	

表 4-5 距离测量操作步骤

操作步骤	操作键	显示屏	说明
（1）在任何观测屏按［MSR1］（测量 1）键或［SMR2］（测量 2）键即可进行距离测量；	［MSR1］ 或 ［MSR2］	HA：45°00′00″ VA：58°36′48″ SD：—〈0mm〉m PT：A106 HT：2.3600m	其中第三行显示的是当前使用的棱镜常数；
（2）按住［MSR1］或［MSR2］3s 后进入设置屏，可对棱镜常数、测量模式和次数等进行设置；	［MSR1］ 或 ［MSR2］	目标：棱镜 常数：0 mm 模式：精确 0.1mm 平均：3 记录模式：仅测量	用上/下箭头和左/右箭头进行改变设置；
（3）设置完成后按［ESC］或［ENT］回到基本测量屏，照准目标棱镜后按［MSR1］或［MSR2］即可得到测量结果	［ESC］ 或 ［ENT］ ［MSR1］ 或 ［MSR2］	HA：45°00′00″ VA：58°36′48″ SDX：425.726m PT：A106 HT：2.3600m	如测距平均次数为 1～99，测完后显示的是平均距离，如果平均次数设为 0，则不断量测更新距离，直至按下［MSR1］或［MSR2］

（5）坐标测量。实际上坐标测量也是测量角度和距离，再通过机内软件由已知点坐标计算未知点坐标，因此坐标测量须先输入测站点坐标和后视点坐标或已知方位角，现以直接输入测站点和后视点坐标为例说明。操作步骤见表 4-6。

表 4-6　**坐标测量操作步骤**

操作步骤	操作键	显示屏	说　明
(1) 在基本测量屏中，按［STN］（建站）键进入建站菜单；	［STN］	建站 1. 已知 2. 后交 3. 快速 4. 远程水准点 5. BS 检查	1、2、3 为建站方式，4 为遥测高程确定站点高程，5 为后视检查
(2) 按［1］键，可输入点名或点号；	［1］	输入站 ST： HI：0.0000m CD：	ST：站点 HI：仪器高 CD：代码
(3) 若输入点为已存在点，屏幕直接显示坐标并自动进入仪器高栏，若输入新点，则须输入坐标和代码，并按［ENT］输入和存储；	［ENT］	X： Y： Z： PT：A－123 CD：	PT：点 A－123 为输入的点名
	［ENT］	ST：A－123 HI：0.0000m CD：1	
(4) 输入仪器高［HI］后按［ENT］，可选择后视点输入坐标或方位角；	［ENT］	后视： 1. 坐标 2. 角度	
(5) 按［1］键可输入后视点坐标，方法步骤同 (3)；	［1］	输入后视点： BS： HI： CD：	BS：后视点 HT：目标高 CD：代码
(6) 用盘左位置照准后视点，按［ENT］，完成设置，若需观测后视点，按测量键，否则按回车键返回基本测量屏；	［ENT］	AZ：56°18′36″ HD： SD：	AZ：方位角 HD：平距 SD：斜距
(7) 照准未知点，即可进行坐标测量，按［MSR1］键或［MSR2］键，其操作步骤与距离测量相同	［MSR1］ 或 ［MSR2］	HA：316°52′30″ VA：296°36′48″ SDX：723.148m PT：A－221 HT：2.0600m	

按［DSP］换屏显示键 1s，可改变屏幕显示内容，有角度、距离、坐标等，按需选择。

(6) 放样测量。进行放样测量前也需先设站，其操作步骤同坐标测量的步骤 (1) ～ (6)。

1) 水平角和距离进行放样。操作步骤见表 4-7。

表 4-7 水平角和距离进行放样操作步骤

操作步骤	操作键	显示屏	说明
（1）按［S—O］放样键，可显示放样菜单；	［S—O］	放样： 1. HA—HD 2. XYZ 3. 分割线放样 4. 参考线放样	1为用角度和距离放样；2为用坐标放样
（2）按［1］键，可输入目标点的水平角 HA 和距离 HD；	［1］	角度 & 距离 HD：0.000m dVD：m HA：	HD：从站点到放样点的水平距离 dVD：从站点到放样点的垂距 HA：至放样点的水平角
（3）数据输入后按［ENT］键，旋转仪器直至 dHA 闭合至0°00′00″；	［ENT］	S—O dHA：0°00′00″ HD：154.0000m 照准目标 并按［测量］键	［测量］键即［MSR1］或［MSR2］
（4）照准目标按［MSR1］键或［MSR2］键，显示目标点与放样点的差值； （5）根据各项差值调整棱镜位置，再次按［MSR1］或［MSR2］进行量测，直至满足要求	［MSR1］ 或 ［MSR2］	S—O dHA：0°00′00″ 左：0.0000m 近↓4.0473m 挖↓0.1947m	dHA：至目标点的水平角之差 左或右：横向差值 近或远：远近差值 挖或填：高低差值

2）按坐标进行放样。操作步骤见表 4-8。

表 4-8 按坐标进行放样操作步骤

操作步骤	操作键	显示屏	说明
（1）在放样菜单中选择2，即按［2］键即可进入坐标放样；	［2］	输入点： PT：A100* Rad：　　m CD：	PT：点号 Rad：半径 CD：代码
（2）输入要放样的点名或点号后按［ENT］键，也可输入代码或距仪器的半径来指定放样点，如果找到了多个点，会列表显示；	［ENT］	UP，A 100，FENCE UP，A 101 UP，A 100—1，MA NHO UP，A 100—2 UP，A 100—3 UP，A 100—4	点的列表
（3）用左/右和上/下箭头键选中所需的点后按［ENT］，会显示一个角度误差 dHA 和目标的距离 HD；	［ENT］	点：1 dHA→74°54′16″ HD：472.2976m 照准目标 并按［测量］键	

续表

操作步骤	操作键	显示屏	说　明
(4) 旋转仪器直至 dHA 接近 0°00′00″,余下操作同按水平角放样中的 (4)、(5)		S—O dHA：0°00′00″ HD：72.0150m 照准目标 并按［测量］键	

在放样中，亦可用［DSP］键切换屏幕显示内容。

以上只是介绍了尼康 DTM - 532C 全站仪的一些基本操作，还有许多其他功能，可参阅随机的操作手册进行操作。

使用国内某仪器公司生产的 NTS - 330R 全站仪测量距离比较简单，只要点击距离测量模式键即进入距离测量模式，同时自动开始测量距离。当仪器正在测距时，在字符“HD”或“SD”的右边将显示字符“＊”。距离测量模式下有 P1、P2 两页菜单，如图 4 - 15 所示。

①P1 页菜单。

P1 页菜单有“测量”、“模式”、“S/A”三个命令。

a. 测量。按 F1 键，仪器进行单次测距、连续测距或跟踪测距功能。

b. 模式。按 F2 键，测距模式在单次、连续和跟踪之间切换。在 SD：后显示［1］表示单次测距，显示［N］表示连续测距，显示［T］表示跟踪测距。

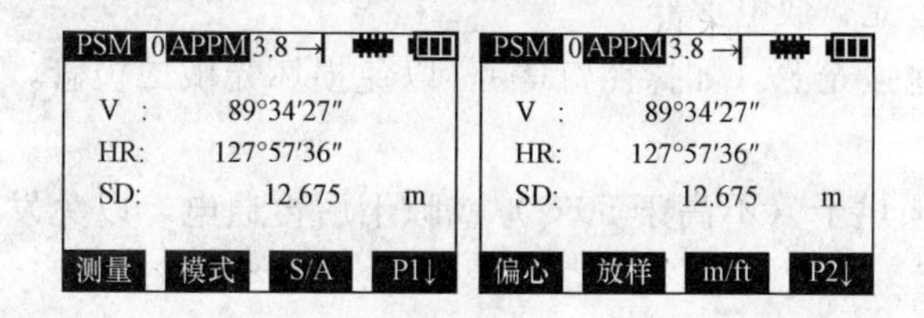

图 4 - 15　距离测量模式

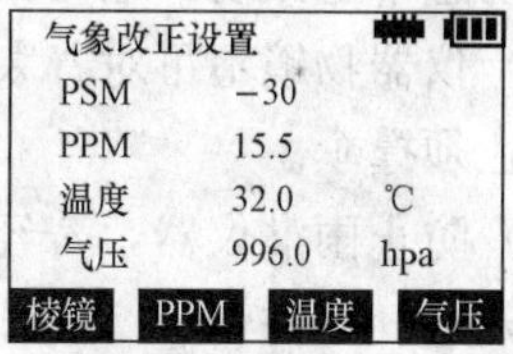

气象改正设置
PSM　−30
PPM　15.5
温度　32.0　℃
气压　996.0　hpa
棱镜　PPM　温度　气压

图 4 - 16　测距常数设置

c. S/A。设置棱镜常数和气象改正比例系数。它与星键菜单中的“设置测距常数”命令功能相同。按 F3 键进入图 4 - 16 所示界面。

②P2 页菜单。

P2 页菜单有“偏心”、“放样”、“m/ft”三个命令。

偏心。按 F1 键，进入图 4 - 17 所示“偏心测量”菜单。偏心测量是测量不便于安置棱镜的碎部点三维坐标，下面以“角度偏心”测量为例说明偏心测量的操作方法。

如图 4 - 18 所示，当待测点 A_1 不便于立棱镜时，可在与测站点等距离的点架设棱镜 P，先瞄准棱镜 P，在图 4 - 17 所示菜单下按 F1 键，进入图 4 - 19 (a) 所示偏心测量界面，按 F1 键，测量后屏幕显示如图 4 - 19 (b) 所示，转动照准部瞄准 A_0，按键和键可使屏幕在图 4 - 19 (b)（显示 A_1 点平距、高差和斜距）和 (c)（显示 A_1 点坐标）之间切换。

按 F4（下步）键为进行下次角度偏心测量。

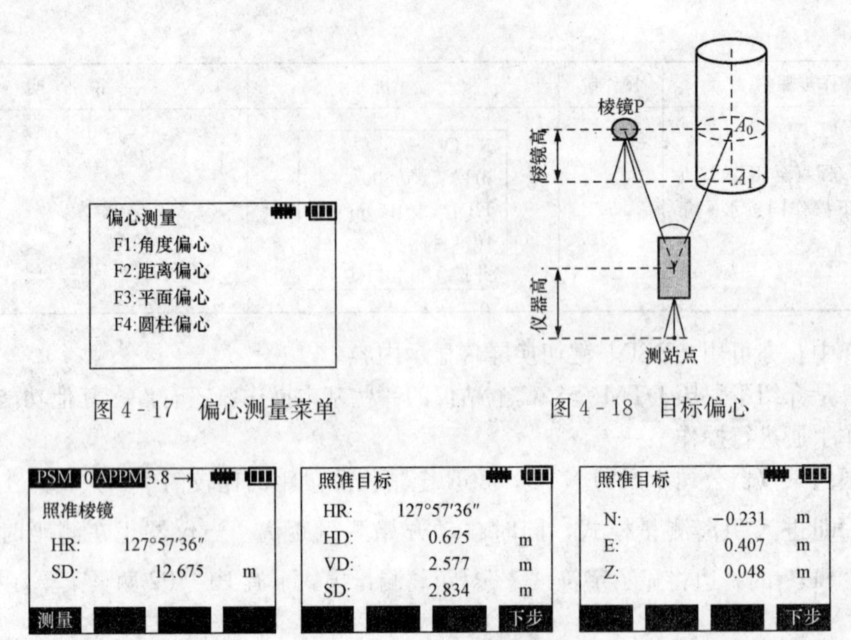

图 4-17　偏心测量菜单

图 4-18　目标偏心

图 4-19　偏心测量界面

三、注意事项

（1）仪器在运输时必须注意防潮、防震和防高温。测距完毕立即关机。迁站时应先切断电源，切忌带电搬动。电池要经常进行充、放电保养。

（2）仪器物镜不可对着太阳或其他强光源（如探照灯等），以免损坏光敏二极管，在阳光下作业须撑伞。

（3）防止雨淋仪器，若经雨淋，须烘干（不高于 50℃）或晾干后再通电，以免发生短路，烧毁电气元件。

（4）设置测站时，应远离变压器、高压线等，以防强电磁场的干扰。

（5）应避免测线两侧及镜站后方有反光物体（如房屋玻璃窗、汽车挡风玻璃等），以免背景干扰产生较大测量误差。

（6）测线应高出地面和离开障碍物 1.3m 以上。

（7）选择有利的观测时间，一天中，上午日出后 0.5～1.5h，下午日落前 3～0.5h 为最佳观测时间，阴天、有微风时，全天都可以观测。

第七节　直　线　定　向

一、直线定向

在测量工作中常常需要确定两点平面位置的相对关系，此时仅仅测得两点间的距离是不够的，还需要知道这条直线的方向，才能确定两点间的相对位置，在测量工作中，一条直线的方向是根据某一标准方向线来确定的，确定直线与标准方向线之间的夹角关系的工作称为直线定向。

二、标准方向的种类

（一）真子午线方向

通过地面上一点并指向地球南北极的方向线，称为该点的真子午线方向。真子午线方向是用天文测量方法测定的。指向北极星的方向可近似地作为真子午线的方向。

（二）磁子午线方向

通过地面上一点的磁针，在自由静止时其轴线所指的方向（磁南北方向），称为磁子午线方向。磁子午线方向可用罗盘仪测定。

由于地磁两极与地球两极不重合，至使磁子午线与真子午线之间形成一个夹角 δ，称为磁偏角。磁子午线北端偏于真子午线以东为东偏，δ 为正；以西为西偏，δ 为负。

（三）坐标纵轴方向

测量中常以通过测区坐标原点的坐标纵轴为准，测区内通过任一点与坐标纵轴平行的方向线，称为该点的坐标纵轴方向。

真子午线与坐标纵轴间的夹角 γ 称为子午线收敛角。坐标纵轴北端在真子午线以东为东偏，γ 为"＋"；以西为西偏，γ 为"—"。

图 4-20 所示为三种标准方向间关系的一种情况，δ_m 为磁针对坐标纵轴的偏角。

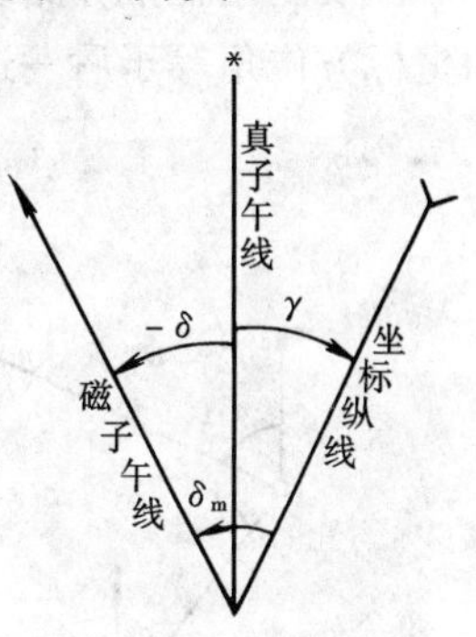

图 4-20　磁偏角和子午线收敛角

三、方位角

由标准方向的北端起，按顺时针方向量到某直线的水平角，称为该直线的方位角，角值范围为 0°～360°。由于采用的标准方向不同，直线的方位角有如下三种：

1. 真方位角

从真子午线方向的北端起，按顺时针方向量至某直线间的水平角，称为该直线的真方位角，用 A 表示。

2. 磁方位角

从磁子午线方向的北端起，按顺时针方向量至某直线间的水平角，称为该直线的磁方位角，用 A_m 表示。

3. 坐标方位角

从平行于坐标纵轴的方向线的北端起，按顺时针方向量至某直线的水平角，称为该直线的坐标方位角，以 α 表示，通常简称为方向角。

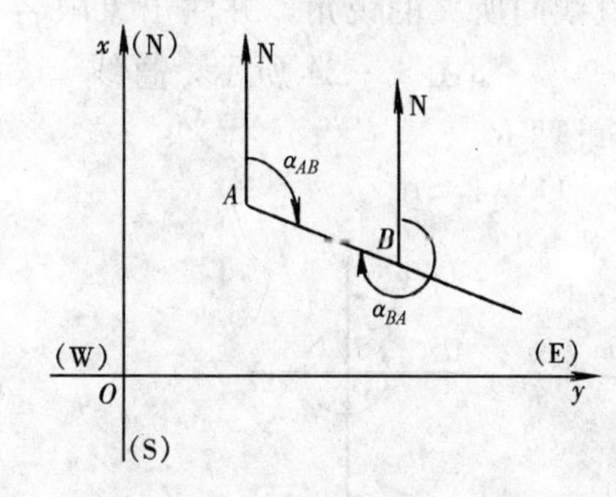

图 4-21　正、反坐标方位角

四、直线的正反坐标方位角

测量工作中的直线都具有一定的方向，如图 4-21 所示，以 A 点为起点，B 点为终点的直线 AB 的坐标方位角 α_{AB}，称为直线 AB 的坐标方位角。而直线 BA 的坐标方位角 α_{BA}，称为直线 AB 的反坐标方位角。同理，α_{BA} 为直线 BA 的正坐标方位角，α_{AB} 为直线 BA 的反坐标方位角，由图 4-21 中可以看出，正、反坐标方位角间的关系为

$$\alpha_{BA} = \alpha_{AB} + 180° \tag{4-20}$$

五、方位角的传递

在实际工作中并不需要测定每条直线坐标方位角，而是通过与已知坐标方位角的直线连测后，推算出各条直线的坐标方位角。

如图 4 - 22 所示，已知直线 12 的坐标方位角为 α_{12}，观测的水平夹角为 β_1、β_2、β_3、β_4。各边的坐标方位角推算如下

$$\alpha_{23}=\alpha_{12}+180°-\beta_2$$
$$\alpha_{34}=\alpha_{23}+180°-\beta_3$$
$$\cdots$$

因观测角在推算路线前进方向的右侧，称为右角，其坐标方位角的传递规律为：前一边的坐标方位角等于后一边的坐标方位角加 180°减去该点的右角，即

$$\alpha_{前}=\alpha_{后}+180°-\beta_{右}$$

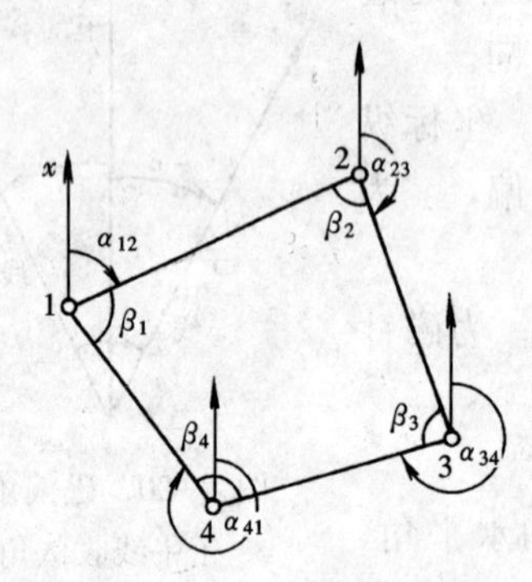

图 4 - 22　由右角传递方位角

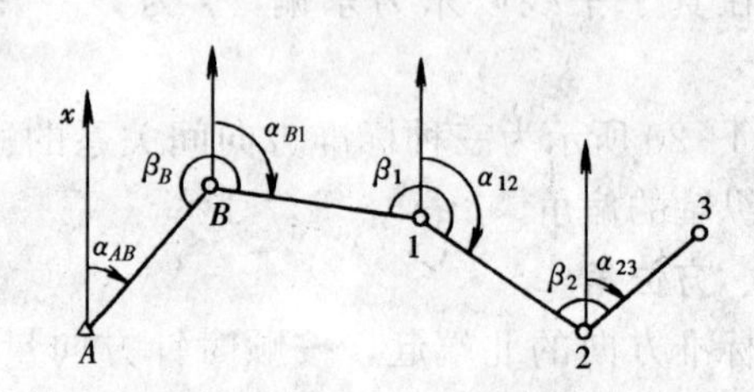

图 4 - 23　由左角传递方位角

若观测角在推算路线前进方向的左侧，称为左角。如图 4 - 23 所示，各边的坐标方位角推算如下

$$\alpha_{B1}=\alpha_{AB}+180°+\beta_B$$
$$\alpha_{12}=\alpha_{B1}+180°+\beta_1$$
$$\cdots$$

可归纳出观测角为左角时，坐标方位角的传递规律为

$$\alpha_{前}=\alpha_{后}+180°+\beta_{右}$$

计算中，若 $\alpha_{前}>360°$，应减去 360°；若 $\alpha_{后}+180°<\beta_{右}$，应先加 360°再减去 $\beta_{右}$。

六、象限角

由坐标纵轴的北端或南端起，顺时针或逆时针至某直线间所夹的锐角，并注出象限名称，称为该直线的象限角，以 R 表示，角值范围为 0°～90°。如图 4 - 24 所示，直线 01、02、03、04 的象限分别为北东 R_{01}、南东 R_{02}、南西 R_{03} 和北西 R_{04}。

由图 4 - 24 可推算出坐标方位角与象限角的换算关系，见表 4 - 9。

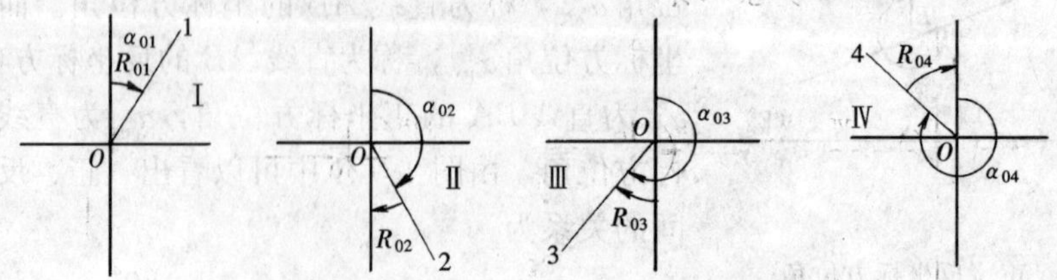

图 4 - 24　坐标方位角与象限角的换算关系

表 4-9　　坐标方位角与象限角的换算关系表

直线方向	由坐标方位角推算象限角	由象限角推算坐标方位角
北东，第Ⅰ象限	$R=\alpha$	$\alpha=R$
南东，第Ⅱ象限	$R=180°-\alpha$	$\alpha=180°-R$
南西，第Ⅲ象限	$R=\alpha-180°$	$\alpha=180°+R$
北西，第Ⅳ象限	$R=360°-\alpha$	$\alpha=360°-R$

七、用罗盘仪测定方位角

罗盘仪是用来观测直线磁方位角或磁象限角的仪器（如图 4-25 所示）。其构造简单，使用方便，因此广泛应用于小地区、独立地区的地形测绘，或野外地质、地理调查工作中。

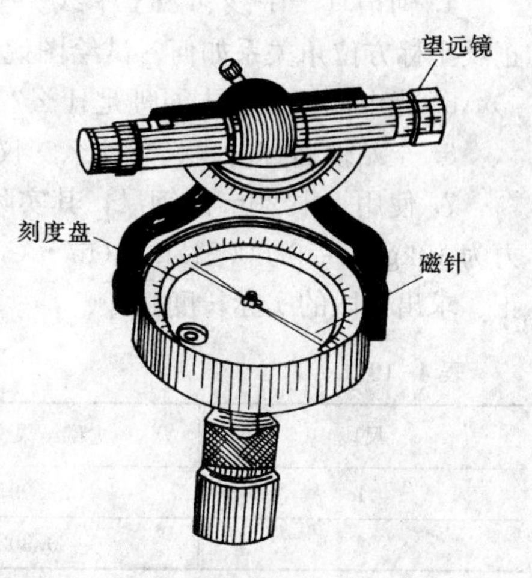

图 4-25　罗盘仪构造

（一）罗盘仪的构造

罗盘仪主要由望远镜、罗盘盒和基座三部分组成。

1. 望远镜

望远镜是瞄准目标用的照准设备，和水准仪上的望远镜相似的部件有物镜、目镜、十字丝。望远镜的一侧附有一个竖直度盘，可以测竖直角。

2. 罗盘盒

罗盘盒有磁针和刻度盘。磁针安装在度盘中心顶针上，可自由转动，为减少顶针的磨损，不使用时可用固定螺旋将磁针升起固定在玻璃盖上。刻度盘为金属圆盘，全圆刻度 360°，最小刻划 1°，从 0°起逆时针方向每隔 10°注一数字。望远镜的视准轴应与 0°和 180°连线一致。

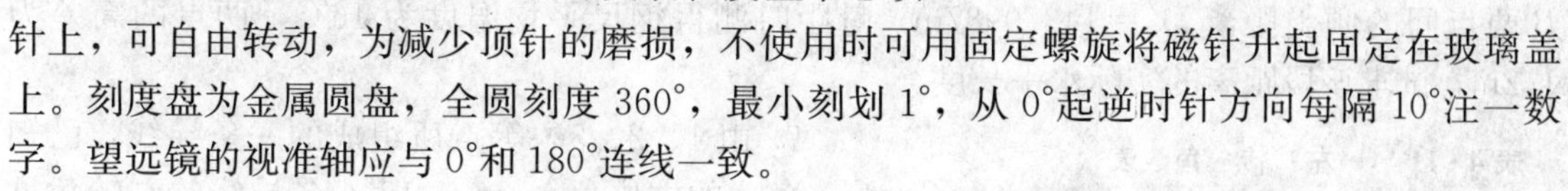

3. 基座

罗盘仪的基座是一种球臼结构，松开球臼接头螺旋，可置平刻度盘。

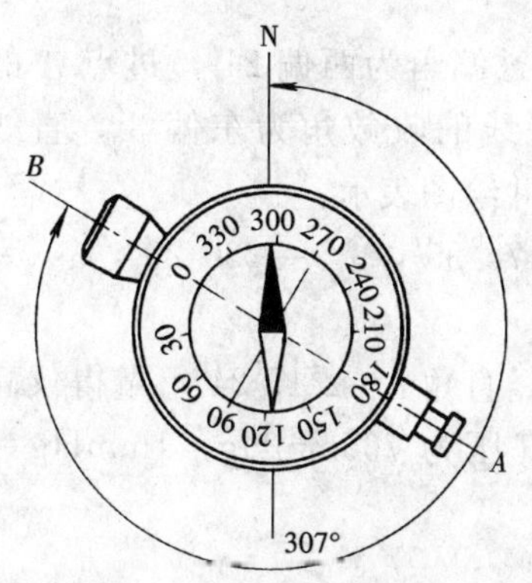

图 4-26　磁方位角测定

（二）磁方位角测定

用罗盘仪测定某一直线的磁方位角时，先将罗盘仪安置在直线的起点，挂上垂球进行对中，松开球臼接头螺旋，前、后、左、右转动刻度盘，使水准器气泡居中，再旋紧球臼连接螺旋，使仪器处于对中和整平状态。松开磁针固定螺旋，让磁针自由转动，然后转动刻度盘，用望远镜照准直线的另一端点上所立的标杆，待磁针静止时，读出磁针北端所指的度盘读数即为该直线的磁方位角，如图 4-26 所示。

（三）注意事项

(1) 应避免任何铁器接近仪器，观测人员更不应随身携带铁质物体和用具，选择测站应避开高压线、车间、铁栅栏等，以免产生局部吸引，影响磁针偏转，造成读数的误差。

(2) 使用时应置平刻度盘，让磁针自由转动，使用完毕应立即固定磁针，以防顶针磨损。

习 题 与 思 考 题

1. 何谓直线定线？量距时为什么要进行直线定线？如何进行直线定线？

2. 测量中的水平距离指的是什么？何谓全长相对误差？它如何计算？

3. 哪些因素会对钢尺量距产生误差？应注意哪些事项？

4. 何谓真子午线、磁子午线、坐标子午线？何谓真方位角、磁方位角、坐标方位角？正反坐标方位角关系如何？试绘图说明。

5. 光电测距的基本原理是什么？光电测距成果计算时，要进行哪些改正？

6. 全站仪名称的含义是什么？仪器主要由哪些部分组成？

7. 使用一根 30m 的钢尺，其实际长度为 29.985m，现用该钢尺丈量两段距离，使用拉力为 10kg，$\alpha=0.000012$m/（m・℃），丈量结果见表 4-10，试进行尺长、温度及倾斜改正，求出各段的实际长度。

表 4-10　丈 量 结 果 表

尺段	丈量结果（m）	温度（℃）	高差
1	29.997	6	1.71
2	29.902	15	0.56

8. 用一把尺长方程式为 $30\text{m}+0.0032\text{m}+1.2\times10^{-5}\times30(t-20℃)$ m 的钢尺，量得 A、B 两点间的倾斜距离 $D'=143.9987$m，量距时测得钢尺平均温度为 16℃，两点的高差为 1.2m，试求该段距离的实际水平长度。

表 4-11　左 转 角 表

点号	左转角	点号	左转角
1		4	151°38′
2	209°59′	5	235°50′
3	130°46′	6	

9. 由 1、2、3…等点所组成的一条导线，已知第一条边的方位角 $\alpha_{12}=75°18'$，各导线的左转角见表 4-11，求 α_{23}、α_{34}、α_{45} 和 α_{56} 各边的方位角，并绘图表示。

10. 已知 A 点的磁偏角为西偏 21′，过点 A 的真子午线与中央子午线的收敛角为东偏 3′，直线 AB 的方向角为 60°20′，求 AB 直线的真方位角与磁方位角，并绘图表示。

11. 已知下列各直线的坐标方位角 $\alpha_{AB}=38°30'$，$\alpha_{CD}=175°35'$，$\alpha_{EF}=230°20'$，$\alpha_{GH}=330°58'$，试分别求出它们的象限角和反坐标方位角。

12. 光电测距仪器测得某一导线边的斜距为 150.143m，竖直角 $\alpha=2°17'24''$，量得仪高 $i=1.575$m，棱镜高 $I=2.150$m，丈量时温度为 24℃，大气压为 765mmHg，1mmHg＝133.3224Pa，计算水平距离 D 及高差 Δh。

13. 何谓直线定向？

14. 罗盘仪使用后为什么要求拧紧磁针止动螺旋？

第五章　地形图的基本知识

第一节　概　　述

地球表面千姿百态，非常复杂，有高山、峡谷，有河流、房屋等，但总的来说，这些可以分为地物和地貌两大类。地物，指地表上自然形成和人工建造的固定性物体，如房屋、道路、江河、森林等。地貌，指地表上各种高低起伏的自然面貌，如高山、平原、盆地、陡坎等。按照一定的比例尺，将地物、地貌的平面位置和高程表示在图上的正射投影图，称为地形图。如果仅反映地物的平面位置，不反映地貌变化的图纸，称为平面图。利用摄影像片放大，并注记各种地物名称，则称为像片平面图。如果在像片平面图上绘出等高线，这种图纸称为影像地形图。

为了满足建筑设计和施工的不同需要，地形图采用不同的比例尺描绘，在工程建设中常用的有1∶500、1∶1000、1∶2000和1∶5000等几种。

由于地物的种类繁多，为了在测绘和使用地形图中不至于造成混乱，各种地物、地貌表示在图上必须有一个统一的标准。因此，国家测绘总局对地物、地貌在地形图上的表示方法规定了统一标准，其标准称为"地形图图式"。

地形图上除了地物、地貌以外，还有丰富的内容，如地形图的比例尺、图名、图号、图廓等等，下面将分别介绍。

第二节　地形图的比例尺

一、数字比例尺

地形图上某一线段的长度 d 与其在地面上代表的相应水平距离 D 之比，称为地形图的比例尺。将比例尺用一分子为一的分数表示，这种比例尺称为数字比例尺，即

$$d/D = 1/M \tag{5-1}$$

或写成1∶M，其中 M 称为比例尺分母。M 越大，分数值越小，比例尺越小；M 越小，分数值越大，比例尺越大。1∶100万、1∶50万等比例尺地形图，通常称为小比例尺地形图；1∶10万、1∶5万等比例尺地形图，被称为中等比例尺地形图；1∶5000、1∶2000、1∶1000、1∶500等比例尺地形图，被称为大比例尺地形图。运用比例尺，可以将地面上丈量某直线的水平距离 D 换算成图上应绘制的长度 d，也可以将图上量出某直线的长度 d 换算成其在地面上代表的相应水平距离 D。

二、直线比例尺

使用数字比例尺进行图上与实地的距离换算，需要经过繁杂的计算，同时由于图纸收缩变形，使量出的距离含有误差，绘在图上的直线长度与原地物不成比例。为了消除这种影响，绘制地形图时，在图纸的下方绘制一直线比例尺，如图5-1所示。

直线比例尺由两条平行的水平线构成，并把它从左至右分成若干个2cm长的基本单位，最左端的一个基本单位再分成10等份，从第二个基本单位开始，分别向左和向右注记以米

为单位的代表实际的水平距离，图 5-1 所示为 1∶1000 的直线比例尺。

使用直线比例尺时，只要用两脚规的两只脚将图上某直线的长度移至直线比例尺上，使一只脚尖对准“0”分划右侧的整分划线上，而另一只脚尖落在“0”分划线左端有细分划段中，则所量直线在实地上的水平距离就是两个脚尖的读数之和。若需要将地面上已丈量水平距离的直线展绘在图上，则需要先从直线比例尺上找出等于实地水平距离的直线的两端点，然后将其长度移至图上相应位置。

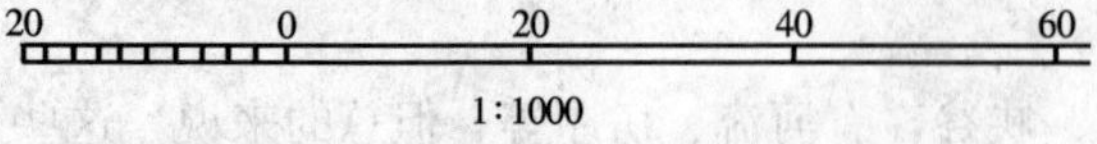

20　0　20　40　60

1∶1000

图 5-1　直线比例尺

三、比例尺精度

由于正常人的眼睛在图上能分辨出的最小距离为 0.1mm。在不同比例尺的地形图上，图上 0.1mm 长度代表不同长度的实地水平距离。因此，将图上 0.1mm 长度所表示的实地水平距离，称为比例尺精度。表 5-1 所示为各种比例尺的比例尺精度。

表 5-1　比例尺精度

比例尺	1∶500	1∶1000	1∶2000	1∶5000	1∶10000
比例尺精度（m）	0.05	0.1	0.2	0.5	1.0

根据比例尺精度可以确定测图方法或测图时量距的精度。例如，测绘 1∶500 的比例尺图时，量距精确至 0.05m 即可，因为小于 0.05m 的长度，在图上已经无法展绘出来。测绘 1∶1000 的比例尺图时，量距精确至 0.1m 即可，因为小于 0.1m 的长度也不能展绘到图上。此外，当确定了要表示在图上的地物的最短距离时，也可以根据比例尺精度选定测图的比例尺。例如，若需要表示在图上的地物的最小长度为 0.1m 时，则测图的比例尺不能小于 1∶1000。因为比例尺小于 1∶1000 的图已不能表示出 0.1m 的长度。若需要在图上表示地物的最小长度为 0.05m，则测图的比例尺不能小于 1∶500。由此看出，图的比例尺越大，其精度越高，图上表示的内容也就越详尽。测图精度要求越高，测图的工作量也越大。因此，在选择测图比例尺时，不能认为越大越好，应根据工程的实际需要，选用适当的比例尺。

第三节　地形图的图名、图号和图廓

一、地形图的图名

为了方便使用，在每一幅地形图的正上方都给定有本图幅的中文名称，称为图名。图名一般根据图幅内主要的地名或厂矿、企事业单位的名称命名。如图 5-2 所示，本图幅的图名为热电厂。

二、地形图的图号

图号，指本图幅的编号。为了方便管理，除了图名外，每一幅图还有一个编号，图号一般紧挨图名的下方注记。图幅的编号与一定的分幅方法相对应。

（一）分幅方法

地形图分幅的方法有梯形分幅法（按经、纬度）和矩形分幅法（按直角坐标）两种。大比例尺地形图多采用矩形分幅法，表 5-2 为 1∶500、1∶1000、1∶2000 和 1∶5000 各种比例尺图的分幅情况。

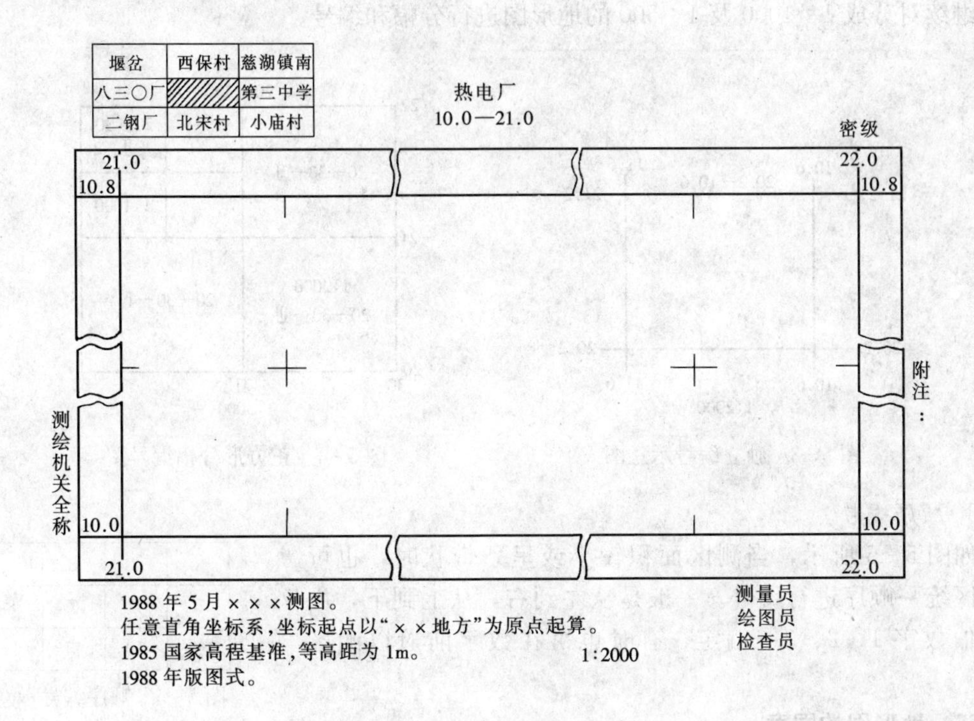

图 5-2 图名示意图

表 5-2 **图幅分幅情况表**

比例尺	图幅大小（cm^2）	实地面积（km^2）	一幅 1/5000 图中所包含该比例尺图幅数
1∶5000	40×40	4	1
1∶2000	50×50	1	4
1∶1000	50×50	0.25	16
1∶500	50×50	0.0625	64

（二）编号方法

矩形分幅编号方法通常有下列三种。

1. 坐标编号法

它是采用图幅西南角坐标的 km 数进行编号，x 坐标在前，y 坐标在后，中间用“—”相连。对 1∶5000 的地形图，其图号取至整 km 数。1∶2000、1∶1000 的地形图取至 0.1km，1∶500 的图取至 0.01km。如图 5-3 所示，其图号 20.2—10.6 表示 1∶2000 比例尺地形图，图幅西南角坐标 x=20.2km，y=10.6km。

2. 正方形分幅编号法

它是以 1∶5000 比例尺地形图的西南角坐标为基础图号，下一级比例尺地形图的编号是在基础图号的后面分别加罗马数字Ⅰ、Ⅱ、Ⅲ、Ⅳ。如图 5-4 所示，一幅 1∶5000 的地形图被分成四幅 1∶2000 的地形图，其编号是在基础图号 20—30 之后加Ⅰ、Ⅱ、Ⅲ、Ⅳ。同法可继续对分成 1∶1000 及 1∶500 的地形图进行分幅和编号。

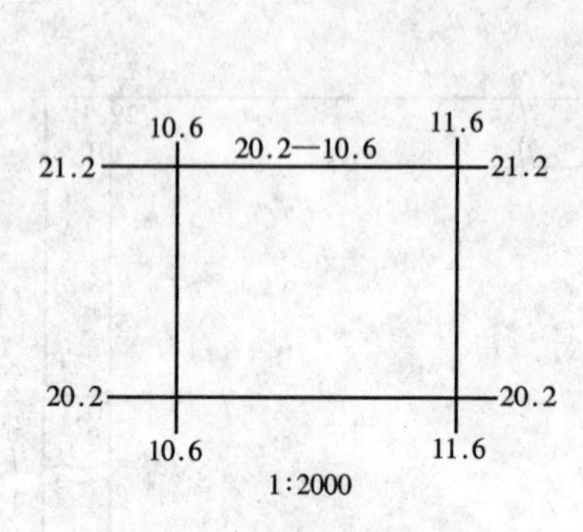

图 5-3 独立编号示意图

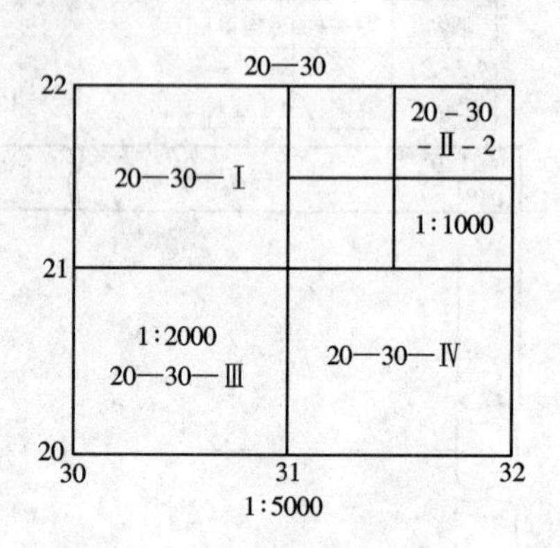

图 5-4 正方形分幅编号图

3. 顺序编号

如图 5-5 所示，当测区面积较小或呈条带状时，也可按测区统一顺序进行编号。一般是从左到右，从上到下，用阿拉伯数字 1、2、3…编定，有时也可在数字前冠以测区名称。

1	2	3	4
5	6	7	8
9	10	11	12

图 5-5 顺序编号示意图

三、地形图的图廓

图廓是地形图的边界线，有内外图廓线之分。内图廓线就是坐标格网线，它是图幅的实际边界线，线粗 0.1mm。外图廓线是图幅的最外边界线，实际是图纸的装饰线，线粗 0.5mm。内外图廓线相距 12mm，用于标注坐标值。

四、地形图的接图表

为了说明本幅图与相邻图幅的联系，以供拼图使用，通常把相邻图幅的图名标注在图幅的左上方。

第四节 地 物 符 号

为了便于测图和用图，规定在地形图上使用许多不同的符号来表示地物和地貌的形状和大小，这些符号总称为地形图图式。地形图图式由国家测绘总局统一制订，由国家技术监督局批准颁布发行，从事测绘工作的任何单位和个人都必须遵守执行。表 5-3 为摘录的部分地形图图式符号，在这些符号之中，根据地物的大小和描绘方法不同，地物符号可以分成依比例符号、非比例符号、线形符号和地物注记四种类型。

一、依比例符号

当地物的轮廓尺寸较大时，常按测图的比例尺将其形状大小缩绘到图纸上，绘出的符号称为依比例符号，如一般房屋、简易房屋等符号。

表5-3　地形图图式摘录

编号	符号名称	1∶500 1∶1000 1∶2000	编号	符号名称	1∶500 1∶1000 1∶2000
	3　测量控制点			4　居民地和垣栅	
3.1	平面控制点		4.1	普通房屋	
3.1.1	三角点 凤凰山——点名 394.468——高程	凤凰山 394.468 3.0	4.1.1	一般房屋 混——房屋结构 3——房屋层数	混3 1.6 2
3.1.2	土堆上的三角点	0.6	4.1.2	简单房屋	
3.1.3	小三角点 横山——点名 95.93——高程	3.0 横山 95.93	4.1.3	建筑中的房屋	建
3.1.4	土堆上的小三角点		4.1.4	破坏房屋	破
3.1.5	导线点 116——等级、点号 84.46——高程	2.0 116 84.46	4.3	房屋附属设施	
3.1.7	埋石图根点 16——点号 84.46——高程	1.6 16 84.46 2.6	4.3.1	廊	
3.1.8	不埋石图根点 25—点号 62.74—高程	1.6 25 62.74	4.3.1.1	柱廊 a. 无墙壁的 b. 一边有墙壁的	a b 1.0
3.2	高程控制点		4.3.1.2	门廊	混5 1.0
3.2.1	水准点 Ⅱ京石5——等级、点名、点号 32.804——高程	2.0 Ⅱ京石5 32.804	4.3.1.3	檐廊	砼4
			4.3.1.4	悬空通廊	砼4 砼4
7.3	管道		4.3.2	建筑物下的通道	砼 3
7.3.1	架空的 a. 依比例尺的墩架 b. 不依比例尺的墩架	a 热 b 水 1.0	4.3.3	台阶	0.6 1.0 1.0
7.3.2	地面上的	1.0 排渣 10.0	4.3.5	地下建筑物的天窗 a. 地下室 b. 其他通风口	a 1.0 2.0 不表示 b 2.6 1.6
7.3.3	地面下的	污 4.0 1.0	4.3.6	院门 a. 围墙门 b. 有门房的	a 0.6 b 1.6 45°
7.3.4	有管堤的	4.0 1.0 2.0	4.3.7	门墩 a. 依比例尺的 b. 不依比例尺的	a b 1.0
7.4	地下检修井				
7.4.1	上水检修井	2.0			
7.4.2	下水(污水)、雨水检修井	2.0			
7.4.3	下水暗井	2.0	4.3.8	门顶	1.0
7.4.4	煤气、天然气检修井	2.0			

续表

编号	符号名称	1∶500 1∶1000 1∶2000	编号	符号名称	1∶500 1∶1000 1∶2000
7.4.5	热力检修井	2.0	6.4	其他道路	
7.4.6	电信检修井 a. 电信人孔 b. 电信手孔	a 2.0 b 2.0 2.0	6.4.1	大车路、机耕路	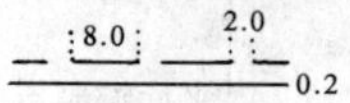 8.0 2.0 0.2
7.4.7	电力检修井	2.0	6.4.2	乡村路 a. 依比例尺的 b. 不依比例尺的	a 4.0 1.0 0.2 b 8.0 2.0 0.3
7.4.8	工业、石油	2.0			
7.4.9	不明用途	2.0	6.4.3	小路	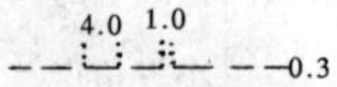 4.0 1.0 0.3
7.5	管道附属设施				
7.5.1	污水篦子	2.0 2.0 1.0	6.4.4	内部道路	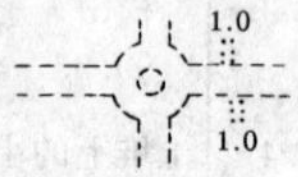 1.0 1.0
7.5.2	消火栓	1.6 2.0 3.6			
7.5.3	阀门	1.6 3.0	6.4.5	阶梯路	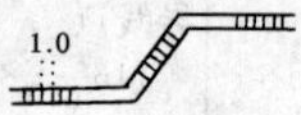 1.0
7.5.4	水龙头	2.0 3.6			
11.3.9	竹林 a. 大面积的 b. 独立竹丛 c. 狭长的	a 2.0 3.0 b 10.0 c	10.1 10.1.1	等高线及注记、示坡线 等高线 a. 首曲线 b. 计曲线 c. 间曲线	a 0.15 b 0.3 c 1.0 6.0 0.15
			10.1.2	等高线注记	 25
11.4	草地		10.1.3	示坡线	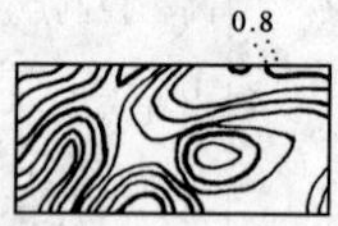 0.8
11.4.1	天然草地	2.0 1.0 10.0 10.0	10.2 10.2.1	高程点及其注记 一般高程点及注记 a. 一般高程点 b. 独立性地物的高程	a 0.5···163.2 b 75.4
11.4.2	改良草地	10.0 10.0	10.4.1	斜坡 a. 未加固的 b. 已加固的	a 2.0 4.0 b
11.4.3	人工草地	2.0 3.0 10.0 10.0	10.4.2	陡坎 a. 未加固的 b. 已加固的	a 2.0 b 4.0
11.4.5	苗圃	1.0 苗 10.0 10.0			
11.4.6	迹地	0.6 1.0 10.0 2.0 10.0	10.4.3	梯田坎	 56.4 1.2
			10.5	其他地貌	
11.4.7	散树、行树 a. 散树 b. 行树	a 1.6 b 10.0 1.0	10.5.1	山洞、溶洞 a. 依比例尺的 b. 不依比例尺的	a b 2.0 2.0

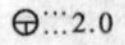

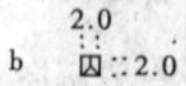

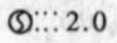

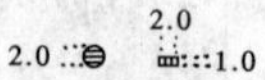

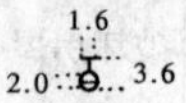

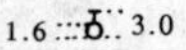

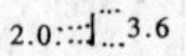

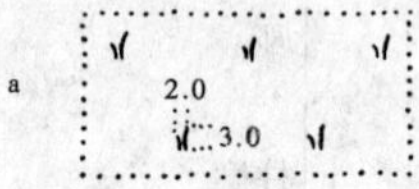

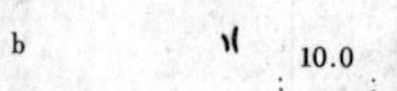

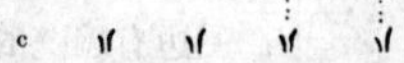

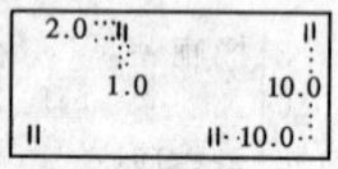

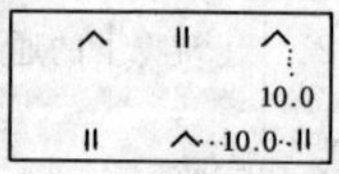

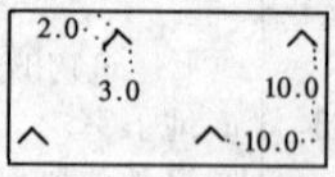

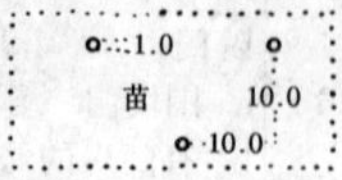

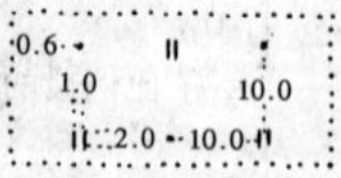

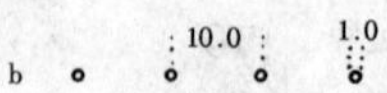

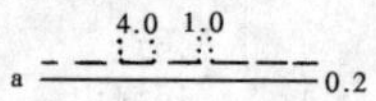

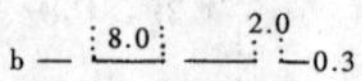

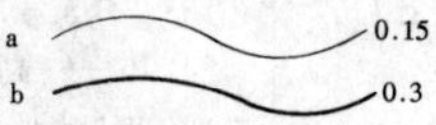

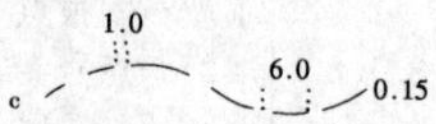

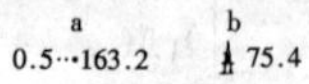

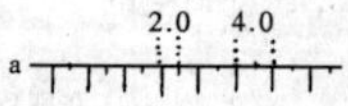

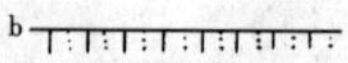

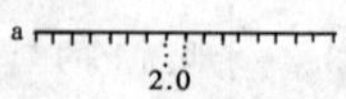

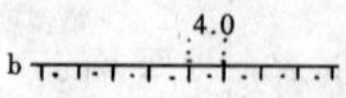

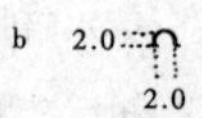

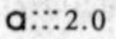

二、非比例符号

当地物的轮廓尺寸较小，如三角点、水准点、独立树、消火栓等，无法将其形状和大小按测图的比例尺缩绘到图纸上，但这些地物又很重要，必须在图上表示出来时，则不管地物的实际尺寸大小，均用规定的符号表示在图上，这类符号称为非比例符号。非比例符号中表示地物中心位置的点，叫定位点。定位点的使用规定如下：

（1）圆形、矩形、三角形等单个几何图形符号，定位点在其几何图形的中心，如三角点、水准点等。

（2）宽底符号（蒙古包、烟囱等），定位点在底线中心。

（3）底部为直角形的符号（风车、路标等），定位点在直角的顶点。

（4）几种几何图形组成的符号，如气象站、雷达站、无线电杆等，定位点在下方图形的中心点或交叉点。

（5）下方没有底线的符号，如窑、亭、山洞等，定位点在其下方两端点间的中心点。

非比例符号除简要说明中规定按实际方向表示者外，其他均垂直于南图廓线描绘。

三、线形符号

线形符号是指长度依地形图比例尺表示，而宽度不依比例尺表示的狭长的地物符号，如电线、管线、围墙等。线形符号的中心线即为实际地物的中心线。

四、注记符号

使用文字、数字或特定的符号对地物加以说明或补充，称为地物注记，分为文字注记、数字注记和符号注记三种，如居民地、山脉、河流名称，河流的流速、深度，房屋的层数、控制点高程、植被的种类、水流的方向等。

第五节 地 貌 符 号

地貌是指地球表面高差起伏的自然面貌，包括山地、丘陵、平原、洼地等。

山地是指中间突起而高程高于四周的高地。高大的山地称为山岭，矮小的称为山丘。山的最高处称为山顶。地表中间部分的高程低于四周的低地，称为洼地，大的洼地叫做盆地。

朝一个方向延伸的高地，称为山脊，山脊上最高点的连线叫山脊线或分水线。在两个山脊之间，沿着一个方向延伸的洼地称为山谷，山谷中最低点的连线称为山谷线或集水线。山脊线和山谷线合称为地性线。地性线真实地反映了地貌的形态。

连接两个山头之间的低凹部分，称为鞍部。

除此外，还有一些特殊的地貌，如悬崖、陡崖、陡坎、冲沟等。

在地形图上表示地貌的方法很多，工程建设中使用的大比例尺地形图，通常采用等高线表示地貌。采用等高线不仅能表示地面的起伏状态，而且能科学地表示地面点的高程、坡度等。

一、等高线

等高线是地面上高程相等的各相邻点所连成的闭合曲线。

如图 5 - 6 所示，假设某个湖泊中有一座小山。设山顶的高程为 82m，刚开始，湖水淹没在小山上高程为 80m 处，则水平面与小山相截，构成一条闭合曲线（水迹线），在此曲线上各点的高程都相等，这就是等高线。当水面每下降 5m，可分别得到 75、70、65m、…一

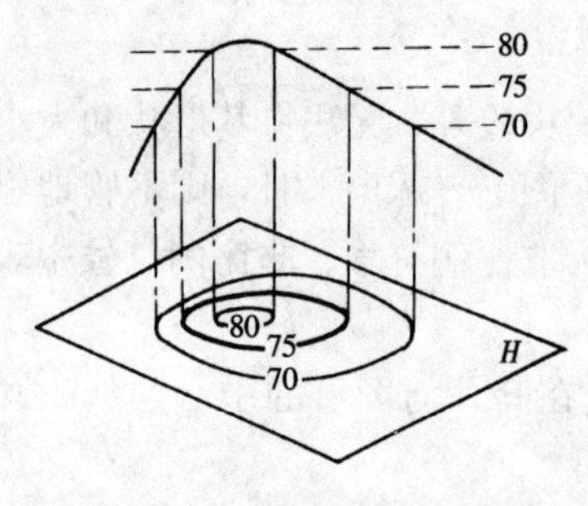

图 5-6 等高线原理图

系列的等高线。如果将这些等高线沿铅垂线投影到某一水平面 H 上，并按一定比例缩绘到图纸上，就获得与实地小山相似的等高线。

二、等高距和等高线平距

地形图上相邻等高线的高差，称为等高距，用 h 表示。图 5-6 中的等高距 h 为 5m，等高距的大小是根据地形图的比例尺、地面坡度及用图的目的而选定的。大比例尺地形图的等高距为 0.5、1、2m 等，同一幅图上的等高距是相同的。

地形图上相邻等高线之间的水平距离，称为等高线平距。如图 5-6 中，等高线平距是由地面坡度的陡缓决定的。在同一幅图上，等高线平距越大，地面坡度越小；反之，坡度越大。若地面坡度均匀，则等高线平距相等。

三、等高线的种类

为了便于表示和阅读地形图，绘在图上的等高线按其特征分为首曲线、计曲线和间曲线三种类型。

1. 首曲线

在同一幅地形图上，按基本等高距描绘的等高线，称为首曲线，又称基本等高线。首曲线采用 0.15mm 的细实线绘出，如图 5-6 中 80、75、70m 等等高线。

2. 计曲线

在地形图上，凡是高程能被 5 倍基本等高距整除的等高线均加粗描绘，这种等高线称为计曲线。计曲线上注记高程，线粗为 0.3mm，如图中 75m 的等高线。

3. 间曲线

如果采用基本等高线无法表示局部地貌的变化时，可在两基本等高线之间加一条半距等高线，这条半距等高线称为间曲线。间曲线采用 0.15mm 的细长虚线描绘。

四、几种基本地貌的等高线特征

虽然地面上的地貌形态多种多样，但仔细分析后可以发现，它们一般由山头、洼地、山脊、山谷和鞍部等基本地貌组成。如果掌握了这些基本地貌的等高线特点，就能比较容易地根据地形图上的等高线，分析和判断地面的起伏状态，正确地阅读、使用和测绘地形图。

（一）山头和洼地

山头和洼地的等高线都是一圈圈的闭合曲线。如图 5-7 所示，若里圈的高程大于外圈的高程，则地貌为山头。若里圈的高程小于外圈的高程，则地貌为洼地。山头和洼地的地貌有时候也采用示坡线来区分。示坡线为一段垂直于等高线的短线，用以指示坡度降落的方向。

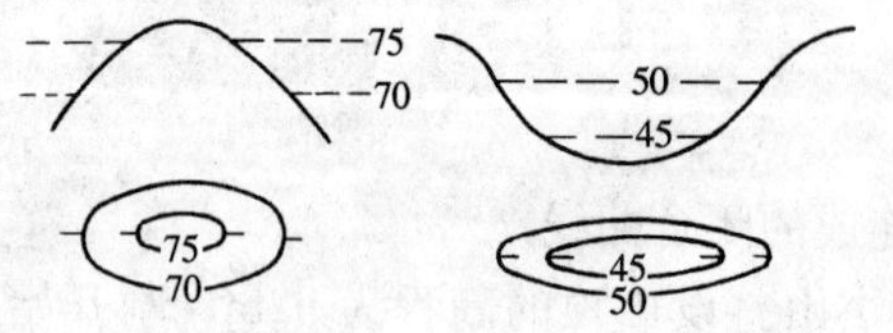

图 5-7 山头、洼地等高线示意图

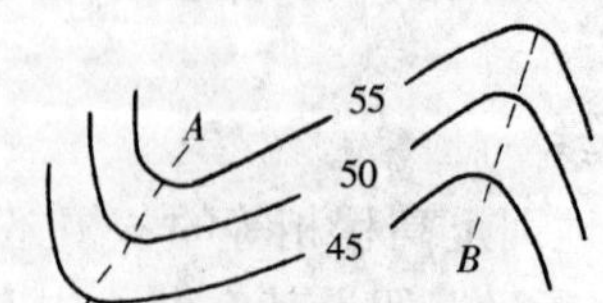

图 5-8 山脊、山谷等高线示意图

（二）山脊和山谷

山脊和山谷的等高线都是一组朝一个方向凸起的曲线。如图 5－8 所示，山脊的等高线凸向低处，而山谷的等高线凸向高处。图中 A 处表示地貌山脊的等高线，B 处表示地貌山谷的等高线。

（三）鞍部

鞍部的等高线是由两组相对的山脊和山谷等高线组成。如图 5－9 中 C 处所示，即在一圈大的闭合曲线内套有两组小的闭合曲线。

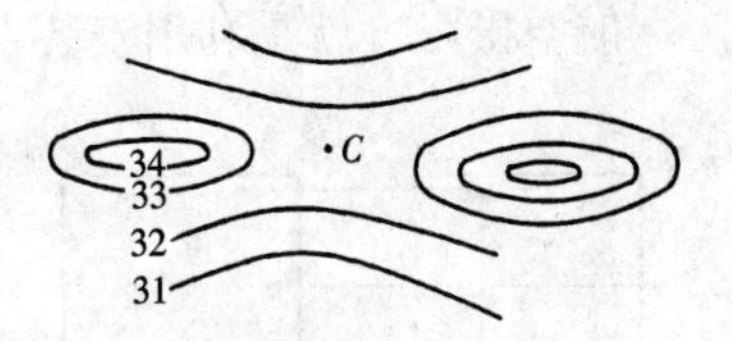

图 5－9　鞍部等高线示意图

前面几种地貌是地表上的基本地貌，除此之外，还有陡坎、悬崖、冲沟、雨裂等特殊地貌，特殊地貌的等高线可按《地形图图式》中规定的符号表示。

五、等高线的特性

为了正确地使用和描绘等高线，必须掌握等高线的一些特性。

1. 等高性

同一条等高线上的各点在地面上的高程都相等。高程相等的各点，不一定在同一条等高线上。

2. 闭合性

等高线为连续的闭合曲线，它可能在同一幅图内闭合，也可能穿越若干图幅后闭合。凡不在本图幅内闭合的等高线绘至图廓线，不能在图内中断。

3. 非交性

因为等高线为一个个水平面与地面相截而成，非特殊地貌，等高线之间不能相交。

4. 正交性

如图 5－8 所示，等高线与山脊线、山谷线成正交（图中 A、B 处虚线分别为山脊线和山谷线）。由此推断，等高线不能迳行横过河道，等高线将近河岸时，应徐徐折向上游，通过河流后又沿岸向下游方向前进。

5. 密陡稀缓性

由图 5－6 中可知，等高线越密的地方，地面坡度越陡；等高线越稀的地方，地面坡度越平缓。

等高线的这些特性，是正确地测绘和使用地形图的基础，只有牢固地掌握，并灵活地运用它们，方能测绘和运用好地形图。

第六节　航空摄影像片

在工程规划设计和建筑施工放样中，除了使用常规的地形图，有时候也会使用摄影像片。摄影像片就是利用摄影机拍摄的地表各种物体的像片。摄影测量就是利用摄影机拍摄物体的像片，并根据像片上的信息来测定物体的形状大小和空间位置的方法。摄影所得像片能真实、客观、详尽地记录摄影瞬间地面的所有物体，同时取得各种工程所需要的多方面的资料。像片上的地物、地貌形象逼真，内容全面，便于读图。摄影测量还使大量的外业工作转变为室内工作，从而极大地减少了外业的繁重劳动，也避免了天气和季节条件对测量工作的影响，更适合山区和交通不便的地区的测量工作。

摄影测量，根据摄影机安装的位置不同，分为航天摄影测量、航空摄影测量、地面摄影测量和水下摄影测量几种。根据需要，本书仅介绍航空摄影测量的部分内容。

一、航空摄影

航空摄影，就是利用安装在飞机底部的摄影机，按照一定的飞行高度、飞行方向和规定的时间间隔，对地面进行连续的重叠摄影。它是目前最主要和最有效的测绘地形图的方法，采用航空摄影测量方法，可以测绘城市及工业地区大中比例尺地形图。

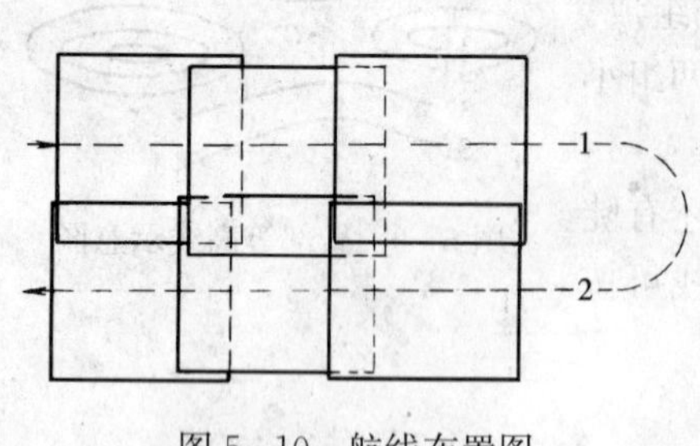

图 5-10　航线布置图

如图 5-10 所示，摄影时将测区划分成一条条航线，在完成第一条航线的摄影以后，飞机倒转 180°，继续拍摄第二条航线，这样连续往返拍摄直至整个测区拍摄完毕。

二、航摄像片

外业摄影完毕后，经过室内处理，便可得到覆盖整个测区的航摄像片，简称航片。航摄像片的影像范围，称为像幅。

为了保证测区影像不致遗漏和内业量测的需要，相邻的像片必须有一定的重叠度，沿航线方向的重叠，称为航向重叠。相邻航线间的重叠，称为旁向重叠。

如图 5-11 所示，航摄像片是地面景物的光线通过航摄中心（即航摄仪物镜光心）S 在像片 P 上的构像，它是一种中心投影的图像。

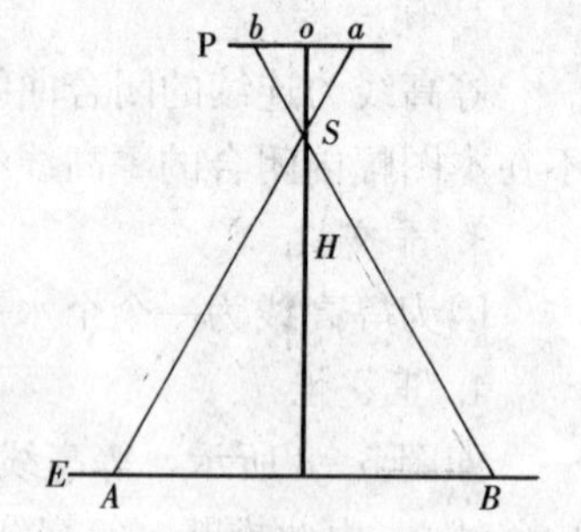

图 5-11　中心投影示意图

如果被摄的地面呈水平状态，且摄像像片也处于水平位置时，那么像片上图像的形状与地面上的地物形状完全相似。此时，航摄像片具有正射投影图的性质。把该像片经过一定的比例放大，并在放大后的像片上注记村庄、道路、河流等的名称，就可制成一张像片平面图。如果在像片平面图上绘出等高线，就制成了一张影像地形图。不论是像片平面图，还是影像地形图，都比白纸图更真实，更形象。

但是，由于拍摄时像片不可能完全水平，被拍摄的地面也高低起伏不平，使得拍摄像片上的图形与地面上的图形有所变形。如图 5-12 所示，P 为水平像片，P′为对应的倾斜像片。a 和 a' 分别为地面点 A 在 P 和 P′面上的影像。不难看出，除了 P 和 P′两个面的交线上的像点没有位移外，P′面上的其余像点相对于 P 面都发生了位移。如线段长 $ba' \neq ba$，其差值称为倾斜误差。又如图 5-13 所示，当地面有高低起伏时，A 为地面点，A' 为其在水平面 H 上的铅垂投影。如果按正射投影，A 与 A' 在图纸上应是同一点，由于航摄像片是中心投影，A 与 A' 在像片 P 上的影像不是同一点，分别为 a、a'，其差异称为高差误差。

由于这些影响，导致了同一张航摄像片各处的比例尺不一致。

由此可知，航摄像片虽然能真实、详尽地反映地面情况，从像片上可以了解所拍摄地区地物、地貌的全部内容，但是不能直接用作地形图，因为航摄像片与地形图是有区别的。

首先，航摄像片与地形图的表示方法和内容不同。在表示方法上，地形图是按成图比例尺所规定的各种符号、注记和等高线来表示地物、地貌的，而航摄像片则表示为影像的大小、形状和色调。在表示内容上，如居民地的名称、房屋的类型、道路的等级、河流的宽度、地面高程等，地形图是用相应的符号和文字、数字注记表示的，像片就无法表示出来。另一方面，地形图对各种地物必须经过综合取舍，只表示那些有意义的地物，而在航摄像片上，所有地物都有影像。

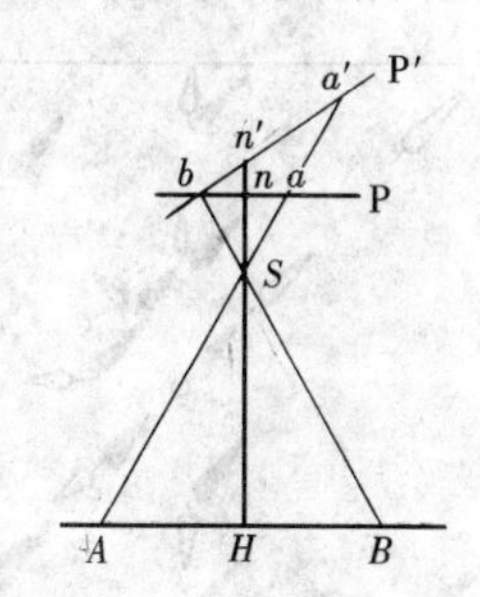

图 5-12　倾斜误差示意图

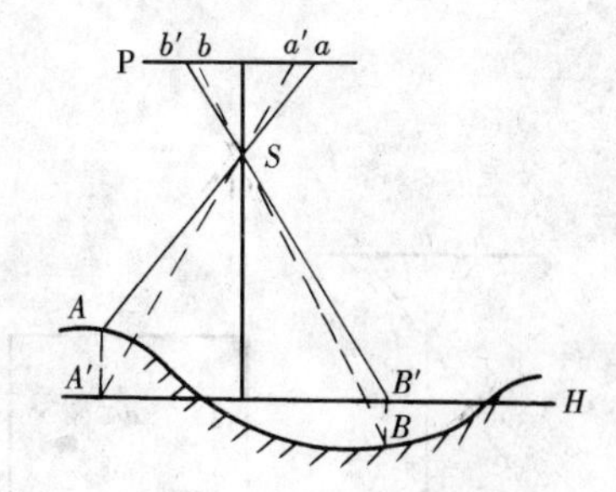

图 5-13　高差误差示意图

其次，航摄像片与地形图的投影方法也不同。地形图采用的是正射投影，图上的比例尺处处一致，通常以 1/M 表示。地形图上所有的图形不仅与实际形状完全相似，而且其相关方位也保持不变。航摄像片采用的是中心投影，由于像片上同时存在地形起伏和像片倾斜两种误差的共同影响，致使航摄像片上的影像有变形，各处的比例尺也不一致，相关方位也发生了变化。因此，由航摄像片转化为地形图，必须经过外业调绘、综合取舍、消除投影误差，并按统一符号表示像片上的各类地形元素。

三、航摄像片判读

为了准确、迅速地判读航摄像片，首先必须了解地面物体的成像规律和判读特征。

(一) 物体的成像规律

航摄像片采用的是中心投影。同一地物，由于所处位置不同、地面有高低以及相对于镜头的位置不同，在像片上影像的形状、大小、色调、阴影并不相同，而是按照一定的规律在像片上成像。

1. 不突出地面物体的成像情况

当物体处于水平位置时，其像片上的影像与实地物体基本相似，如球场、草坪、水池等。

当物体处于倾斜地面时，其像片上的影像与实地物体相比，则产生了变形。例如，斜坡上有块正方形草坪，有时影像会变成长方形或菱形。

2. 突出地面物体的成像情况

突出地面的物体，如高山、烟囱、水塔、纪念碑等，由于受中心投影的影响，其像片上的影像会产生投影变形。

(1) 投影误差的影响。如图 5-14 所示，地面上有三个形状和大小相同的烟囱，由于所处位置不同，其影像的形状和大小也就各不相同。烟囱 A 的位置处于像片的正下方，其影像是个点，烟囱 B、C 的影像就不是点，而是背离中心点倒下的烟囱影像，烟囱 B、C 产生了投影误差，并且烟囱 C 离开中心的距离比 B 离开中心的距离远，烟囱 C 的影像比烟囱 B 的影像长，亦即烟囱 C 的投影误差比烟囱 B 的投影误差大。所以，在判读摄影像片时，一定要注意投影误差对地物影像的影响，像片比例尺越大，投影误差影响越明显。

（2）阴影的影响。高于地面的物体，在像片上不仅有本身的影像，而且还有阴影。有时，两者方向一致，影像重合；有时，方向不一致，方向不重合。这是因为在一张像片上，阴影的方向始终是一致的，但地物的方向却不一致。如图5-15所示，同样是一棵树，由于它们在地面上的位置不同，它们在同一张像片上的影像大小与方向也不一样，但其阴影的方向却是一致的。因此，在判读像片时应注意阴影与影像之间的关系。

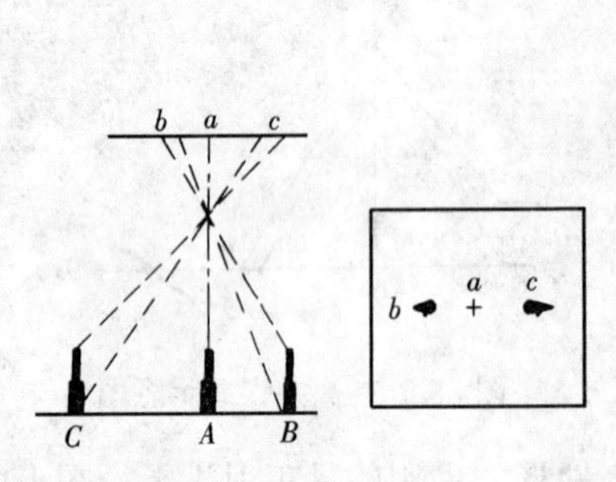

图5-14　位置投影误差示意图

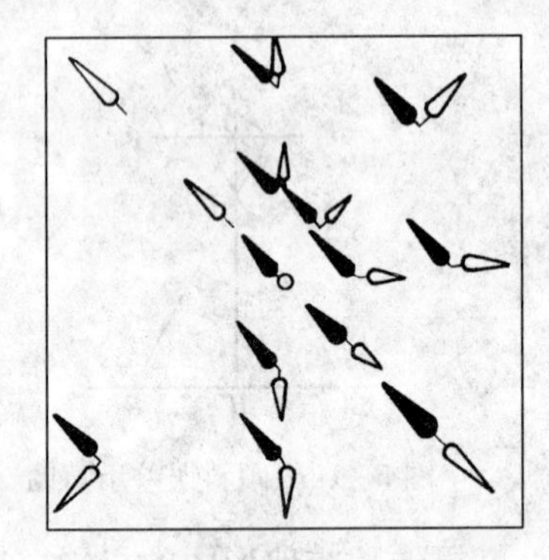

图5-15　阴影误差示意图

（二）像片判读特征

各种物体的形状、大小、颜色和阴影，以及相互关系，在像片上的影像呈现各种特征，据此可以区别像片上的各种物体，这些特征称为判读特征。

1. 形状

地面上的物体形状不同，其在像片上的影像也不同。一般来说，物体的形状与像片上的影像保持一定的相似关系。例如，房屋的影像就是其屋顶的形状，河流、道路的影像就是带状，球场、水面就是面状等。因此，像片上的影像形状，可以作为物体的主要判读特征。但应注意，由于航摄像片是中心投影，像片倾斜或地面有起伏时，图像形状也会变形。

2. 大小

图像的大小是地面目标在像片上的另一种表现特征。一般来说，在同一张像片上，地面目标越大，图像也就越大。因此，图像的大小是识别地面目标的依据之一。例如，水库与水塘的识别，就是依据其图像的大小。

3. 色调

物体影像的色调，是指深浅不同的黑白程度。影像的色调受物体本身的亮度、颜色、含水量，以及摄影季节等影响。一般来说，物体的颜色浅，影像的色调也浅；含水量少，色调也浅。摄影季节不同，某些植物呈现的颜色不同，色调也不同。如枫树，春夏为绿色，秋冬为红色。

4. 阴影

阴影分为本影和落影。未受阳光直接照射的物体，其阴影部分的影像称为本影；物体影子的影像称为落影。阴影有助于获得立体感和反映物体的侧面形状，有利于判读突出地面的物体。特别是某些物体，当按其形状、大小和色调等特征还无法与周围影像区别开时，阴影特征对识别该地物就显得特别重要。但是，阴影也有不利的一面。例如，高大建筑物的阴影有时可能遮盖小的重要的地物，山头的阴影可能盖住重要的山洞等。同时，阴影还可能造成判读上的错觉，如山坡的阴影可能误认为是山坡上生长的植物，高大建筑物的阴影可能误认为是地物的阴影等。

5. 相关位置

由于地面上的物体之间本来就有一定的位置关系，所以反映到像片上的影像之间也存在一定的位置关系，这种关系是判读的一个重要标志。因为，在摄影像片上总有一部分物体的影像是清晰的，所以可以利用这些清晰的影像，根据实地物体的相关位置，判读那些影像不清的物体。

（三）判读要领

要准确、快速地判读摄影像片，除了掌握物体的成像规律和像片的判读特征以外，还应掌握一定的判读要领。下面简单地介绍一些常见地物的判读要领。

1. 居民地

居民地在像片上的影像与大比例尺地形图上绘制的符号基本相似。其形状多为矩形和较为规则的几何图形，并与实地房屋保持相似的形状。城镇居民地的特点是街道网比较规则，房屋高大，有公园、车站、广场等公共性建筑物，乡村的房屋比较分散和矮小，在房屋周围有菜地、果园等。从色调来看，青瓦房的影像呈灰色或深灰色；土房一般呈白色；红瓦房一般呈白色或浅灰色。

2. 道路

铁路在像片上为灰色线条，直线段多，转弯平缓，与其他道路成直角相交。

公路在像片上一般呈白色或浅灰色、带状，转弯多而急。在山区，线路迂回曲折，路基两侧沟渠呈深灰色线条。沥青路面呈灰色，砂石路面呈白色或浅灰色。

乡村土路在像片上显示为宽度不等的浅灰色线状，坚硬的土路呈白色线条，线条的边缘不清晰。

3. 水系、桥梁

在摄影像片上，根据形状特征可以辨别出河流、小溪湖泊。由于水面反光不同，其影像的色调很不一致。一般来说，澄清的深水多为黑色，浊水多为浅黑色，浅滩为浅灰色。

河流呈不同宽度的带状，河流中心岛或沙丘呈尖端的一头通常指向水流方向，堤坝和桥墩下因水流撞击所激起的浪花，形成的白色舌状物与水流方向一致，停泊于码头的船只，其尾部向水流方向倾斜。

小溪呈不规则的细线，有时被两岸树木掩蔽。

湖泊和池塘的水迹线显示为封闭的曲线，水面的色调几乎相同。

河流上的桥梁显示与河流交叉。

4. 植被与土壤

在摄影像片上，森林和灌木呈现轮廓较清晰的深暗色图形，色调不均匀，阔叶林的夏季影像为圆形，色调为较深的圆斑点；冬季为叶脉状。针叶林一般根据林边的树影来判定。草地呈均匀的灰色影像；干草地色调较浅，湿草地色调较深。

耕地的影像以每一地段的均匀色调进行区别。刚耕种的土地呈暗灰色，干燥时色调较浅；随着农作物的发芽生长，耕地色调逐渐加深。

5. 地貌

在摄影像片上，地貌的高低起伏很像浑渲法表示的山形，可以根据其形状、大小、阴影和色调来判读。如山区，阴影狭窄而色调浓暗处，则山势陡峻；阴影幅面宽而色调浅淡处，则地面坡度平缓。

四、航摄像片的立体观察

同一条航线内，两张相邻的具有一定影像重叠的像片构成立体像对。在航摄像片的判读和使用中，经常需要通过观察立体像对来获得立体模型。下面简单地介绍立体观察的原理和方法。

1. 立体观察的原理

用双眼观看物体，能够分辨出物体的远近和大小，这是天然的立体感觉。如图 5-16 所示，空间物体 A、B 两点通过人的两只眼睛 S_1、S_2 的水晶体，在视网膜上成像分别为 a_1、b_1 和 a_2、b_2，由于 A、B 两点距离眼睛有远近，致使其在视网膜上的弧长 a_1b_1 和 a_2b_2 的长度不等，产生生理视差。生理视差由视神经传导到大脑皮层的视觉中心，便产生了物体有远近的感觉。所以，生理视差是产生天然立体感觉的根本原因。人造立体视觉就是从这一原理出发，设在两只眼睛前面放置一对玻璃片 P_1、P_2，通过玻璃片观察 A、B 两点，并把两眼所看到的 A、B 两点记录在玻璃片上，如 a_1'、a_2'、b_1'、b_2'，再拿掉 A、B 两点，眼睛见到的只是玻璃片上的影像，两只眼睛的感觉与直接看见 A、B 两点的立体感觉一样。由于此时看见的不是空间物体本身，而是它们的像点，故称为人造立体视觉。利用同一航线内两张相邻的具有一定影像重叠的航摄像片能够看到空间物体，就是这个道理。

构成人造立体视觉必须满足三个条件：

（1）必须有从两个位置对同一物体摄取的两张像片（即立体像对）；

（2）两眼必须同时各看一张像片；

（3）安放像片的位置必须使同名像点的连线与眼基线平行。

2. 立体观察的方法

凭两只眼睛直接进行立体观察，要求两眼各看一张像片（这一步称为分像），才能获得立体效果，对于初学者来说，非常困难。通常情况下，立体观察都是借助于反光立体镜进行的。如图 5-17 所示，反光立体镜由两对平面镜和一对透镜组成，可以将左右眼分隔开，扩大人的眼距，使两眼同时各看一张像片而造成立体效应。其观察步骤如下：

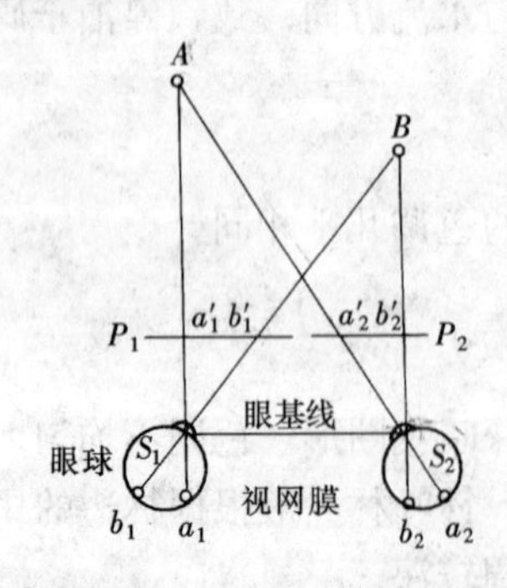

图 5-16 立体观察原理图

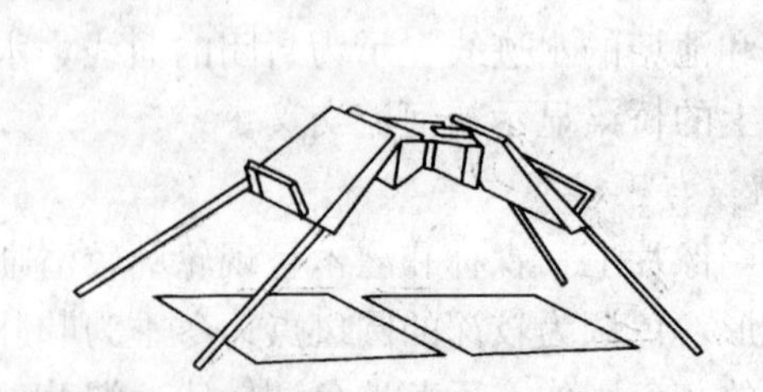

图 5-17 立体观察方法示意图

（1）安放像片。将欲阅读的航摄像片放于立体镜下，左片放左边，右片放右边，并使像片中心的连线与立体镜的中心连线保持平行。

（2）阅读像片。将立体镜下左右两张像片左右移动，直至同名像点融合为一产生立体效应为止。

习题与思考题

1. 何谓地形图和平面图？

2. 何谓地形图的比例尺和比例尺精度？

3. 如果某项设计要求地形图详尽到表示出地物的 0.5m 的长度，试确定地形图的比例尺。

4. 在地形图上如何表示地物？

5. 何谓等高线和等高距？

6. 等高线有哪些特性？

7. 地形图与航摄像片有哪些区别？

8. 航摄像片判读的主要特征有哪些？

9. 进行航摄像片的立体观察，应满足哪些条件？

10. 何谓等高线平距？

第六章　小地区控制测量

第一节　控制测量概述

无论是在工程规划设计前的地形图测绘，还是在建筑物的施工放样和施工后的变形观测等工作，都必须遵循"从整体到局部，先控制后碎部"的原则。首先，根据选点原则在测区内选择若干控制点，按一定的规律组成网状几何图形，称之为控制网。控制网分为国家控制网、城市及工程控制网和小地区控制网。测定控制点平面位置和高程的测量工作称控制测量。控制网测量分为平面控制测量和高程控制测量两种。

确定控制点平面位置的工作，称为平面控制测量。平面控制测量采用导线测量方法测定其控制点的平面位置。

确定控制点高程的工作，称为高程控制测量。在全国建立的平面控制网，称为国家平面控制网。它是全国各种比例尺测图的基本控制，并为确定地球的形状和大小提供研究资料。国家平面控制网主要采用三角测量的方法布设成三角网，国家平面控制网分成一等、二等、三等、四等四个等级逐级控制。一等精度最高，是国家控制网的骨干；二等是国家控制网的基础；在二等控制网上进一步加密得到三、四等控制网。

在全国建立的高程控制网，称为国家高程控制网，采用水准测量的方法测量。国家高程控制网分成一等、二等、三等、四等四个等级。低一等级受高一等级控制，逐级布设。一、二等水准测量要求用精密水准测量，其成果作为全国范围内高程控制之用。三、四等水准测量是在一、二等上加密而得到，在小地区常用作建立首级高程控制网。

为城市建设和工程建设需要而建立的平面控制网称为城市及工程平面控制网，它以国家控制网点为基础，布设成不同等级的控制网。

为城市建设和工程建设需要而建立的高程控制网称为城市及工程高程控制网，它分为二、三、四等水准测量及图根测量。

在小地区即一般面积在 15km^2 以下范围内建立的平面控制网，称为小地区平面控制网。小地区平面控制网应以国家控制网或城市控制网为基础进行联测，建立统一的坐标系统，也可在测区建立独立的控制网。在测区范围内建立的精度最高的控制网称首级控制网。直接为测图需要建立的控制网称为图根控制网，图根控制网中的控制点称为图根控制点，简称图根点。其关系如表 6-1 所列。

表 6-1　小地区平面控制网的建立

测区面积（km^2）	首级控制	图根控制
1～15	一级小三角（或一级导线）	两极图根
0.5～2	二级小三角（或一级导线）	两极图根
0.5 以下	图根三角（或图根导线）	

图根点的密度取决于测图比例尺和地物、地貌的复杂程度。平坦开阔地区图根点密度可参考表 6-2 的规定；对地形复杂地区、城市建筑密集区和山区，应根据具体情况结合测图需要加大密度。

小地区高程控制网也应视测区面积的大小和工程要求采用分级的方法建立，一般与国家等级水准点联测，也可以在全测区单独建立三、四等水准控制网，再以此为基础测定图根点的高程。

表 6-2 小地区平面控制网图根点的密度

测图比例尺	1∶500	1∶1000	1∶2000	1∶5000
图根点密度（点/km^2）	150	50	15	5

下面着重介绍用导线测量建立小地区平面控制网的方法及三、四等水准测量和三角高程测量建立小地区高程控制网的方法。

第二节 导线测量的外业

一、导线的概念

导线就是将测区内相邻控制点连成直线而构成的连续折线。控制点即为导线点，折线边即为导线边。把在地面上按一定要求选定的各点依次连成折线，并测量各导线边的边长和各转折角，根据起始数据确定各导线点平面位置（坐标）的测量方法称导线测量。

二、导线的布设形式

导线的布设形式有附合导线、闭合导线、支导线。

1. 附合导线

如图 6-1 所示，从已知控制点 B 和已知方向 AB 出发，经过各导线点，再连接到另一已知控制点 C 和已知方向 CD 上，称附合导线。通过测量各导线边的边长及各转角折角，根据已知数据就可算出各导线点的坐标。此种布置形式，控制能力较强，成果精度较均匀，具有检核观测成果的作用。

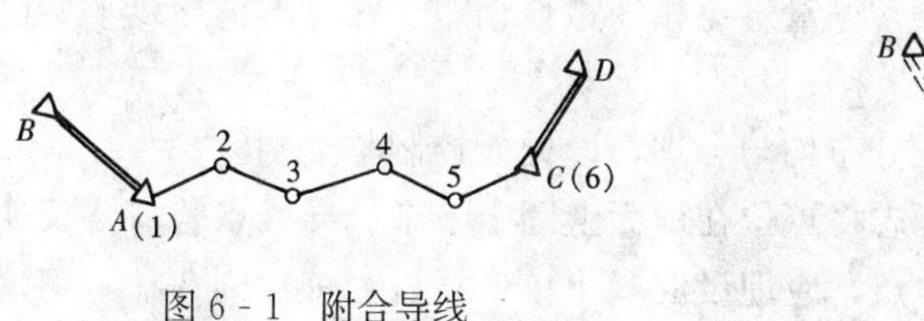

图 6-1 附合导线

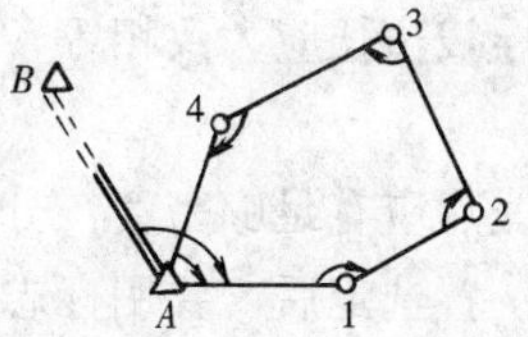

图 6-2 闭合导线

2. 闭合导线

闭合导线布置为一个闭合多边形。如图 6-2 所示，从已知控制点 A 和已知方向 AB 出发，经过各导线点，最后又回到已知点 A，组成闭合多边形，通过测量各导线边的边长、各转折角以及连接角，根据已知数据即可算出各导线点的坐标。闭合导线测量可根据多边形内角和来检核测量结果，具有检核作用。应尽量使导线与附近高级控制点（三角点或导线点）连接，使之与高级控制点连成统一的整体。

3. 支导线

如图 6-3 所示，从一已知控制点出发，经过各导线点后，不连接到其他已知控制点上，也不回到原来的已知点，这种导线测量称为支导线。由于支导线一端不连接到已知点上，不能检核，发生差错不易发现，所以只有在受地形限制而无法附合或闭合时，才允许布置支导线。导线

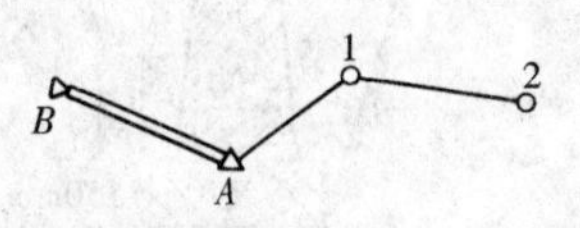

图 6-3 支导线

边一般不超过两条，且长度不宜过长，适用于图根控制加密。

三、导线测量的精度等级和技术要求

用导线测量的方法进行小地区平面控制测量，根据测区范围及精度要求，分为一级导线、二级导线和三级导线和图根导线四个等级。各导线测量的主要技术要求参考表 6－3。

表 6－3　导线测量的精度等级和技术要求

等级	导线长度(km)	平均边长(km)	测角中误差(″)	往返丈量较差相对误差	测回数 DJ6	测回数 DJ2	角度闭合差(″)	导线全长相对闭合差
一级	4	0.5	5	1/20000	4	2	$10\sqrt{n}$	1/15000
二级	2.4	0.25	8	1/15000	3	1	$16\sqrt{n}$	1/10000
三级	1.2	0.1	12	1/10000	2	1	$24\sqrt{n}$	1/5000
图根	$\leqslant 1.0M$	≤1.5 测图最大视距	20	1/3000	1	…	$60\sqrt{n}$	1/2000

注　表中 n 为测站数，M 为测图比例尺的分母。

四、导线点的选定

踏勘选点之前，应先搜集测区及其附近高级控制点的有关数据和原有地形图，在图上规划导线点和布设方案，然后到实地踏勘寻找已知点、核对、修改，选定导线点位并建立标志。选点时应注意以下几点：

（1）相邻导线点间应通视良好，地势平坦，便于测角和测边。

（2）点位应选择在土质坚实，便于保存标志和便于安置仪器的地方。

（3）视野开阔，便于碎部测量和加密。

（4）各导线边长应大致相等，尽量避免相邻边长相差悬殊，图根导线平均边长应满足表 6－3 规定。

（5）导线点应有足够密度，分布均匀合理，以便能控制整个测区。

导线点位置选定后，要用标志将点位在地面上固定下来。导线点若需要长期保存或者在不易保存的地方及等级较高的地点，应埋设混凝土桩或石桩，桩顶刻“十”字，以示导线点位（见图 6－4）。对于临时性导线点，一般图根点要在每一个点位上打下一个大木桩，桩顶钉一小钉，作为导线点标志（见图 6－5）。导线点设置好后应统一编号。为了便于以后寻找，应对导线点位绘制“点之记”，即测出与附近永久地物位置关系，绘制草图，注明尺寸（见图 6－6）。

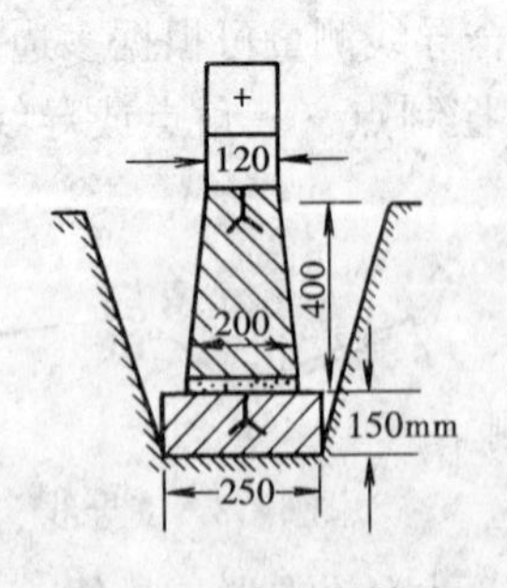

图 6－4　永久导线点

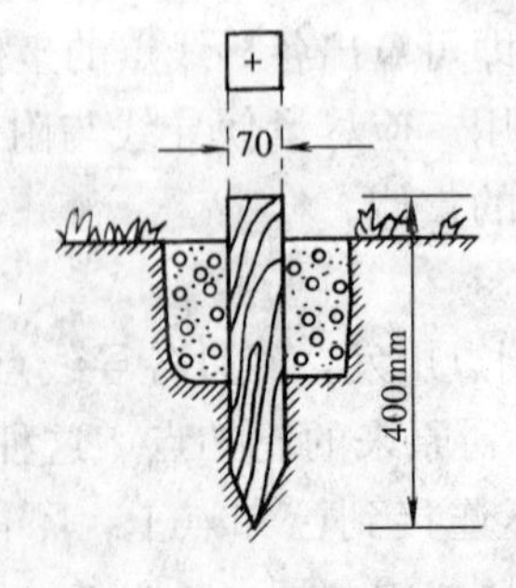

图 6－5　临时导线点

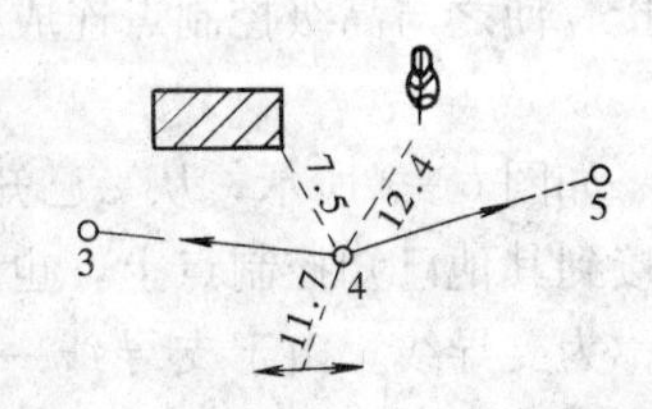

图 6－6　点之记

五、导线外业的观测

（一）角度测量

导线转折角测量一般采用测回法测量，两个以上方向组成的角也可用方向法。导线转折角有左角和右角之分，导线前进方向左侧的角称为左角，反之则为右角，一般测量导线左角。闭合导线测量中均测量多边形的内角，支导线应分别观测左角和右角，以资检核。图根导线转折角一般用 DJ6 级光学经纬仪观测一测回，对中误差应小于 3mm，盘左、盘右测得角值差不超过±40″时，取其平均值。不同等级的导线测角技术要求分别列入表 6-3 中。

（二）边长丈量

导线边长测量可用测距仪或全站仪测定，也可用钢卷尺丈量的方法。

用钢卷尺丈量的方法测量导线边长时，应用检定过的钢卷尺按用精密丈量方法丈量，往返各一次，取其平均值，往返丈量较差相对误差不低于表 6-3 的规定。

测距仪或全站仪测距精度较高，一般均能达到小地区导线测量精度的要求。

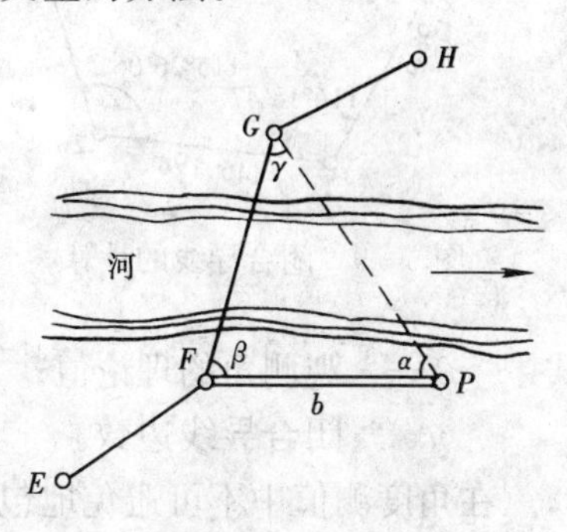

图 6-7 边长间接丈量

当导线边跨河流或其他障碍，不便于直接丈量时，可用间接方法求出距离。如图 6-7 所示，导线边 FG 跨越河流，这时可在河一岸选定一个辅助点 P，要求基线 FP 便于丈量，且接近等边三角形。丈量基线长度 b，观测三角形内角 α、β、γ，当内角和与 180°之差不超过±60″时，可将闭合差反符号分配于三个内角，使修正后的三角形内角和为 180°，根据三角形正弦定理计算出 FG 的边长。即

$$FG = b\,\frac{\sin\alpha}{\sin\gamma}$$

（三）导线的连测

若附近有高级控制点时，应与其进行连接测量。图 6-8 所示为一闭合导线，A、B 为其附近的已知高级控制点，β_A、β_1 为连接角，D_{A1} 为连接边。可根据 A 点、B 点坐标计算出 AB 的方位角，再根据 A 点坐标、AB 的方位角以及测定出的连接角 β_A、β_1 及连接边 D_{A1} 的边长，计算出 1 点的坐标和 1-2 边的方位角，作为整个闭合导线的起始数据。若附近没有已知控制点，可建立独立坐标系，采用罗盘仪测定起始边的磁方位角，并假定起始点坐标为起算数据，计算其他点的坐标，这样就建立了独立的坐标系。

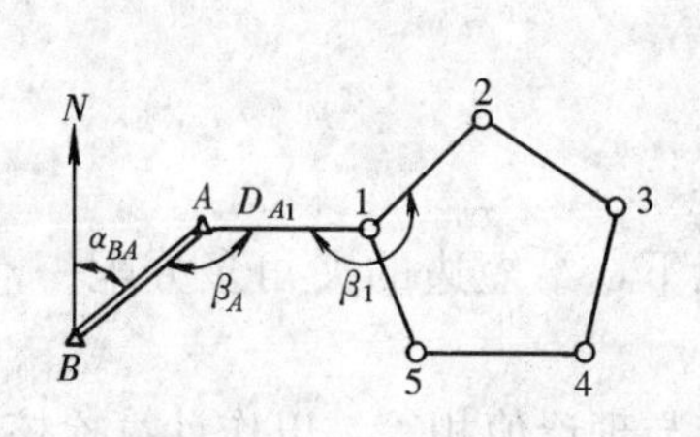

图 6-8 导线的连测

第三节 导线测量的内业计算

一、导线计算的目的

导线测量内业计算的目的，就是根据已知的起算数据和外业观测的导线边长和转折角，经过平差后，推算各导线点的平面坐标。

进行导线内业计算前，应当全面检查导线测量外业成果有无遗漏、记错、算错，成果是否

符合精度要求，然后绘制导线略图，并在略图上注明实测的边长、转折角、起始方位角数据。

二、闭合导线的计算

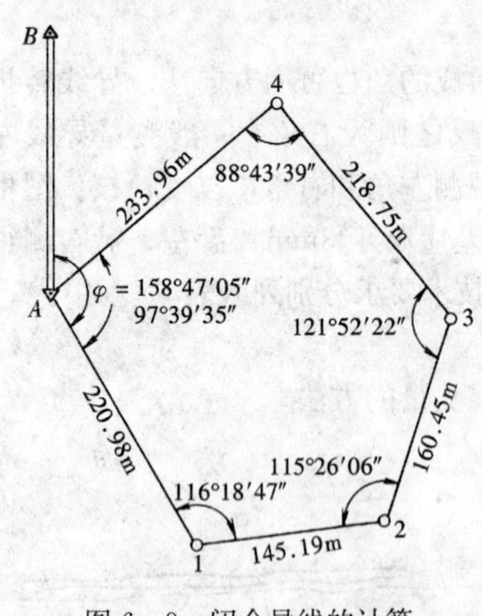

图 6 - 9 闭合导线的计算

下面用实例来介绍闭合导线的计算方法。如图 6 - 9 所示，A、B 为已知控制点，$x_A=3405.64\text{m}$，$y_A=2644.29\text{m}$，$\alpha_{AB}=342°18'16''$，1、2、3、4 为待定图根点。测得图根导线各边长、转折角以及连接角的数值见图 6 - 9。计算步骤如下：

（1）将已知数据和实例数据填入闭合导线计算表，计算表格见表 6 - 4。观测角填入第 2 栏，导线边长填入第 6 栏，点号及 A 点坐标分别填入 1、11、12、13 各栏。

（2）角度闭合差的计算和调整。闭合导线组成一个闭合多边形，在外业中观测了多边形的各个内角，则内角和的理论值应为

$$\sum\beta_l=(n-2)\times180°$$

式中 β_l——观测角的理论值；

n——闭合导线边数。

在角度测值中不可避免地包含有误差，实际测出的内角和与理论值不符，两者之差称角度闭合差，用 f_β 表示，即

$$f_\beta=\sum\beta_c-(n-2)\times180°$$

式中 β_c——实测内角。

各级导线角度闭合差的允许值如表 6 - 3 所示。本例为图根导线，此时有

$$f_{\beta y}=\pm60''\sqrt{n}$$

当小于规定的允许值时，可对角度闭合差进行调整，将闭合差按相反符号平均分配给各观测角，并求出改正后的角值。改正数及改正后的角值分别填入 3、4 栏。即各角的改正数为

$$V_\beta=-f_\beta/n$$

改正后的角度值为

$$\beta_g=\beta_c+V_\beta$$

改正数可凑整到 1″、6″或 10″。若不能均分，一般情况下，给短边的夹角多分配一点，使各角改正数的总和与反号的闭合差相等，即 $\sum V_\beta=-f_\beta$。

求出改正后的角值后，应再计算改正角的总和，其值应与理论值相等，以作计算检核。

（3）方位角的计算。

1）根据连接角推算导线边 A_1 坐标方位角，即

$$\alpha_{A1}=\alpha_{AB}+\varphi=342°18'16''+158°47'05''-360°=141°05'21''$$

2）推算闭合导线各边的坐标方位角，即

$$\alpha_{12}=\alpha_{1A}+\beta_1=\alpha_{A1}+180°+\beta_1$$
$$\alpha_{23}=\alpha_{21}+\beta_2=\alpha_{12}+180°+\beta_2$$
$$\vdots$$

根据以上推导，可以归纳出推算闭合导线边坐标方位角的公式为

$$\alpha_q=\alpha_h+180°+\beta_l$$

如测的是右角，则公式为

$$\alpha_{q}=\alpha_{h}+180°-\beta_{2}$$

计算时，按以上公式算出的角值如大于 360°，应减去 360°。

（4）坐标增量的计算与闭合差调整。

1）坐标增量的计算。直线两端点的坐标差称为该直线的坐标增量，用 Δx、Δy 表示（见图 6-10）。

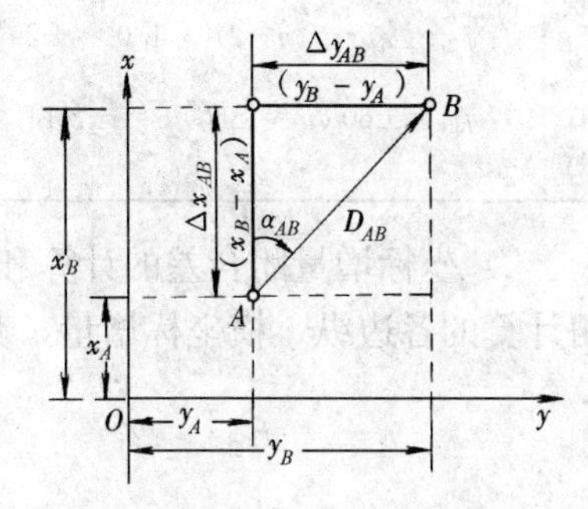

图 6-10　闭合导线坐标增量的计算

坐标增量有方向与正负。设 A、B 两点的坐标分别为 x_A、x_B、y_A、y_B，则

$$\Delta x_{AB}=x_B-x_A,\Delta y_{AB}=y_B-y_A$$
$$\Delta x_{BA}=x_A-x_B,\Delta y_{BA}=y_A-y_B$$

由此而知，AB 的坐标增量与 BA 的坐标增量绝对值相等，符号相反。

图根闭合导线的坐标增量，可根据导线边的坐标方位角 α_{AB} 和闭合导线边长 D_{AB} 进行计算。由图 6-10 可得坐标增量计算公式为

$$\left.\begin{aligned}\Delta x_{AB}&=D_{AB}\cos\alpha_{AB}\\\Delta y_{AB}&=D_{AB}\sin\alpha_{AB}\end{aligned}\right\}\qquad(6-1)$$

本例中

$$\Delta x_{A1}=D_{A1}\cos\alpha_{A1}=220.98\times\cos141°05'21''=-171.95(\text{m})$$
$$\Delta y_{A1}=D_{A1}\sin\alpha_{A1}=220.98\times\sin141°05'21''=+138.80(\text{m})$$

将求出的坐标填入表 6-4 中 7、8 两栏。

表 6-4　　　**图根闭合导线坐标计算表**

点号	观测值 (°)(′)(″)	改正数 (″)	改正后的角值 (°)(′)(″)	坐标方位角 (°)(′)(″)	边长 (m)	增量计算值(m)		改正后的增量值(m)		坐标 (m)		点号
						$\Delta x'$	$\Delta y'$	Δx	Δy	x	y	
1	2	3	4	5	6	7	8	9	10	11	12	13
A										3405.64	2644.29	A
				141 05 21	220.98	−3 −171.95	+4 +138.80	−171.98	+138.84			
1	116 18 47	−6	116 18 41							3233.66	2783.13	1
				77 24 02	145.19	−2 +31.67	+3 +141.69	+31.65	+141.72			
2	115 26 06	−6	115 26 00							3265.31	2924.85	2
				12 50 02	160.45	−2 +156.44	+3 +35.64	+156.42	+35.67			
3	121 52 22	−6	121 52 16							3421.73	2960.52	3
				314 42 18	213.75	−3 153.88	+4 −155.47	+153.85	−155.43			
4	88 43 39	−6	88 43 33							3575.58	2805.09	4
				223 25 51	223.96	−4 169.90	+4 160.84	−169.94	−160.80			
A	97 39 35	−5	97 39 30							3045.64	2644.29	A
				141 05 21								
1												
Σ	540 00 29	−29	540 00 00		979.33	$f_x=$ +0.14	$f_y=$ −0.18	0	0			

续表

点号	观测值 (°)(′)(″)	改正数 (″)	改正后的角值 (°)(′)(″)	坐标方位角 (°)(′)(″)	边长 (m)	增量计算值(m)		改正后的增量值(m)		坐标 (m)		点号
						$\Delta x'$	$\Delta y'$	Δx	Δy	x	y	
辅助计算	$f_\beta=\sum\beta_c-(n-2)\times180°=+29''$ $f_{\beta y}=\pm60''\sqrt{n}=\pm60''\sqrt{5}=\pm2'14''$					$f_D=\sqrt{f_x^2+f_y^2}=0.23$ (m) $K=\frac{f_D}{\sum D}=\frac{0.23}{979.33}\approx\frac{1}{4300}$						

2）坐标增量闭合差的计算和调整。根据闭合导线本身的几何特点，由边长和坐标方位角计算的各边纵、横坐标增量，其代数和的理论值应等于零，即

$$\sum\Delta x_1=0$$
$$\sum\Delta y_1=0 \tag{6-2}$$

但由于闭合导线边长测量和角度闭合差调整后的残余误差，往往使$\sum\Delta x_c$、$\sum\Delta y_c$不等于零，从而产生坐标增量闭合差，即

$$f_x=\sum\Delta x_c$$
$$f_y=\sum\Delta y_c \tag{6-3}$$

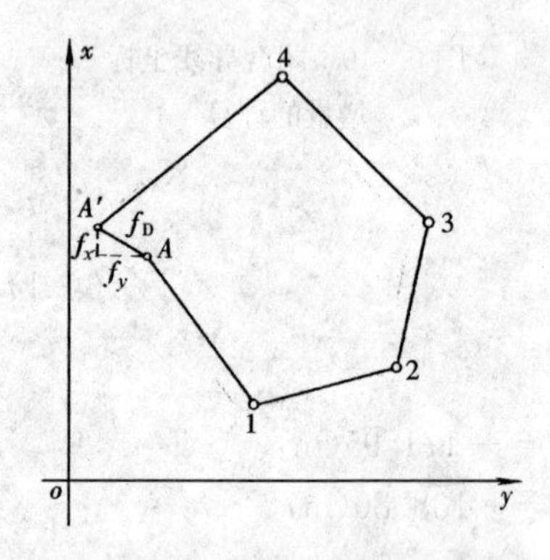

图 6-11　导线全长闭合差

如图 6-11 所示，由于存在坐标增量闭合差 f_x、f_y，因此从 A 点开始，根据各边坐标增量计算值算出各点坐标后，不能闭合于 A 点，而位于 A'点。AA'的长度称为导线全长闭合差 f_D，即

$$f_D=\sqrt{f_x^2+f_y^2} \tag{6-4}$$

f_D 与导线全长的比，称为导线全长相对闭合差，用 k 表示，即

$$k=f_D/\sum D=\frac{1}{\sum D/f_D} \tag{6-5}$$

式中　$\sum D$——图根导线边长总和。

根据表 6-3 的规定，k 值应小于 1/2000。f_D、k 的计算见表 6-4 辅助计算栏。

k 值经检验符合要求后，可将坐标增量闭合差以相反符号并按与边长成正比的原则，分配到各边的坐标增量中。坐标增量改正数用 δ_x、δ_y 表示，则

$$\left.\begin{aligned}\delta_{xi}&=-f_x\frac{D_i}{\sum D}\\ \delta_{yi}&=-f_y\frac{D_i}{\sum D}\end{aligned}\right\} \tag{6-6}$$

本例中 $A1$ 边长的坐标增量改正数为

$$\delta_{xA1}=-0.14\times\frac{220.98}{979.33}$$
$$=-0.03\text{m}$$

$$\delta_{yA1}=+0.18\times\frac{220.98}{979.33}$$
$$=+0.04\text{m}$$

把改正数以 cm 为单位，写在相应坐标增量计算值的上方填入表 6 - 4 中 7、8 两栏。

坐标增量计算值与改正数相加，即为改正后的坐标增量，计算结果填入 9、10 两栏。

改正后的各边坐标增量总和应与理论值相等，以此作为计算检核。

(5) 坐标计算。根据闭合导线起始点 A 的已知坐标和各边改正后的坐标增量，依次推算出其他各导线点的坐标。本例中

$$x_1 = x_A + \Delta x_{A1} = 3405.64 - 171.98 = 3233.66\ (\text{m})$$

$$y_1 = y_A + \Delta y_{A1} = 2644.29 + 138.84 = 2783.13\ (\text{m})$$

计算出各导线点坐标后，将计算出各导线点坐标填入表 6 - 4 中的第 11、12 栏中。最后再算回 A 点看是否与 A 点的已知坐标值相等，以此作为检核。

三、附合导线的计算

图 6 - 12 所示为附合导线，A、B、C、D 为已知高级控制点，2、3、4 为待定图根导线点，已知数据和观测数据如图所示。

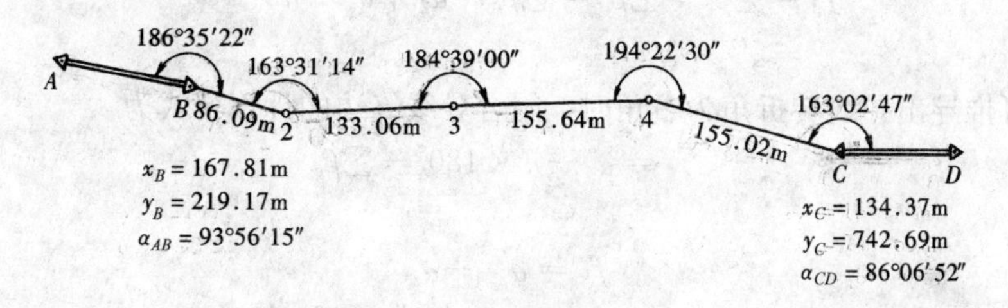

图 6 - 12　附合导线的计算

附合导线的坐标计算步骤与闭合导线基本相同，两种导线计算的区别主要是角度闭合差和坐标增量闭合差的计算方法不同。以下分别介绍附合导线角度闭合差和坐标增量闭合差的计算与调整的方法。

(一) 角度闭合差的计算与调整

已知 A、B 两点坐标即可计算出 AB 边的坐标方位角。如图 6 - 12 所示，A、B 两点的坐标已知，分别为 x_A、y_A 和 x_B、y_B，则

$$\alpha_{AB} = \arctan\frac{\Delta y_{AB}}{\Delta x_{AB}} = \arctan\frac{y_B - y_A}{x_B - x_A} \tag{6 - 7}$$

计算坐标方位角时应注意，按式 (6 - 7) 计算出的是象限角，必须根据 Δx、Δy 的正、负号决定 AB 边所在的象限后，才能换算为 AB 边的坐标方位角。

根据起始边 AB 的坐标方位角 α_{AB} 及各转折角，可计算出各导线边的方位角

$$\alpha_{B1} = \alpha_{AB} + 180° + \beta_B$$

$$\alpha_{12} = \alpha_{B2} + 180° + \beta_1$$

$$\alpha_{23} = \alpha_{12} + 180° + \beta_2$$

$$\alpha_{3C} = \alpha_{23} + 180° + \beta_3$$

$$\alpha_{CD} = \alpha_{3C} + 180° + \beta_C$$

将以上各式相加得

$$\alpha_{CD} = \alpha_{AB} + 5 \times 180° + \sum\beta$$

若导线各转折角观测中不存在误差，则$\sum\beta$称为理论值，写成一般形式为

$$\alpha_z = \alpha_s + n \times 180° + \sum\beta_l$$

或

$$\sum\beta_l = \alpha_z - \alpha_s - n \times 180°$$

式中 α_z——终边的方位角；

α_s——始边的方位角；

n——包括连接角在内的导线转折角数。

由于观测中存在误差，CD边推算的方位角α'_{CD}为

$$\alpha'_{CD} = \alpha_{AB} + 5 \times 180° + \sum\beta_c$$

写成一般形式为

$$\alpha'_z = \alpha_s + n \times 180° + \sum\beta_c$$

因此，附合导线的角度闭合差为

$$\begin{aligned} f_\beta &= \sum\beta_c - \sum\beta_l = \sum\beta_c - \alpha_2 + \alpha_s + n \times 180° \\ &= \alpha'_z - \alpha_z \end{aligned} \quad (6-8)$$

同理，可推导出导线转折角为右角时，附合导线终边的计算公式为

$$\alpha'_z = \alpha_s + n \times 180° - \sum\beta_c$$

本例中

$$\begin{aligned} f_\beta &= \alpha'_z - \alpha_z \\ &= 86°07'08'' - 86°06'52'' \\ &= +16'' \end{aligned}$$

图根导线角度闭合差按表6-3的限差规定要求。当$|f_\beta|$小于规定的允许值$|f_{\beta p}|$时，可对附合角度闭合差进行调整，调整方法与闭合导线相同。

（二）坐标增量闭合差的计算与调整

附合导线各导线边坐标增量总和的理论值，应等于该附合导线起点和终点的坐标差，即

$$\sum\Delta x_l = x_C - x_B$$

$$\sum\Delta y_l = y_C - y_B$$

故附合导线的坐标增量闭合差为

$$\left.\begin{aligned} f_x &= \sum\Delta x' - \sum\Delta x_l = \sum\Delta x' - (x_C - x_B) \\ f_y &= \sum\Delta y' - \sum\Delta y_l = \sum\Delta y' - (y_C - y_B) \end{aligned}\right\} \quad (6-9)$$

即

$$f_x = \sum\Delta x' - (x_z - x_s)$$

$$f_y = \sum\Delta y' - (y_z - y_s)$$

式中 x_s——始点的x坐标；

y_s——始点的y坐标；

x_z——终点的x坐标；

y_z——终点的y坐标。

图6-12所示附合导线坐标计算见表6-5。

表 6 - 5　　**图根附合导线坐标计算表**

点号	观测值 (°)(′)(″)	改正数 (″)	改正后的角值 (°)(′)(″)	坐标方位角 (°)(′)(″)	边长 (m)	增量计算值(m)		改正后的增量值(m)		坐标 (m)		点号
						$\Delta x'$	$\Delta y'$	Δx	Δy	x	y	
1	2	3	4	5	6	7	8	9	10	11	12	13
A												*A*
				93 56 15								
B	186 35 22	−3	186 35 19							167.81	219.17	*B*
				100 31 34	86.09	−15.73	−1 +84.64	−15.73	+84.63			
2	163 31 14	−4	163 31 10							152.08	303.80	2
				84 02 44	133.06	+13.80	−1 +132.34	+13.80	+132.33			
3	184 39 00	−3	184 38 57							165.88	436.13	3
				88 41 41	155.64	−1 −3.55	−2 +155.60	+3.54	+155.58			
4	194 22 30	−3	194 22 27							169.42	591.71	4
				103 04 08	155.02	−35.05	−2 +151.00	−35.05	— +150.98			
C	163 02 47	−3	163 02 44							134.37	742.69	*C*
				86 06 52								
D												*D*
Σ	892 10 53	−16	892 10 37		529.81	−33.43	+523.58	33.44	+523.52			
辅助计算	$\alpha'_{CD}=\alpha_{AB}+\sum\beta+n\times180°=86°07'08''$ $f_\beta=\alpha'_{CD}-\alpha''_{CD}=+16''$ $f_{\beta y}=\pm60''\sqrt{n}=\pm60''\sqrt{5}=\pm1'29''$					$f_x=\sum\Delta x'-(x_C-x_D)=+0.01$ (m) $f_y=\sum\Delta y'-(y_C-y_D)=+0.06$ (m)				$f_D=\sqrt{f_x^2+f_y^2}=0.06$ (m) $K=\frac{f_D}{\sum D}=\frac{0.06}{529.81}\approx\frac{1}{8800}$		

第四节　测角交会法确定点位

平面控制测量时，如果导线点密度不能满足测图或工程需要，可利用已知的控制点及其坐标采用交会法进行个别点的加密。测角交会法分前方交会法、侧方交会法和后方交会法三种。

（一）前方交会法

如图 6 - 13 所示，已知 *A*、*B* 两点的坐标，为了计算待测点 *P* 的坐标，只需观测水平角 α 和 β，就可求出待测点 *P* 的坐标，这种方法称为前方交会法。

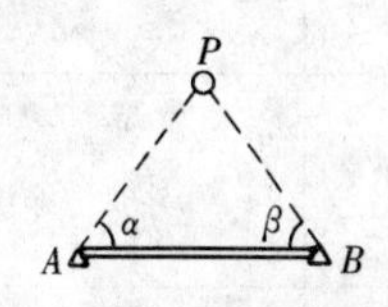

图 6 - 13　前方交会法

设已知 *A*、*B* 两点的坐标分别为（x_A、y_A），（x_B、y_B），待测点 *P* 的坐标为（x_P、y_P），分别在 *A*、*B* 点上安置经纬仪，瞄准 *P* 点，测出水平角 α、β，即可算出 *P* 点的坐标。计算步骤如下。

（1）计算 *AB* 的方位角和边长。即

$$\alpha_{AB}=\arctan\frac{y_B-y_A}{x_B-x_A}$$

$$D_{AB}=\sqrt{(x_B-x_A)^2+(y_B-y_A)^2}$$

（2）计算 *AP*、*BP* 的坐标方位角。即

$$\alpha_{AP} = \alpha_{AB} - \alpha$$
$$\alpha_{BP} = \alpha_{BA} + \beta$$

（3）计算边长。即

$$D_{AP} = \frac{D_{AB}\sin\beta}{\sin(\alpha+\beta)}$$

$$D_{BP} = \frac{D_{AB}\sin\alpha}{\sin(\alpha+\beta)}$$

（4）计算 P 点坐标。即

$$x_P = x_A + \Delta x_{AP} = x_A + D_{AP}\cos\alpha_{AP}$$
$$y_P = y_A + \Delta y_{AP} = y_A + D_{AP}\sin\alpha_{AP}$$

或

$$x_P = x_B + \Delta x_{BP} = x_B + D_{BP}\cos\alpha_{BP}$$
$$y_P = y_B + \Delta y_{BP} = y_B + D_{BP}\sin\alpha_{BP}$$

如计算无误，则由 A、B 坐标分别算得的结果应相等，以此作为计算检核。

将推导出的边长、方位角代入上式整理得

$$\left.\begin{aligned} x_P &= \frac{x_A\cot\beta + x_B\cot\alpha - y_A + y_B}{\cot\alpha + \cot\beta} \\ y_P &= \frac{y_A\cot\beta + y_B\cot\alpha + x_A - x_B}{\cot\alpha + \cot\beta} \end{aligned}\right\} \qquad (6-10)$$

采用前方交会法测定点的坐标时，为了检核观测点和控制点的坐标抄录是否有错误，衡量观测精度是否符合限差要求以及提高点位精度，前方交会法通常是在三个已知点上，如表 6-6 中图所示，测定两个交会三角形分别按式（6-10）计算 P 点坐标。因测角误差的影响，求得的两组 P 点坐标不完全相同，其点位较差为 $e=\sqrt{\delta_x^2+\delta_y^2}$，其中 δ_x、δ_y 分别为两组 x_P、y_P 坐标值之差。当 $e \leqslant e_p = 2\times0.1M$ 时（M 为测图比例尺分母，e 的单位为 mm），取两组坐标的算术平均值作为最后结果。计算实例见表 6-6。

表 6-6 前方交会法计算表

点 名	x		观 测 角		y	
A	x_A	37477.54	α_1	40°41′57″	y_A	16307.24
B	x_B	37327.20	β_1	75°19′02″	y_B	16078.90
P	x'_P	37194.574			y'_P	16226.42
B	x_B	37327.20	α_2	58°11′35″	y_B	16078.90
C	x_C	37163.69	β_2	69°06′23″	y_C	16046.65
P	x''_P	37194.54			y''_P	16226.42
中数	x_P	37194.56			y_P	16226.42
略图	B C A α_2 β_1 β_2 α_1 P		辅助计算	$\delta_x=0.03$ $\delta_y=0$ $e=0.03$ $M=1000$ $e_p=2\times0.1M=200$（mm）$=0.2$（m）		

（二）侧方交会法

如图 6－14 所示，通过观测水平角 α 和 γ 或者 β 和 γ 计算待测点 P 的平面坐标，称为侧方交会法。侧方交会的计算方法，基本上与前方交会一致，如图 6－15 所示，只要先求出 $\beta=180^\circ-(\alpha+\gamma)$，就可以用前方交会的公式进行计算。

用侧方交会测定 P 点时，一般采用观测检核角的方法检查观测成果的正确性。方法是，在 P 点除观测 γ_1 角外，还向另一已知点 c 观测检查角 γ_2，如图 6－15 所示。检核的方法是，先求出

$$\beta_1=180^\circ-(\alpha_1+\gamma_1)$$

$$\alpha_2=(\alpha_{CB}-\alpha_{AB})-\beta_1$$

$$\beta_2=180^\circ-(\alpha_2+\gamma_2)$$

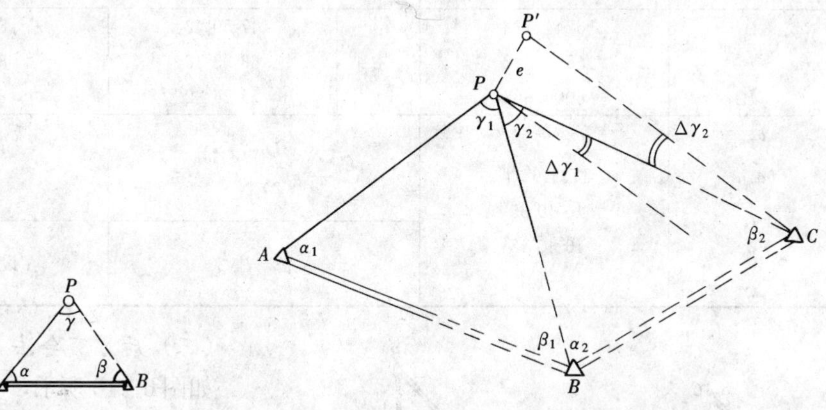

图 6－14　侧方交会　　　图 6－15　侧方交会法

然后用余切公式按两组计算 P 点坐标。当 P 点的坐标算出后，利用坐标反算公式反算 PC 和 PB 的方位角 α_{PB} 和 α_{PC} 及 PC 边的边长 D_{PC}，则可以得到 γ_2 的计算值 γ_2'，如图6－15所示。此时有

$$\gamma_2'=\alpha_{PB}-\alpha_{PC}$$

然后求出 γ_2 与 γ_2' 的较差为

$$\Delta\gamma_2=\gamma_2'-\gamma_2$$

由 $\Delta\gamma_2$ 及 D_{PC} 可以算出 P 点的横向位移 e 为

$$e=\frac{D_{PC}\Delta\gamma_2}{\rho''}$$

即

$$\Delta\gamma=\frac{e}{D_{PC}}\rho''$$

一般规定最大的横向位移 e_y（mm）不得大于测图比例尺精度的两倍，即

$$e_y\leqslant 2\times 0.1M$$

所以 $\Delta\gamma_2$ 的允许值为

$$\Delta\gamma_{2y}\leqslant\frac{0.2M}{D_{PC}}\rho''$$

上两式中，M 为测图比例尺分母，D_{PC} 为 PC 边的边长，以 m 为单位。

如果 $\Delta\gamma_2\leqslant\Delta\gamma_{2y}$，则认为 P 点计算成果合格。计算实例见表 6－7。

表 6-7　　**侧方交会计算表**

略图	起算数据	点号	X（m）	Y（m）
P、A、B、C；γ_1、γ_2、α_1、β_1		A	6244.732	8117.809
		B	5551.322	8413.701
		C	5182.270	8894.741

计算P点坐标	点号	X（m）	角度（°）（′）（″）		Y（m）
	A	6244.732	α	47 59 42	8117.809
	P	5551.322	β	63 33 46	8413.701
	B	6009.668	γ	68 26 32	8804.528

检查计算			
α_{PB}	220°27′14″	D_{PC}	832.30m
α_{PC}	173°46′34″	$\Delta\gamma_{2p}$	99″
γ_2'	46°40′35″		
γ_2	46°40′45″	备　注	设M=2000
$\Delta\gamma_2$	−10″		

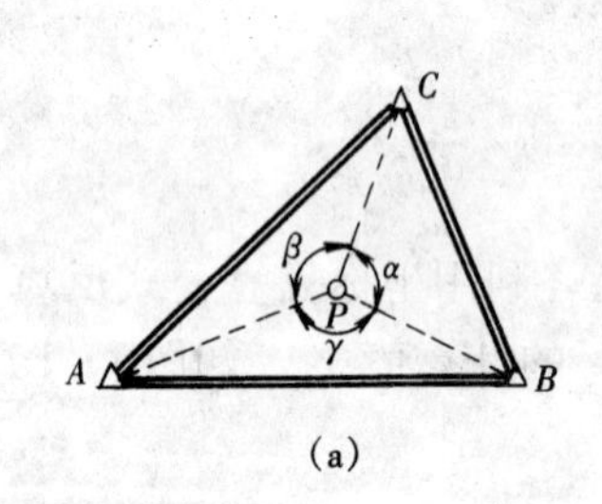

(a)

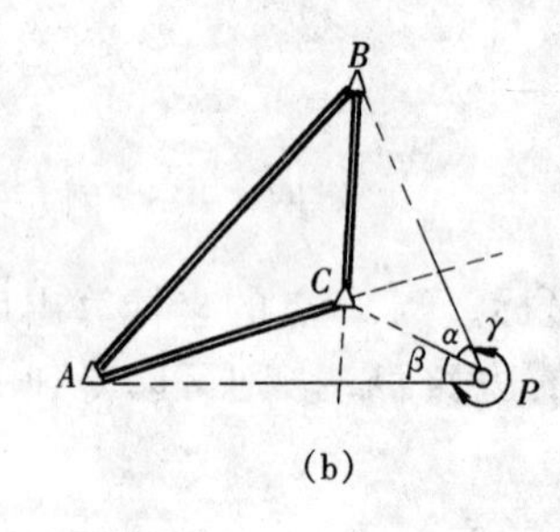

(b)

图 6-16　后方交会法

（三）后方交会法

如图 6-16 所示，为求得待测点 P 的坐标，在 P 点安置经纬仪，瞄准 A、B、C 三个已知点，测得水平角 α 和 β，根据已知点的坐标和所测角度计算待测点 P 的坐标，称为后方交会法。

后方交会点位坐标计算公式较多，一般采用仿权计算法。其计算公式与加权平均值的计算公式相似，因此得名仿权公式。

待测点 P 的坐标计算公式为

$$\left.\begin{aligned} x_P &= \frac{P_A x_A + P_B x_B + P_C}{P_A + P_B + P_C} \\ y_P &= \frac{P_A y_A + P_B y_B + P_C y_C}{P_A + P_B + P_C} \end{aligned}\right\} \tag{6-11}$$

其中

$$\left.\begin{aligned} P_A &= \frac{1}{\cot\angle A - \cot\alpha} \\ P_B &= \frac{1}{\cot\angle B - \cot\beta} \\ P_C &= \frac{1}{\cot\angle C - \cot\gamma} \end{aligned}\right\} \tag{6-12}$$

以上公式计算时要注意以下几点：

（1）待测点 P 上的三个角 α、β、γ 必须分别与已知点 A、B、C 按图 6-16（a）所示关系相对应，这三个角值可按方向观测法获得，其总和应等于 360°。

（2）$\angle A$、$\angle B$、$\angle C$ 为三个已知点构成的三角形内角，其值根据三条已知边的方位角计算。

（3）若 P 点选取在三角形任意两条边延长线夹角之间［见图 6-16（b）］，应用式（6-11）计算坐标时，α、β、γ 均以负值代入式（6-12）。

（4）在选定 P 点时，应特别注意 P 点不能位于或接近三个已知点的外接圆上，否则 P 点坐标为不定解或计算精度降低。

后方交会法的计算实例如表 6-8 所示。

表 6-8　　后方交会计算表

示意图	野外图

x_A	1432.566	y_A	4488.226	α	79°25′24″
x_B	1946.723	y_B	4463.519	β	216°52′04″
x_C	1923.566	y_C	3925.008	γ	63°42′32″
x_A-x_B	−514.157	y_A-y_B	24.707	α_{BA}	177°14′55.8″
x_B-x_C	23.167	y_B-y_C	583.511	α_{CB}	87°32′11.9″
x_A-x_C	−490.990	y_A-y_C	563.218	α_{CA}	131°04′50.0″
$\angle A$	46°10′05.8″	P_A	1.29315		
$\angle B$	90°17′16.1″	P_B	−0.747128	x_P	1644.555
$\angle C$	43°32′38.1″	P_C	1.79171	y_P	4064.458
Σ	180°00′00.0″	Σ	2.33773		

第五节　高程控制测量

小地区高程控制测量一般采用三、四等水准测量、图根水准测量和三角高程测量。

一、三、四等水准测量

三、四等水准测量除用于国家高程控制网的加密外，还用于建立小地区首级高程控制。三、四等水准点的高程应从附近的一、二等水准点引测，若无法引测，也可建立独立的首级高程控制网。在加密国家控制点时，三、四等水准路线的布设多布设为附合水准路线或结点的形式，在独立测区作为首级高程控制时应布设成闭合水准路线形式。三、四等水准测量的主要技术要求见表 6－9 和表 6－10。三、四等水准测量常用双面尺法。

（一）三、四等水准测量的观测与记录方法

表 6－9　　水准测量技术要求

等级	水准仪型号	视线长度（m）	前后视距差（m）	前后视距累计差（m）	视线离地面最低高度（m）	基本分化、辅助分化（黑红面）读数差（mm）	基本分化、辅助分化（黑红面）高差之差（mm）
三	DS1	100	3	6	0.3	1.0	1.5
	DS3	75				2.0	3.0
四	DS3	100	5	10	0.2	3.0	5.0
五	DS3	100	大致相等				
图根	DS10	≤100					

注　当进行三、四等水准观测，采用单面标尺变更仪器高时，所测两高差应与黑红面所测高差的要求相同。

表 6－10　　水准测量技术要求

等级	水准仪型号	水准尺	线路长度（km）	观测次数		每千米高差中误差（mm）	往返较差、附合或环线闭合差	
				与已知点联测	附合或环线		平地（mm）	山地（mm）
三	DS1	因瓦	≤50	往返各一次		6	$12\sqrt{L}$	$4\sqrt{n}$
	DS3	双面			往返各一次			
四	DS3	双面	≤16	往返各一次	往一次	10	$20\sqrt{L}$	$6\sqrt{n}$
五	DS3	单面		往返各一次	往一次	15	$30\sqrt{L}$	—
图根	DS10	单面	≤5	往返各一次	往一次	20	$40\sqrt{L}$	$12\sqrt{n}$

双面尺法（见表 6－11）采用水准尺为一对黑红双面水准尺，按以下顺序观测读数，读数填入记录表的相应位置。

（1）后视黑面，读取下、上、中丝读数，记入（1）、（2）、（3）中；

（2）前视黑面，读取下、上、中丝读数，记入（4）、（5）、（6）中；

（3）前视红面，读取中丝读数，记入（7）；

（4）后视红面，读取中丝读数，记入（8）。

以上（1）、（2）、…、（8）表示观测与记录的顺序。这样的观测顺序简称为“后—前—前—后”，其优点是可以大大减弱仪器下沉误差的影响。四等水准测量测站观测顺序也可为“后—后—前—前”。

（二）测站计算与检核

双面尺法计算与检核如下。

（1）在每一测站，应进行以下计算与检核工作。

1）视距计算。

后视距离　　　　　　　　$(9)=[(1)-(2)]\times100$

前视距离　　　　　　　　$(10)=[(4)-(5)]\times100$

前、后视距差（11）＝（9）－（10）（该值在三等水准测量时，不得超过 3m；四等水准测量时，不得超过 5m）

表 6-11　　**三、四等水准测量记录（双面尺法）**

测站编号	点号	后尺 下丝	前尺 下丝	方向及尺号	水准尺读数（m）		K＋黑－红	平均高差（m）	备注
		后尺 上丝	前尺 上丝						
		后视距	前视距						
		视距差 d（m）	$\sum d$（m）		黑面	红面			
		（1）	（4）	后	（3）	（8）	（14）		
		（2）	（5）	前	（6）	（7）	（13）		
		（9）	（10）	后－前	（15）	（16）	（17）	（18）	
		（11）	（12）						
1	BM.1－TP.1	1.536	1.030	后 5	1.242	6.030	－1		
		0.947	0.442	前 6	0.736	5.422	＋1		
		58.9	58.8	后－前	＋0.506	＋0.608	－2	＋0.5070	
		＋0.1	＋0.1						
2	TP.1－TP.2	1.954	1.276	后 6	1.644	6.350	＋1		
		1.373	0.694	前 5	0.985	5.773	－1		
		58.1	58.3	后－前	＋0.679	＋0.577	＋2	＋0.6780	K 为尺常数：
		－0.2	－0.1						K_5＝4.787
3	TP.1－TP.3	1.146	1.744	后 5	1.024	5.811	0		K_6＝4.687
		0.903	1.449	前 6	1.622	6.308	＋1		
		48.6	49.0	后－前	－0.598	－0.497	－1	－0.5975	
		－0.4	－0.5						
4	TP.3－A	1.479	0.982	后 6	1.171	5.859	－1		
		0.864	0.373	前 5	0.678	5.465	0		
		61.5	60.9	后－前	＋0.493	＋0.394	－1	＋4935	
		＋0.6	＋0.1						
				后					
				前					
				后－前					

每页校核：

$\sum(9)=227.1$　　$\sum[(3)+(8)]=29.151$　　$\sum[(15)+(16)]$　　$\sum(18)=+1.081$

$-)\sum(10)=227.0$　　$-)\sum[(6)+(7)]=26.989$　　$=+2.162$　　$2\sum(18)=+2.162$

$=+0.1=4$ 站(12)　　$=+2.162$

总视距 $\sum(9)+\sum(10)=454.1$

2）同一水准尺黑、红面中丝读数的检核。同一水准尺红、黑面中丝读数之差，应等于该尺红、黑面的常数 K（4.687 或 4.787），其差值为

前视尺 $(13)=(6)+K-(7)$

后视尺 $(14)=(3)+K-(8)$

(13)、(14)的大小在三等水准测量时，不得超过 2mm；四等水准测量时不得超过 3mm。

3）高差计算与检核。

黑面所测高差 $(15)=(3)-(6)$

红面所测高差 $(16)=(8)-(7)$

黑红面所测高差之差

$$(17)=(15)-(16)\pm0.100=(14)-(13)$$

式中 0.100 为单、双尺两根水准尺红面底部注记之差，以 m 为单位。

该值在三等水准测量时不得超过 3mm；四等水准测量时不得超过 5mm。

平均高差 $(18)=\frac{1}{2}\{(15)+[(16)\pm0.100]\}$

(2) 记录手簿每页应进行的计算与检核。

1）视距计算检核。后视距离总和减前视距离总和应等于末站视距累计差，即

$$\sum(9)-\sum(10)=\text{末站}(12)$$

则 $$\text{总视距}=\sum(9)+\sum(10)$$

2）高差计算检核。红、黑面后视总和减红、黑面前视总和应等于红、黑面高差之和，还应等于平均高差总和的两倍。测站数为偶数时有

$$\sum[(3)+(8)]-\sum[(6)+(7)]=\sum[(15)+(16)]=2\sum(18)$$

测量数为奇数时有

$$\sum[(3)+(8)]-\sum[(6)+(7)]=\sum[(15)+(16)]=2\sum(18)\pm0.100$$

记录、计算与检核实例见表 6 - 11。

按第二章水准测量成果计算的方法，经高差闭合差的调整后计算各水准点的高程。

二、图根水准测量

图根水准测量精度低于四等水准测量，又称等外水准测量。图根水准测量及水准路线形式可根据平面控制点和图根点和在测区分布情况布设为附合水准路线和闭合水准路线，具体参阅第二章，技术要求见表 6 - 9 和表 6 - 10。

三、三角高程测量

在山地测定控制点的高程，若用水准测量方法，则速度慢，困难大，量测精度要求不高时，通常采用三角高程测量的方法。随着光电测距仪的普及，电磁波测距三角高程测量也得到广泛应用。

（一）三角高程测量原理

三角高程测量是根据已知高程点与待测高程点之间的竖直角和距离，通过三角公式计算两点间的高差，求出未知点的高程。

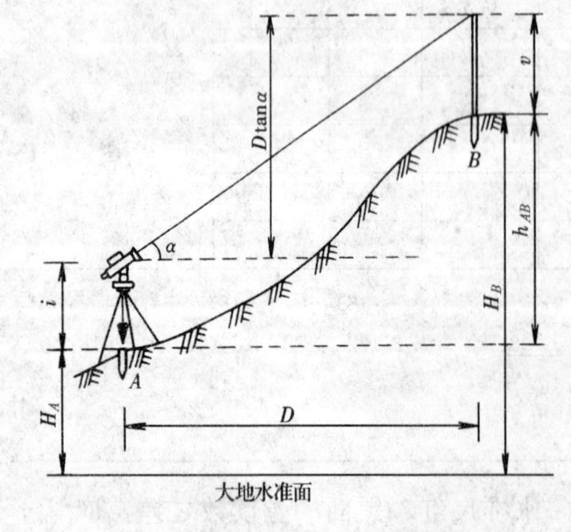

图 6 - 17　三角高程测量原理图

如图 6 - 17 所示，测量地面 A、B 两点之间

的高差 h_{AB}，用三角高程测量的方法如下。

(1) 在 A 点安置经纬仪或全站仪，B 点竖立标杆或棱镜。

(2) 量出仪器高 i 和标杆高度 v。

(3) 用望远镜中丝瞄准标杆的顶点，测出竖直角 α。

(4) 根据 AB 之间的水平距离 D，即可算出 A、B 两点之间的高差为

$$h_{AB} = D\tan\alpha + i - v \tag{6-13}$$

若用全站仪测得斜距 S，则

$$h_{AB} = S\sin\alpha + i - v \tag{6-14}$$

(5) 设 A 点的高程为 H_A，则 B 点的高程为

$$H_B = H_A + H_{AB} = H_A + D\tan\alpha + i - v \tag{6-15}$$

或

$$H_B = H_A + H_{AB} = H_A + S\sin\alpha + i - v \tag{6-16}$$

进行三角高程测量，当两点间距离较远时，即应考虑地球曲率和大气折光的影响。三角高程测量一般应进行往返观测，即由 A 向 B 观测（称为直觇），再由 B 向 A 观测（称为反觇），这种观测称为对向观测（或双向观测）。取对向观测的高差平均值作为高差最后成果，可以消除地球曲率和大气折光的影响。三角高程测量对向观测所求得的高差较差不应大于 $0.1D$（m）（D 为水平距，以 km 为单位）。

（二）三角高程测量的观测与计算

三角高程控制宜在平面控制点的基础上布设成三角高程网或高程导线，也可布设为闭合或附合的高程路线。三角高程测量的观测与计算如下：

(1) 测站上安置仪器，量仪器高 i 和标杆或棱镜高度 v，读数至 mm。

(2) 用经纬仪或测距仪，采用测回法观测竖直角 1～3 个测回。前后半测回之间的较差及各测回之间的较差如果不超过规范规定的限差，则取其平均值作为最后的结果。

(3) 应用式（6-13）～式（6-16）进行高差及高程计算。

(4) 对于闭合或附合的三角高程路线，应利用对向观测的高差平均值计算路线高差闭合差，符合闭合差限值规定时，进行高差闭合差调整计算，推算出各点的高差。

闭合环线或附合路线的高程闭合差的限差值为

$$f_{hy} = \pm 0.05\sqrt{[D^2]} \quad \text{m}$$

式中 D——各边的水平距离，km。

当 f_h 不超过 f_{hy} 时，则按边长成正比的原则将 f_h 反符号分配于各高差之中，然后用改正后的高差，从起点的高程计算各点的高程。

习题与思考题

1. 控制测量有何作用？控制网分为哪几种？
2. 导线的布设形式有哪几种？各在什么情况下采用？
3. 选定导线点应注意哪些问题？导线的外业工作有哪些？
4. 导线坐标计算时应满足哪些几何条件？闭合导线与附和导线在计算中有哪些不同？
5. 图 6-18 所示为一闭合导线 $ABCDA$ 的观测数据，已知 $x_A = 500.00$m，$y_A =$

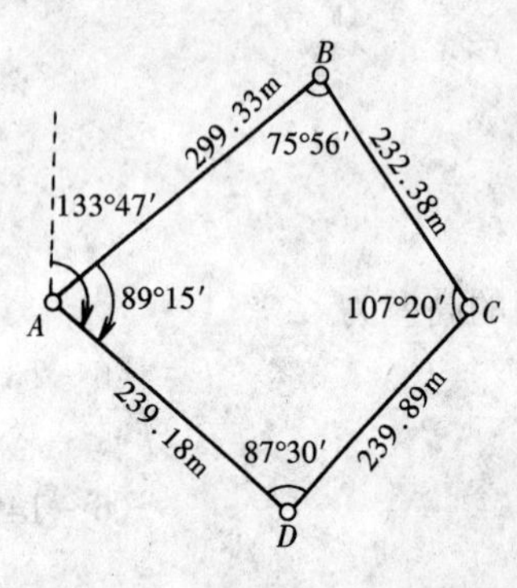

图 6 - 18　闭合导线布置图

1000.00m，试用表格解算各导线点坐标。

6. 图 6 - 19 所示为一附合导线 $AB12CD$ 的观测数据，已知 $x_B=200.00$m，$y_B=200.00$m，$x_C=155.37$m，$y_C=756.06$m，试用表格解算各导线点坐标。

7. 图 6 - 20 所示为前方交会，已知坐标为：$x_A=500.00$，$y_A=500.00$，$x_B=526.825$，$y_B=433.160$；观测值：$\alpha=90°03'24''$，$\beta=50°35'23''$。试求 P 点坐标。

8. 用三、四等水准测量建立高程控制时，如何观测？如何记录和计算？

9. 在什么情况下采用三角高程测量？如何观测和计算？

10. 三角高程测量时，已知 A、B 两点间平距为 375.11m。在 A 点观测 B 点：$\alpha=+4°30'$，$i=1.50$m，$v=1.80$m；在 B 点观测 A 点：$\alpha=-4°18'$，$i=1.40$m，$v=2.40$m。求 A、B 两点间的高差。

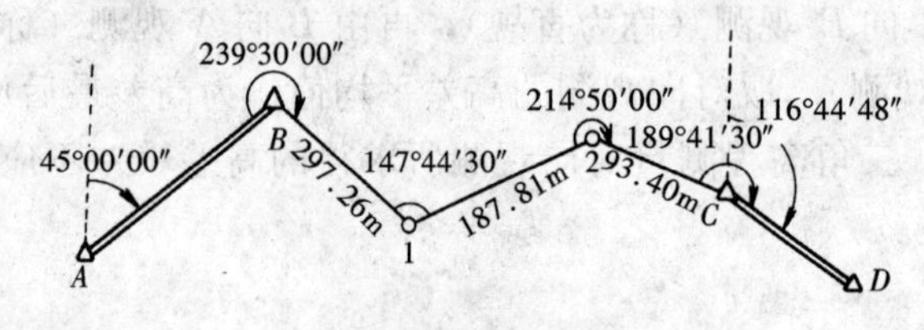

图 6 - 19　附合导线布置图

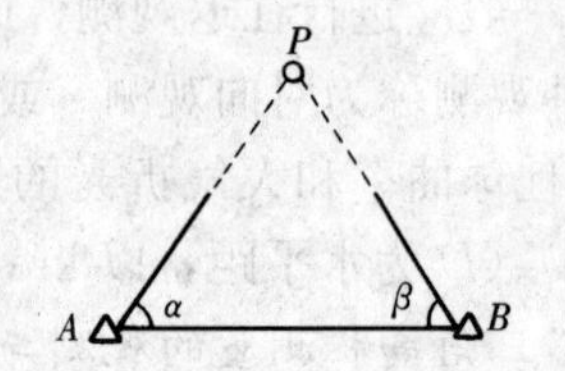

图 6 - 20　前方交会示意图

11. 如何计算导线各边的方位角？
12. 如何计算各导线点的坐标？
13. 闭合导线与附合导线的坐标计算有何不同？

第七章 地 形 图 测 绘

第一节 视 距 测 量

一、视距测量应用

视距测量就是利用几何光学和三角学原理间接地同时测定地面上两点之间的水平距离和高差的测量方法。视距测量比钢尺丈量距离简单快捷，特别是地面上高差起伏较大时，采用视距测量比用钢尺丈量距离和用水准仪测量高差具有更大优势。

由于视距测量的水平距离精度约只有三百分之一左右，比钢尺丈量距离的精度低，因此视距测量方法被广泛地应用于碎部测量之中，可以极大地减少地形图测绘和断面测量的工作量。

一般测量仪器，如经纬仪、水准仪、罗盘仪、平板仪等都设有视距装置，都可以用于视距测量。

二、水平视线的视距计算公式

如图 7-1 所示，地面上有 A、B 两点，且两点之间的高差相差不大，欲求 A、B 两点之间的水平距离 D_{AB} 和 A、B 两点之间的高差 h_{AB}。根据视距测量的原理，在一个端点 A 上安置经纬仪或水准仪，在另一个端点 B 上竖立视距尺（可用普通水准尺），由于 AB 两点之间高差不大，望远镜视线放成水平即可从视距尺上读数。设水准尺上读数为 M 的点通过物镜的前焦点 F 聚焦后，再穿过物镜的 m' 点最后落到十字丝板的视距丝 m 处，而视距尺上的 N 点落到视距丝 n 处。mn 为上下视距丝之间的间距，用 p 表示，在仪器上是一个固定的数值。MN 为上下视距丝在尺上截取的读数差，称为尺间隔，通常以 l 表示，其数值大小随水准尺与仪器之间的距离而改变。

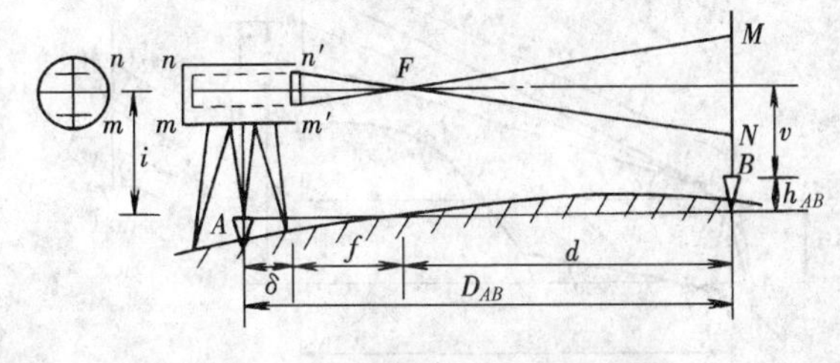

图 7-1 水平视线视距测量图

（一）水平距离

由图中$\triangle FMN \backsim \triangle Fn'm'$可得

$$d=lf/p$$

式中 f——物镜的焦距；

p——视距丝间距；

l——尺间隔。

从而求得仪器至水准尺之间的距离为

$$D=d+f+\delta$$

即

$$D=lf/p+f+\delta$$

令式中 $f/p=k$，k 称为视距乘常数，$f+\delta=c$，c 称为视距加常数。在设计仪器时，可以使 $k=100$，而考虑视距测量的精度较低，视距加常数本身较小，可忽略不计，$c\approx 0$，则

水平距离可简化为

$$D=kl \tag{7-1}$$

式中 D——水平距离；

k——视距乘常数；

l——尺间隔。

（二）高差

由图可知，安置仪器后，若量出仪器高度 i，用水平视线瞄准水准尺后，读出中丝读数 v，则很容易求得地面上两点之间的高差为

$$h=i-v \tag{7-2}$$

式中 h——高差；

i——仪器高；

v——中丝读数或瞄准高。

三、倾斜视线的视距计算公式

视距测量的优越性主要表现在地面起伏的山区，可以很容易地测量地面上两点之间的距离。如图7-2所示，地面上有 A、B 两点，欲求 A、B 两点之间的水平距离和高差，按照视距测量的原理，在其中一个端点 A 上安置仪器，在另一端点 B 上立尺，由于 AB 两点之间高差相差较大，使用水平视线已不能看见 B 处的水准尺读数，只能使用一条倾角为 α 的倾斜视线。

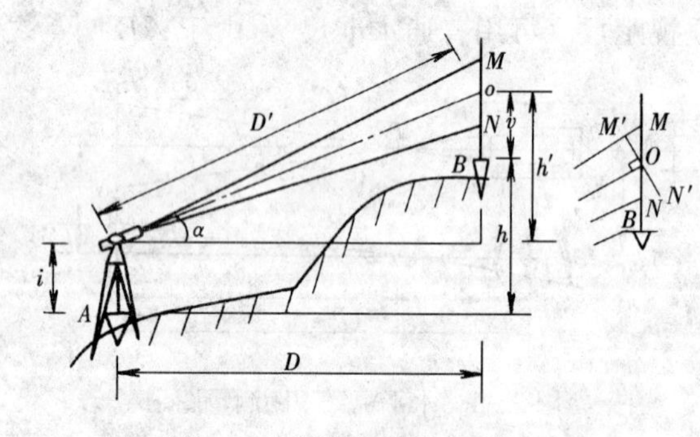

图7-2 倾斜视线视距测量图

（一）水平距离

从图7-2可知，由于倾斜视线读出的尺间隔 l（图中为 MN）与视线不垂直，不能直接利用相似三角形的原理计算仪器至水准尺之间的水平距离。但是，由于通过上下视距丝看出去的两条视线之间的夹角很小（一般为34′左右），可通过十字丝中丝看出去的视线与水准尺的交点 o 作该视线的垂线，将不与视线垂直的尺间隔 l 换算成与视线垂直的尺间隔 l'（图中为 $M'N'$），从而利用相似三角形的原理求出平行于视线的倾斜距离 D'，再利用倾角 α 求出水平距离 D。即

$$l'=l\cos\alpha$$

$$D'=kl'$$

$$D=D'\cos\alpha=kl\cos\alpha^2 \tag{7-3}$$

式中 D——水平距离；

k——视距乘常数；

l——尺间隔；

α——垂直角。

（二）高差

由图7-2可知，首先求得仪器横轴至视线与水准尺交点 o 的初算高差 h'，然后即可求得地面上 A、B 两点之间的高差 h，即

$$h'=D\tan\alpha=kl\sin2\alpha/2$$

$$h=kl\sin2\alpha/2+i-v \tag{7-4}$$

式中 h——高差；

k——视距乘常数；

l——尺间隔；

α——垂直角；

i——仪器高；

v——瞄准高。

四、视距测量的注意事项

（一）观测计算

视距测量非常简单，在直线的一个端点安置仪器后，首先量出仪器的高度 i，然后瞄准另一端点上的水准尺，读出尺间隔 l、瞄准高 v 以及视线的垂直角 α，根据前述公式即可计算出仪器至立尺点的水平距离和高差。

【例 7-1】 设在地面上 A 点安置经纬仪，在 B 点立尺，量出仪器高 $i=1.61$m，用视距丝测得尺间隔 $l=1.421$m，中丝读数 $v=1.504$m，并测得垂直角 $\alpha=5°16'$，试求 A、B 两点之间的水平距离和高差。

解 直接将各观测数据代入式（7-3）、式（7-4）即可得所求水平距离和高差。即

$$D=100\times1.421\times(\cos5°16')^2=140.90(\text{m})$$

$$h=100\times1.421\times(\sin2\times5°16')/2+1.61-1.504=13.09(\text{m})$$

（二）注意事项

视距测量方法应用非常广泛，它不仅应用于测绘地形图、剖面测量，还应用于山区地质勘探工程的点位测设工作。

1. 视距乘常数 k 的影响

一般来说，各种经纬仪、水准仪在设计制造时，均使其视距乘常数 k 等于 100。但是，由于制造仪器时的误差影响，使得视距乘常数 k 也有误差。这样，给测得的水平距离和高差也带来误差。因此，在使用仪器之前，必须对仪器的视距乘常数进行检验，确认其视距乘常数是否符合要求，必要时对所测得的视距进行改正或采用新的视距乘常数 k。k 值的检验方法如图 7-3 所示，首先在平地上选定一条直线 OA，然后在直线上间隔一定的距离作出分点 1、2、3、4，并用钢尺丈量出 $O1$、$O2$、$O3$、$O4$ 和 OA 的水平距离，然后在 O 点安置仪器，在 1、2、3、4 和 A 点上立尺，将望远镜视线调成水平位置，分别读出各尺上的尺间隔 l_1、l_2、l_3、l_4 和 l_5，利用式（7-1）计算出一组视距乘常数 k_1、k_2、k_3、k_4 和 k_5，并取其平均值，作为仪器的视距乘常数 k。

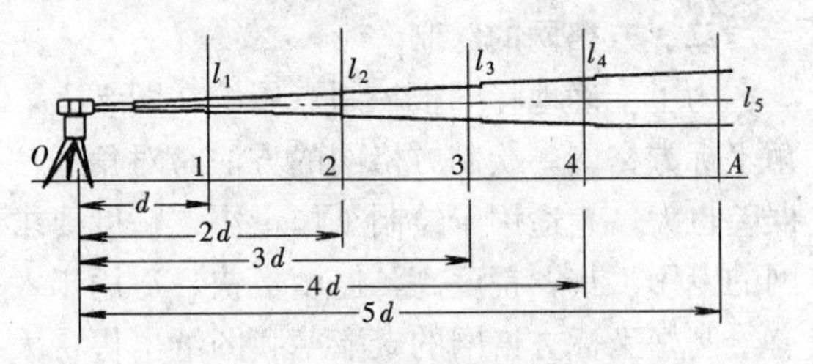

图 7-3 视距乘常数测量图

2. 视距读数误差影响

采用视距丝读数时是估读水准尺上最小分划内的 mm 数，距离越远，最小分划的成像就越小，估读的误差也就越大。因此，测绘地形图时，规范对视距长度有一定的限

制。同时，因为视距测量距离与视距丝读取的尺间隔呈 k 倍的关系，所以在对水准尺进行读数时，一定要仔细地估读，否则极小的视距丝读数误差，就会产生很大的视距测量误差。

3. 水准尺倾斜误差的影响

视距测量计算距离的公式是以视线与水准尺相垂直为前提条件的，而实际测量时，竖立的水准尺总会有前后倾斜或晃动，这无疑会加大读数的误差，直接影响求算距离的精度，特别是当视线的倾角较大时，这种误差影响更大。因此，在山区进行视距测量时，要求在水准尺上附加圆水准器，以确保水准尺竖直。

4. 竖直角测量误差的影响

竖直角测量误差包含中丝瞄准误差、竖盘的读数误差和指标差的影响。由于视距测量时只使用一个盘位，不能消除指标差的影响，所以对仪器的指标差应进行仔细地检验和校正。

第二节　测图前的准备工作

为了做好地形图测绘工作，测图前应充分做好准备工作，除了仪器、工具及资料的准备之外，还应做好测图板上的准备，它包括图纸准备、绘制坐标方格网及展绘控制点等工作。

一、图纸选择

为了保证测图的质量，应选择质地较好的图纸。当测图工作量不大时，一般可选用普通绘图的白纸，只要颜色白、纸面无杂质、韧性好即可。当大面积测图时，一般选用聚酯薄膜。聚酯薄膜具有透明度好、伸缩性小、不怕潮湿、牢固耐用等优点，如表面不清洁，还可用水洗，并可直接在底图上着墨复晒蓝图，但是聚酯薄膜也有易燃、易折和易老化等缺点，使用中应注意防火、防折。不用时，一般将图纸卷起来放在图筒里面保存。

二、方格网的绘制

为了准确地将图根控制点展绘在图纸上，首先要在图纸上精确地绘制 10cm×10cm 的直角坐标方格网。绘制方格网的方法有对角线法和坐标格网尺法两种。对角线法绘制速度慢，误差也大，它适用于绘制工作量小，精度要求不高的小范围测图。坐标格网尺属于绘制方格网的专用工具，精度高，速度也快，适用于大范围内测图时使用。另外，在测绘用品商店还有绘制好坐标方格网的聚酯薄膜图纸出售，大范围测图时，也可直接去商店购买。下面仅简单介绍采用对角线法绘制坐标方格网的方法步骤。

如图 7－4 所示，采用对角线法，就是先在图纸上画出两条对角线，再以其交点 M 为圆心，取适当长度为半径画弧，在对角线上交得 A、B、C、D 四点，用直线连接各点得到矩形 $ABCD$。再从 A、B 两点起各沿 AD、BC 方向每隔 10cm 截取一点，从 A、D 两点起各沿 AB、DC 方向每隔 10cm 截取一点，连接各对应边的对应点，即得到需要的坐标方格网。

坐标方格网绘制好以后，要用直尺检查各方格网的交点是否在同一直线上，其偏差值不应超过 0.2mm，小方格的边长与其理论值相差不应超过 0.2mm。小方格对角线长度误差不应超过 0.3mm。如超过限差，应重新绘制。

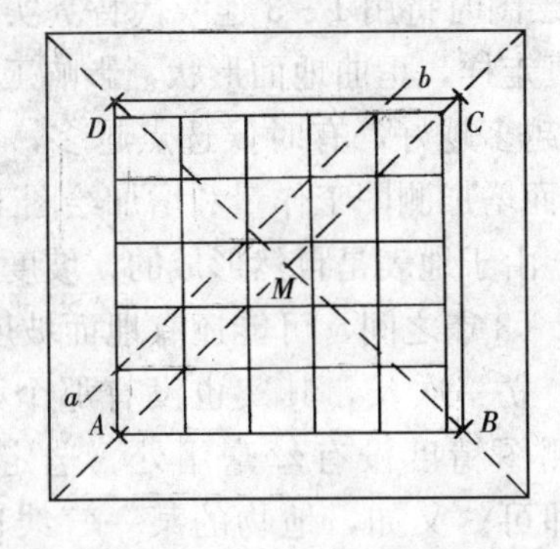

图 7-4　方格网绘制图

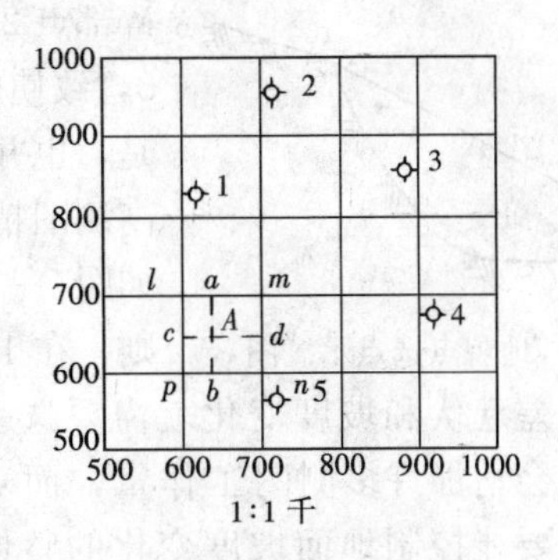

图 7-5　控制点的展绘

三、控制点展绘

如图 7-5 所示，展点前应根据测区所在图幅的位置，将坐标格网线的坐标值标注在相应格网边线的外侧。

展点时，要先根据控制点的坐标，确定点所在的小方格。如控制点 A 的坐标 $x_A=647.43\text{m}$，$y_A=634.52\text{m}$，根据 A 点的坐标值即可确定其位置在 $plmn$ 方格内，再按 y 坐标值分别从 l、p 点按测图比例尺向右量 434.52m，得 a、b 两点。采用同样方法，从 p、n 点向上各量 47.43m，得 c、d 两点，连接 a、b 和 c、d，其交点即为 A 点的位置。同法展出其他各点，并在点的右侧注明点号和高程（图中分子为该点点号，分母为该点的高程）。

第三节　碎　部　测　量

控制测量完成以后，以控制点为基准，在控制点上安置仪器，测定其周围的地物、地貌特征点的平面位置和高程，再按测图比例尺缩绘到图纸上，并根据地形图图式规定的符号勾绘地形图，这一项工作称为碎部测量。在碎部测量工作中，地物、地貌外部轮廓线上的特征点被称为碎部点，下面依次介绍碎部测量的工作内容。

一、碎部点的选定

正确选定碎部点是保证测图质量和提高测图效率的关键。碎部点应选在地物和地貌的特征点上。

地物特征点就是决定地物形状的地物轮廓线上的转折点、交叉点、转弯点及独立地物的中心点等，如房角点、道路转折点、交叉点、河岸线转弯点、窨井中心点等。连接这些特征点，便可得到与实地相似的地物形状。由于地物形状极不规则，一般规定主要地物凸凹部分在图上大于 0.4mm 均应表示出来，在地形图上小于 0.4mm 可以用直线连接。次要地物凸凹部分在图上大于 0.6mm 才表示出来，小于 0.6mm 可以用直线连接。

地貌点应选在最能反映地貌特征的山脊线、山谷线等地性线上，如山顶、鞍部、山脊、山脚、谷底、谷口、沟底、沟口、洼地、台地、河川、湖池岸旁等的坡度和方向变化处。根据这些特征点的高程勾绘等高线，即可将地貌在图上表示出来。

在碎部测量工作中，选定碎部点是非常重要的。选点正确，不仅可以逼真地反映地形现状，保证要求的测图精度，还可以快速地完成测图任务。若选点不适当，如图7-6所示，漏选

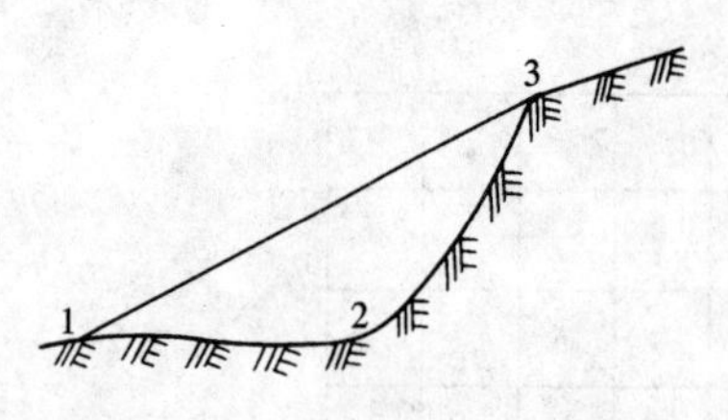

图 7 - 6　地貌点选点示意图

碎部点 2 点，则绘图时将用 1 - 3 连线代替真实现状 1 - 2 - 3，致使成图失真走样，歪曲地面形状，影响工程用图。但是，也并非选点越多越好，有时候选点越多，非但不能提高测图精度，反而增加测图工作量和增加绘图工作的麻烦。如图 7 - 6 所示，由于地表是自然形成的，坡度变化并不规则，在 1 - 2 或 2 - 3 点之间，可能还有地面坡度变化，是否有一点高差起伏和坡度变化就需要选一个点，立一次尺，其实也没有那个必要。若是那样选点，会增加许多测图工作量，而对提高测图精度没有丝毫用处。选定地貌点时，所选点位只要能控制地面坡度变化的整体趋势即可。又如，地物的某一直线边，只要选定两端点立尺，即可将该直线边展绘于图纸上。若硬要在直线边的中间段上多选一些点立尺，这无疑就增加了测图的工作量，同时由于存在测量误差，使得绘在图上的各点连接起来并非为一条直线，还要取各点连线的平均位置作为直线边的位置，实在是增加了不必要的麻烦。

二、测图方法

根据工程测量规范规定，可以用于测绘地形图的方法很多，按照使用仪器的不同，分为大平板仪测图、小平板仪配水准仪或小平板仪配经纬仪测图、经纬仪测图、光电测距仪测图等几种。对于小范围内测绘地形图，一般采用经纬仪配置量角器的测图方法较多，偶尔也有采用小平板仪配水准仪或小平板仪配经纬仪测图的。根据地形条件不同，测定碎部点平面位置的方法有极坐标法、直角坐标法、角度或距离交会的方法几种，以极坐标法应用最广泛，下面就介绍其中的两种。

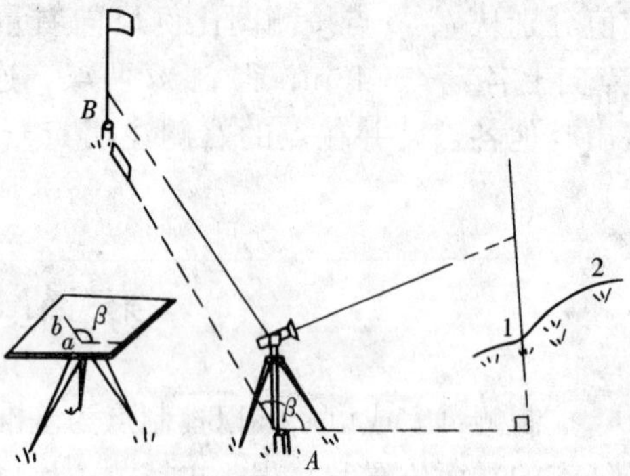

三、经纬仪测绘法

如图 7 - 7 所示，经纬仪测绘法就是将经纬仪安置于测站点（如导线点 A）上，绘图板安置于测站旁边，用经纬仪测定碎部点的方向与已知方向之间的水平夹角，用视距测量方法测定测站点到碎部点之间的水平距离和高差，然后根据测定数据按极坐标法，用量角器和比例尺把碎部点的平面位置展绘于图纸上，并在点位的右侧注明高程，再对照实地情况勾绘地形图。其工作步骤如下：

图 7 - 7　地形图测绘原理图

（一）安置经纬仪

如图 7 - 7 所示，将经纬仪安置在测站点 A 上，对中（实地对中误差控制在 0.05mm 之内即可），整平，并量取仪器高度 i。再后视另一控制点 B，将水平度盘读数拨至 $0°00'$，这一步称为定向。然后检定竖盘指标差或利用竖盘指标水准管一端的校正螺丝将指标差 x 校正为 $0°00'$。

（二）选点立尺

在立尺之前，立尺员应根据实地情况及本测站实测范围，选定立尺点，并与观测员、绘图员共同商定立尺路线。然后依次将视距尺立在地物、地貌特征点上。立尺路线尽量有规律一些，按照顺时针方向，由近及远或由远及近，先地物后地貌，这样既方便观测和展点绘图，也不容易造成漏选碎部点，增加补测工作量。

（三）观测

观测员转动经纬仪照准部，瞄准碎部点1处的视距尺（即水准尺），读出尺间隔 l，中丝读数 v，竖盘读数及水平角 β，同法观测2、3、…各点。在观测过程中，应随时检查定向点方向（已知方向），其归零差不应超过一定范围。根据观测者的熟练程度，一般观测十几个碎部点以后，归零检查一次。

（四）记录计算

记录者将测得的尺间隔、中丝读数、竖盘读数及水平角依次填入手簿。依照观测数据，按视距测量计算公式，计算出水平距离 D 和高程 H。对有特殊作用的碎部点，如房角、山顶、山脚、鞍部等，还应在备注栏加以说明，碎部测量记录手簿如表7-1所示。

表7-1　碎部测量记录手簿

测站：A，后视点：B，仪器高=1.53m，指标差=0，测站高程 H_A=55.62m

点号	视距 (m)	瞄准高 v (m)	竖盘读数 L (°)(′)	初算高差 h' (m)	改正数 $(i-v)$ (m)	改正高差 h (m)	水平角 β (°)(′)	水平距离 D (m)	高程 H (m)	点号	备注
1	35.2	1.53	89 50	0.05	0	0.05	130 25	35.2	55.67	1	房角
2	47.5	1.45	90 00	0	0.08	0.08	120 30	47.5	55.70	2	花台
3	41.7	1.50	90 00	0	0.03	0.03	204 30	41.7	55.65	3	水池
…	…	…	…	…	…	…	…	…	…	…	…

（五）展点绘图

展绘碎部点时，用小针将量角器的圆心插在图纸上的测站处，转动量角器，使量角器上对应于所测碎部点1的水平角值的分划线对准零方向线 ab（又称为起始方向线），再用量角器直径上的长度刻划或借助比例尺，按测得的水平距离在图纸上展绘出点1的位置，并在点的右侧注明其高程。同法，将其余各碎部点的平面位置及高程展绘于图纸上。

测图中常用的半圆形量角器在分划线上按逆时针方向注记了两圈度数，外圈为0°～180°，黑色注字；内圈为180°～360°，红色注字。展点时，凡水平角在0°～180°范围内，用外圈黑色度数，并用量角器直径上一端以黑色字注记的长度刻划量取水平距离 D；凡水平角在180°～360°范围内，则用内圈红色度数，并用该量角器直径上另一端以红色字注记的长度刻划量取水平距离 D。

实际工作中，为方便绘图，不致造成连线错误，应一边展绘碎部点，一边参照实地情况勾绘地形图。

四、小平板仪测图法

（一）小平板仪的构造

如图7-8所示，小平板仪通常由测图板、照准仪、三脚架、移点器（或称为对点器）和磁针等组成。

测图板是用处理过的木料制成矩形的图板，正面为平面，供绘图用。背面配有与三脚架连接的装置。

照准仪由直尺、水准器和前、后觇板组成。直尺长约20～30cm，尺的斜边刻有分划线。直尺一端装有一块含上、中、下三个觇孔的后觇板，另一端装有一块含照准丝和分划线的前觇板，通过觇孔和照准丝构成一视准面，用以瞄准目标。

磁针用以标定测图板的方向。

移点器是对中用的，借助它可以使地面点与图上相应点位于同一铅垂线上。

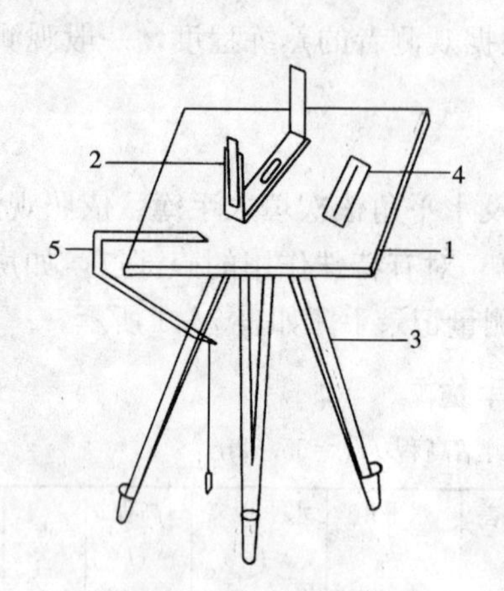

图 7-8　小平板仪构造示意图

1—测图板；2—照准仪；3—三脚架；

4—磁针；5—移点器

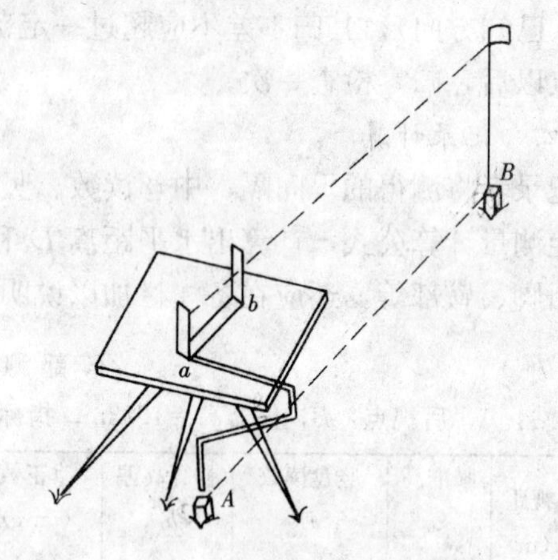

图 7-9　平板仪安置示意图

（二）小平板仪的安置

安置小平板仪包括对中、整平和定向三项工作。由于它们之间相互影响，不可能一次安置完善。必须先进行初步安置，然后再进行精确安置。初步安置时，先移动三脚架，目估定向和整平，再移动图板目估对中，使图板处于大致需要的位置上。精确安置时，操作顺序正好与前面相反，即先进行对中，再进行整平和定向。具体操作方法如图 7-9 所示，现介绍如下。

1. 对中

对中的目的，就是利用移点器，使地面上的测站点 A 与图板上相应点 a 位于同一铅垂线上。操作时，首先使移点器金属尖端指在图板上的 a 点，再移动图板或三脚架，使移点器下面所悬挂锤球的尖指在地面点 A 上。允许对中误差与经纬仪测图方法相同。

2. 整平

整平的目的，就是使图板保持水平状态。操作时，一边旋转图板下的脚螺旋（若三脚架头上采用的是球臼式连接螺旋，则可直接倾斜图板），一边观察直尺上的水准管气泡，当水准管在互相垂直的两个方向上，气泡都居中，则测图板水平。

3. 定向

定向的目的，就是使图板上方向线 ab 与地面上的方向线 AB 位于同一竖直面内。操作时，将直尺边紧靠图板上已知直线 ab，然后转动测图板，瞄准地面上的控制点 B，使图上直线ab与地面直线 AB 位于同一竖直面内，并固定测图板。若图板上没有已知直线时，也可使用磁针定向。磁针定向，就是将罗盘盒的长边紧靠纵图廓线，再转动测图板，使罗盘盒里面的磁针指向零分划线，最后固定测图板。

使用平板仪测图，其定向误差对测图的精度影响很大，因此定向工作一定要仔细。使用已知直线定向比使用磁针定向更精确一些，而且已知直线越长，定向的精度也越高。

（三）小平板仪与经纬仪联合测图法

如图 7-10 所示，设地面上有 A、B、C 三点，在 B 点安置平板仪，并在图板上粘贴一幅图纸，通过对点器将地面 B 点沿铅垂线方向投影到图纸上得到 b 点，再在地面上 BA、BC 两方向线各作一竖直面，分别与图纸相交，得交线 ba 和 bc，图上 ba、bc 即为地面 BA、BC 两方向线在图纸上的水平投影。再使用视距测量的方法测出 BA、BC 两方向线的水平距离。根据水平距离，按照一定的比例尺，在 ba、bc 方向线上确定 a、c 两点，图纸上的图形 abc 相似于地面上的图形 ABC，这就是平板仪测量的原理。因此，平板仪测量又称为图解测量。

小平板仪与经纬仪联合测图的方法如图 7-11 所示，它是将小平板仪安置在控制点上，通过图解描绘出控制点到碎部点的方向线，而将经纬仪安置在控制点的一侧，测出经纬仪至碎部点的水平距离和高差。最后，使用方向线与距离相交会得到碎部点在图上的位置。其步骤叙述如下：

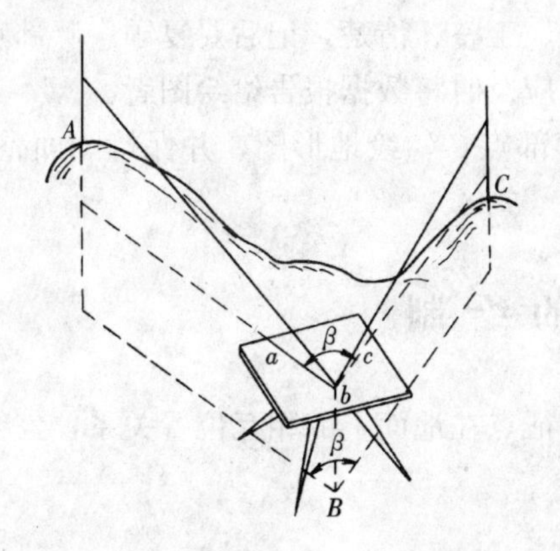

图 7-10　平板仪测量原理图

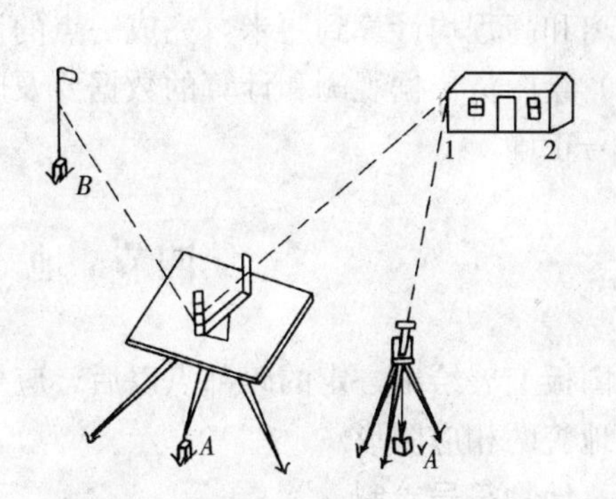

图 7-11　水平板仪与经纬仪联合测图

1. 安置仪器

设地面上有控制点 A、B，图纸上有它的相应位置 a、b。首先，将小平板仪安置于控制点 A 上，对中、整平，以已知方向 AB 定向。然后在控制点旁边，选一点 A' 安置经纬仪，并量取仪器高 i 和 A 至 A' 的水平距离（平板仪与经纬仪相距约 1～2m）。

2. 图解经纬仪的位置

在图板上，通过 a 点，使用照准仪，瞄准地面 A' 点，在图板上绘出 aa' 方向线，并在此方向线上，按一定的比例尺缩绘 AA' 的水平距离，得到地面上 A' 点在图上的位置 a' 点。

3. 选点立尺

在控制点 A 的周围，选定需要测定的碎部点，分别在各碎部点上立尺。

4. 观测与计算

使用照准仪，通过图上 a 点瞄准地面某碎部点 1，沿直尺边在图上绘出 $a1$ 方向线。再使用经纬仪瞄准地面 1 点处的水准尺，测出地面点 A' 至碎部点 1 的水平距离 D_1 和高差 h_1，并根据此前测得的控制点 A 至 A' 的高差，计算碎部点 1 的高程。

5. 展点绘图

展绘碎部点时，以图上 a' 点为圆心，以地面 A' 至 1 的水平距离 D_1 为半径，画圆弧与图上 $a1$ 方向线相交，其交点即为地面 1 点在图上的位置。然后，在该点右侧注记点号和高程。

绘图时，根据碎部点之间的相互位置关系进行连线绘图。

由于小平板仪与经纬仪联合测图直接在图上描绘方向，所以展点精度较高，因而在平坦地区和城市建筑区常被采用。此外，在平坦地区，还可采用小平板仪与水准仪联合测图。

五、注意事项

（1）测图过程中，小组人员要密切配合，互相协调，才能使工作进展顺利。

（2）观测员读数时，应注意到记录者是否听清楚。竖直角读数至1′，水平角读数至5′；每观测一定数量的碎部点后，应检查起始方向的变化情况，起始方向的水平度盘读数归零差以不超过4′为宜。

（3）立尺员选点要有计划、有顺序，避免重测和漏测，尽量一点多用，适当注意绘图方便，并协助绘图员检查图上勾绘的地物地貌、地貌与实地情况是否一致。

（4）记录、计算员一般由两人担任。记录应正确、工整、清楚，记后要复颂。碎部点的水平距离和高程均计算到厘米，完成一点的计算后，应及时将数据报告给绘图者。

（5）绘图员依据观测和计算的数据要及时展绘碎部点，勾绘地形图，并保持图面整洁，图式符号正确。

第四节　地 形 图 的 绘 制

在图板上展绘出一定的碎部点以后，应根据各特征点在地面上的相互位置关系，勾绘出地物和地貌的相应图形。

一、地物符号绘制

在地形图上，地物要按照地形图图式规定的符号表示。当地物的形状、尺寸很大，可以按测图比例尺描绘时，碎部点选在地物的外部轮廓线上。绘图时，如房屋、花台、水池等规则的地物，只需将各碎部点用直线连接起来即可。而道路、河流的弯曲部分，测图时应在圆弧部分，均匀地选几个碎部点。绘图时，应将各碎部点逐点连成光滑的曲线。对不能依比例描绘的地物，选定碎部点时，一般是测出地物的中心位置。绘图时，按照各种地物用相应的非比例符号表示。一般将非比例符号的定位中心与碎部点相重合，符号的方向，除了地物有特定的方向，非比例符号应按实际方向绘制以外，其他情况下，非比例符号的横线应与x轴平行，纵线应与y轴平行。符号的大小应遵守地形图图式的规定，不可随意扩大和缩小，因为地形图不同于美术图，不能仅凭绘画者的感觉绘制。还有一些呈线状或面状分布的非比例符号，如行树、草坪、菜地等，符号除了有方向和大小的要求以外，还有间距要求，符号的间距也应符合图式的规定，不可绘得太稀，也不可绘得太密。为了使绘出的图纸美观，非比例符号还应考虑与相邻区域内符号的间距，使各符号在纵向、横向和斜向均呈现整齐的行列分布。

二、地貌符号的绘制

（一）注记高程点

在城市建筑区，人工地貌往往多于自然地貌，采用绘制等高线的方法表示地貌很不合适。此时，宜在地形图上采用人工地貌符号（如陡坎、斜坡等）再加以高程注记的方法表示地貌的变化，而不用绘制等高线。高程注记点为一实心的直径为0.5mm的圆点，在其右侧或下方注记有该点的高程。为了清晰而准确地反映地面坡度的变化，绘制在地形图上的高程注记点不宜过多，也不宜过少，在地面空旷的地方，高程注记点的间距取图上间隔 3～5cm。另外还规定，道路的中心、房屋的室外地坪、陡坎或斜坡的上面、下面等均应有高程注记点，以反映这些地方的高程变化。

（二）绘制等高线

根据工程测量规范规定，凡是能够绘制等高线的地方，均应采用等高线表示地貌的变化。勾绘等高线时，一般先轻轻地描绘出山脊线、山谷线等地性线，再根据碎部点的高程勾绘等高线。由于各等高线的高程往往不是等高线的整倍数，因此必须在相邻点间用内插法定出等高线通过的点位。由于碎部点选在地面坡度变化处，则相邻两点之间的坡度可视为均匀坡度。所以，可以在图上两相邻碎部点的连线上，按平距与高差成比例的关系定出两点间各条等高线通过的位置，这就是内插等高线依据的原理。内插等高线的方法一般有解析法、图解法和目估法三种。

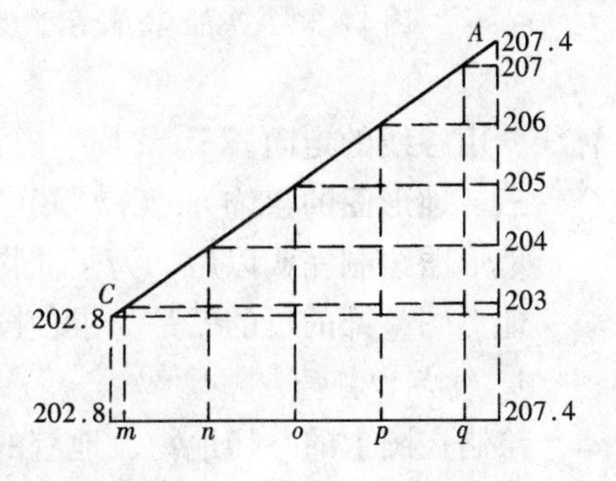

图 7-12 等高线内插示意图

1. 解析法

如图 7-12 所示，地面上两碎部点 A、C 的高程分别为 207.4m 和 202.8m，若等高距为 1m，则其间有高程为 203m、204m、205m、206m 及 207m 五条等高线通过，其在 C-A 的平面连线上的具体位置为 m、n、o、p、q，可通过计算 cm、mn、qa 加以确定。设 CA 间平距 $d=23$mm，CA 间高差 $h=207.4-202.8=4.6$m。具体计算步骤如下：

每 1m 高差对应的平距 $d_0=23/4.6=5$mm

起点 C 与第一条等高线之间的高差 $h_1=203-202.8=0.2$（m）

起点 C 与第一条等高线之间的平距 $d_1=5\times0.2=1$（mm）

最后一条等高线与终点 A 之间的高差 $h_6=207.4-207=0.4$（m）

最后一条等高线与终点 A 之间的平距 $d_6=5\times0.4=2$（mm）

然后，从起点 C 开始，向 A 方向分别量取平距 1mm，得 m 点，再向前量取 5mm 得到 n 点，同理得到 o、p、q 各点，最后一段平距用于检核。

2. 图解法

图解法又称为透明纸法，它是先在透明纸上绘制一组间距相等，注记为 0～9 的平行线，再将透明纸覆盖于图纸上欲插绘等高线处，使其中一点的高程尾数与透明纸上相同（如上例使图上 C 点接近透明纸上注记为 3 的那条直线），再以 C 点为圆心转动透明纸，使图上 A 点位于透明纸上注记为 7、8 的两直线之间（约 7.4），则图上 CA 连线与透明纸上注记为 3、4、5、6、7 的各直线的交点，即为上例中高程为 203、204、205、206、207 的各等高线穿过的位置 m、n、o、p、q 点。

3. 目估法

解析法说明了绘制等高线的原理，但是采用解析计算法操作起来比较繁琐。实际应用时，多采用目估的方法内插等高线。目估法的步骤如下：

（1）定有无（即确定两碎部点之间有无等高线通过）；

（2）定条数（即确定两碎部点之间有几条等高线通过）；

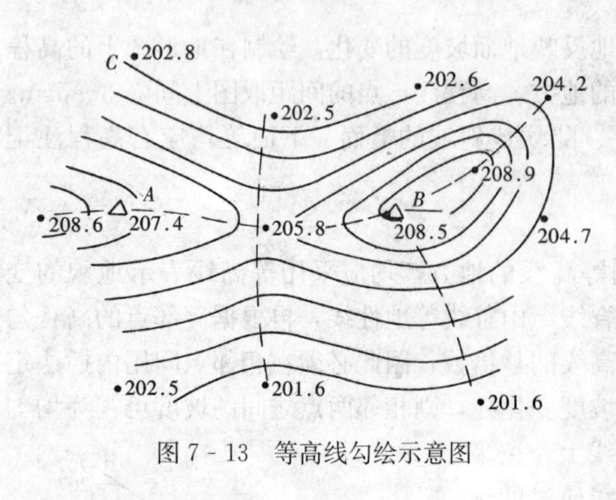

图 7-13　等高线勾绘示意图

（3）定两端（即确定两碎部点之间首尾两等高线通过的位置）；

（4）平分中间（即确定中间各等高线通过的位置）；

（5）移动调整（即一次确定不合理，可另行移动调整其位置）。

将相邻山脊线或山谷线上各等高线通过的位置确定以后，再将高程相等的相邻点连成光滑的曲线，即为等高线，如图 7-13 所示。勾绘等高线时，要对照实地情况，先画计曲线，后画首曲线，并注意等高线通过山脊线、山谷线的走向。

三、地形图的整饰

地形图绘制完成以后，为了获得一幅满意的地形图，还要经过必要的整饰。

地形图整饰的目的就是为了使图上分布合理、图面清晰和美观。

1. 线条和符号

绘制在图上的一切地物、地貌的线条都应清晰。若有线条粗细不均，颜色深浅不一，模糊不清，连接不整齐或错连、漏连以及符号画错等，都要按地形图图式的规定进行整理，使各种符号和线划正确、清晰。

2. 注记

注记在地形图上的各种地物的名称或数字的字体要求端正、清楚，文字的字头规定朝向北方，计曲线的高程注记规定字头朝向高处，并尽量朝向北方或朝向西北、东北，切忌朝向南方，因为那样不方便读图。文字或数字的位置及排列要适当，注记尽量靠近符号，字的大小和间距要适当，同一类别注记的字的大小应相等，且符合图式规定（至少应有层次和比例）。间距大小应方便阅读，并使图面清晰美观。既要能准确地表示所要代表的碎部范围，又不应遮盖地物、地貌的线条。

3. 图号及其他记载

在外业绘图中，图幅的编号常易被摩擦而变得模糊不清。整饰时，要先与图廓的坐标核对后再注写清楚，防止写错。其他还要求注明图名、比例尺、坐标系统、高程系统、测图单位、测图人员和日期等。这些注记，一要注意它的位置，如图名位于图幅的正上方，比例尺位于图幅的正下方，坐标系统、高程系统位于图幅的左下方等。二要注意字体大小和间距，如字体规定为仿宋体，大小和间距亦符合图式的相应规定。

第五节　地形图的拼接与检查

一、地形图的拼接

当测区面积较大时，必须将该测区分成若干图幅才能进行施测。由于测量和绘图均有误差，相邻图幅在拼接时，地物的轮廓线和等高线总会有些偏差而不能准确相接。如图 7-14 所示，左边图幅的东图廓线与右边图幅的西图廓线相接，道路、房屋和等高线都有些偏差，不能平滑地拼接在一起。为了正确使用地形图，各图幅绘制完成以后，还应消除相邻图廓线周围的误差，使相邻图幅能平滑地拼接在一起，这一项工作称为地形图拼接。为了拼图方便，每一幅图的东、南图边都测出图廓线以外 5～10mm 的范围。设左、右两幅图相拼接，其拼接的步骤如下：

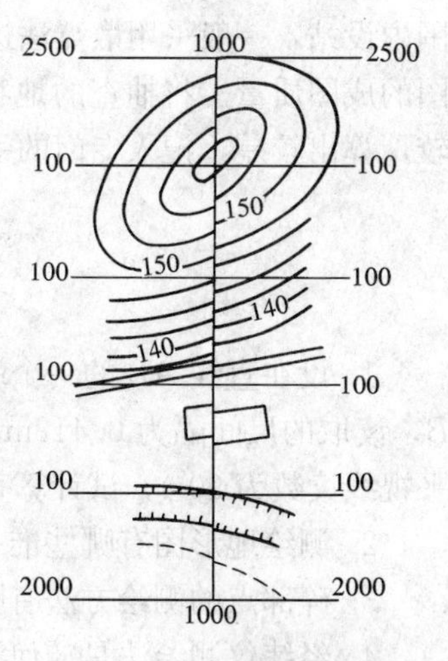

图 7-14　拼图示意图

1. 透绘接图边

使用 3～5cm 宽、长度超过图廓线长的透明纸条覆盖在左边图幅的东图廓线上，将图廓线、坐标格网线及图廓线两侧的所有地物和等高线描绘在透明纸条上，并注记图角点和坐标格网线的坐标值。

2. 检查和改正透明纸条

将绘制好的透明纸条移至右边图幅的西图廓线上，并使图廓线和坐标格网线准确重合。首先检查透明纸上与右边地形图上地物和等高线的偏差，当其偏差不超过规范规定测图中误差的 $2\sqrt{2}$ 倍时，可在接图边（图廓线）上取其平均位置，将透明纸条上各地物和等高线的位置进行改正，使图廓线两侧的地物和等高线平滑地连接在一起。

3. 改正地形图

先将透明纸条上已改正过的地物和等高线用缝衣针刺到右边图幅上，并擦去有误差、未改正的地物和等高线。然后，将透明纸条移至左边图幅，再将透明纸上改正过的地物和等高线用针刺到左边图幅上，完成左图幅的拼接任务。

二、地形图的检查

为确保测图工作顺利进行，减少返工工作量，在测图过程中，测量人员应做到随测随检查。为了保证成图的质量，在地形图测绘完成以后，还必须对完成的成图资料进行全面检查。按照检查的方式划分，有自检和互检两种。自检，指在小组内进行的检查。互检，指小组之间交换进行的检查。自检和互检完成以后，再交由上级业务管理部门组织专人进行检查和评定质量。按照检查的顺序划分，有室内检查和室外检查两种。

（一）室内检查

室内检查指在室内进行的资料检查，其内容包括坐标方格网、图廓线、各级控制点的展绘、外业手簿的记录计算，控制点和碎部点的数量和位置是否符合规定，地形图内容综合取舍是否恰当，图式符号使用是否正确，等高线表示是否合理，图面是否清晰易读。若发现问题和错误，再到实地检查、修改。

（二）室外检查

室外检查包括巡视检查和仪器检查两种。

1. 巡视检查

巡视检查，即按拟定的路线作实地巡视，将绘制的地形图与实地对照。巡视中着重检查图上反映地物、地貌与实地是否一致，所测地物、地貌有无遗漏等。若发现有遗漏或不一致之处，应在实地的控制点上重新安置仪器，进行补测或修测。

2. 仪器检查

仪器检查是在上述两项检查完成以后进行的。仪器检查又称为设站检查，它是在图幅范围内设站，一般采用散点法进行检查，除对已发现的问题进行修改和补测外，还重点抽查原图的成图质量。将抽查的地物点、地貌点与原图上已有的相应点的平面位置和高程进行比较，算出较差，记入专门的手簿，作为评定图幅数学精度的主要依据。

习题与思考题

1. 设在直线 AB 的一个端点 A 上安置经纬仪，量取仪器高为 1.50m，瞄准另一个端点 B，读取的尺间隔为 0.412m，瞄准高为 1.50m，竖盘读数为 87°42′（竖盘顺时针注记，水平视线读数为 90°），试计算直线 AB 的水平距离和高差。

2. 测绘地形图有哪些准备工作？如何检查绘制方格网和展绘控制点的质量？

3. 碎部点的测绘方法有哪些？

4. 经纬仪测绘法是如何测绘地形图的？

5. 测绘地形图时应注意些什么？

6. 测绘到图板上的各碎部点如图 7－15 所示，试根据其点位、高程和已连接的地性线，插绘等高距为 1m 的等高线。

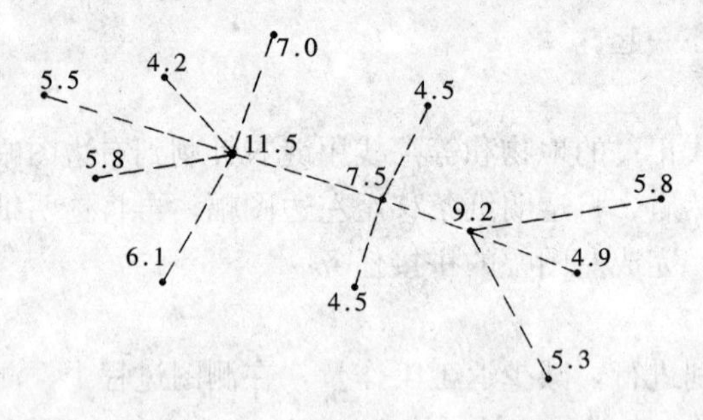

图 7－15 碎部点分布示意图

7. 整饰地形图应注意些什么？

8. 如何进行地形图的拼接？

9. 地形图的检查方式和内容有哪些？

10. 设站检查有何作用？

第八章 地形图的应用

从前面几章内容可以了解到，地形图上所提供的信息非常丰富。特别是大比例尺地形图，更是建筑工程规划设计和施工中不可缺少的重要资料，尤其是在规划设计阶段，不仅要以地形图为底图，进行总平面的布设，而且还要根据需要，在地形图上进行一定的量算工作，以便因地制宜地进行合理的规划和设计。因此，正确地阅读和使用地形图，是建筑工程技术人员必须具备的基本技能。

第一节 地形图的阅读

为了正确地应用地形图，首先要能看懂地形图。地形图是用各种规定的符号和注记，按一定的比例尺，表示地面上各种地物、地貌及其他有关信息的平面图形。通过对这些符号和注记的识读，可使地形图成为展现在人们面前的实地立体模型，使我们从图上便可掌握所需地面上的各种信息，这就是地形图阅读的主要目的和任务。

地形图阅读，可按先图外后图内、先地物后地貌、先主要后次要、先注记后符号的基本顺序，并依照相应的《地形图图式》逐一阅读。现以"桂竹山庄"地形图（如图8-1所示）为例，说明地形图阅读的一般方法和步骤。

一、图廓外的注记和说明的识读

首先检查图名、图号，确认所阅读的地形图；其次了解测图的时间和测绘单位，以判定地形图的新旧，进而确定地形图应用的范围和程度；然后了解图的比例尺、坐标系统、高程系统和基本等高距以及图幅范围和接合图表。"桂竹山庄"地形图的比例尺为1∶1000。

二、地物和植被分析

根据图上地物符号和有关注记，了解各种地物的形状、大小、相对位置关系以及植被的覆盖状况。本幅图东南部有较大的居民点桂竹山庄，该山庄北面邻山，西面及西南面接山谷，沿着居民点的东南侧有一条公路——长冶公路。山庄除沿公路一侧外，均有围墙相隔，山庄沿公路有栏杆围护。另外，公路边有两个埋石图根导线点12、13，并有低压电线。图幅西部山头和北部山脊上有3、4、5三个图根三角点。山庄正北方向的山坡上有a、b、c、d四个钻孔。

图幅大部分面积被山坡所覆盖，山坡上多为旱地，山庄正北方向的山坡有一片竹林，紧靠竹林是一片经济林，西南方向的小山头是一片坟地。山庄西部相邻山谷，山谷里开垦有梯田种植水稻，公路东南侧是一片藕塘。

经过以上识图可以看出，该山庄虽然是小山庄，但山庄"依山傍水"，规划齐整有序，所有主要建筑坐北朝南，交通便利。

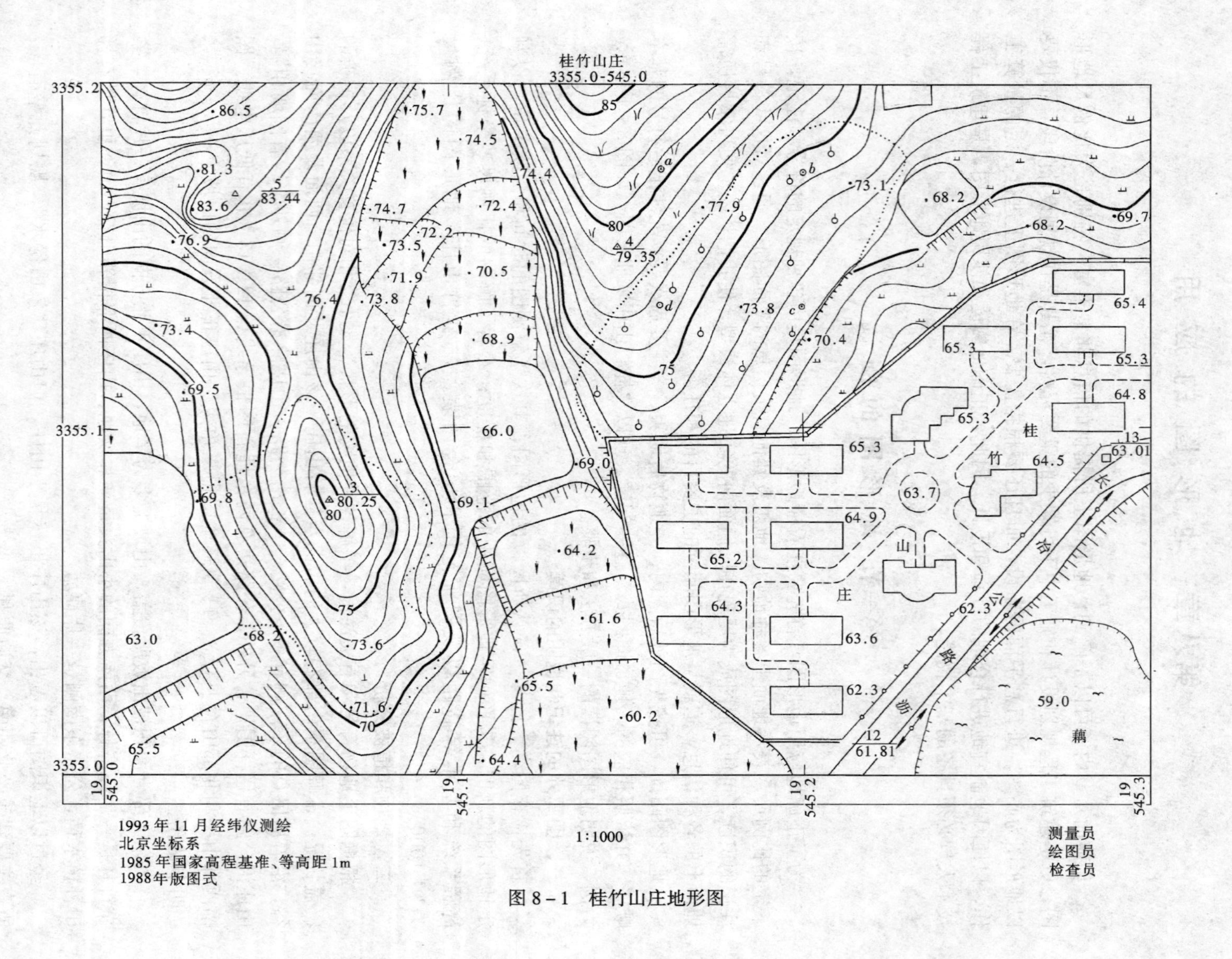

桂竹山庄
3355.0-545.0
桂
竹
山
庄
长
沙
公
路
藕
1993 年 11 月经纬仪测绘
北京坐标系
1985 年国家高程基准、等高距 1m
1988年版图式
1:1000
测量员
绘图员
检查员

图 8-1　桂竹山庄地形图

三、地貌分析

根据等高线读出山头、洼地、山脊、山谷、山坡、鞍部等基本地貌，并根据特定的符号读出雨裂、冲沟、峭壁、悬崖、陡坎等特殊地貌。同时根据等高线的密集程度来分析地面坡度的变化情况。从图中可以看出，这幅图的基本等高距为1m。山庄正北方向延伸着高差约15m的山脊，西部小山顶的高程为80.25m，西北方向有个鞍部，地面坡度在6°～25°之间，另有多处陡坎和斜坡。山谷比较明显，经过加工已种植水稻。整个图幅内的地貌形态是北部高，南部低。

在识读地形图时，还应注意地面上的地物和地貌不是一成不变的。由于城乡建设事业的迅速发展，地面上的地物、地貌也随之发生变化，因此在应用地形图进行规划以及解决工程设计和施工中的各种问题时，除了细致地识读地形图外，还需进行实地勘察，以便对建设用地做全面正确的了解。

第二节　地形图的基本应用

一、确定图上点的坐标

如图8-2所示，大比例尺地形图上画有10cm×10cm的坐标方格网，并在图廓的西、南边上注有方格的纵、横坐标值，欲确定图上A点的坐标，首先根据图廓坐标注记和点A的图上位置，绘出坐标方格$abcd$，过A点作坐标方格网的平行线pq、fg与坐标方格相交于p、q、f、g四点，再按地形图比例尺（1∶1000）量取af和ap的长度，即

$$af=80.2\text{m}$$
$$ap=50.3\text{m}$$

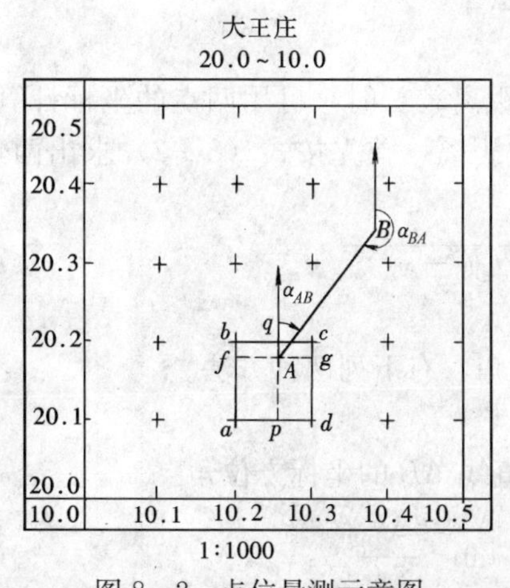

图8-2　点位量测示意图

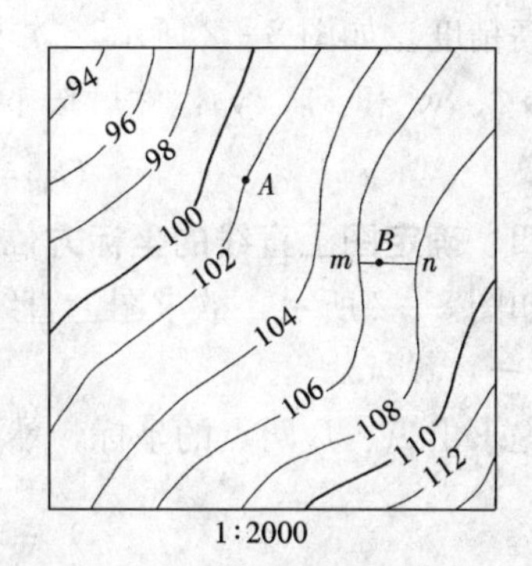

图8-3　高程量测示意图

则
$$x_A=x_a+af=20100+80.2=20180.2\ (\text{m})$$
$$y_A=y_a+ap=10200+50.3=10250.3\ (\text{m})$$

为了校核量测的结果，并考虑图纸伸缩的影响，还需量出fb和pd的长度，以便进行换算。设图上坐标方格边长的理论长度为l（本例l=100m），可采用下式进行换算

$$\left.\begin{aligned} x_A&=x_a+\frac{l}{ab}af \\ y_A&=y_a+\frac{l}{ad}ap \end{aligned}\right\} \tag{8-1}$$

二、确定图上点的高程

地形图上任一点的高程，可以根据等高线及高程标记来确定。如图 8 - 3 所示，若某点 A 正好在等高线上，则其高程与所在的等高线高程相同，即 $H_A=102.0\text{m}$。如果所求点不在等高线上，如图中的 B 点，而位于 106m 和 108m 两条等高线之间，则可过 B 点作一条大致垂直于相邻等高线的线段 mn，量取 mn 的长度，再量取 mB 的长度。若分别为 9.0mm 和 2.8mm，已知等高距 $h=2\text{m}$，则 B 点的高程 H_B 可按比例内插求得

$$H_B = H_m + \frac{mB}{mn}h = 106 + \frac{2.8}{9.0} \times 2 = 106.6(\text{m}) \quad (8-2)$$

在图上求某点的高程时，通常可以根据相邻两等高线的高程目估确定。例如，图 8 - 3 中 mB 约为 mn 的 3/10，故 B 点高程可估计为 106.6m。因为，规范中规定，在平坦地区，等高线的高程中误差不应超过 1/3 等高距；丘陵地区，不应超过 1/2 等高距；山区，不应超过一个等高距。也就是说，如果等高距为 1m，则平坦地区等高线本身的高程误差允许到 0.3m，丘陵地区为 0.5m，山区可达 1m。显然，所求高程精度低于等高线本身的精度，而目估误差与此相比是微不足道的。所以，用目估确定点的高程是可行的。

三、确定图上直线的水平距离

确定图上某直线的水平距离有两种方法。

（一）图解法

用卡规在图上直接卡出线段长度，再与直线比例尺比量，即可得其水平距离。也可以用毫米尺量取图上长度并按比例尺换算为水平距离，但后者会受图纸伸缩的影响，误差相应较大。但图纸上绘有直线比例尺时，用此方法较为理想。

（二）解析法

为了消除图纸变形和量测误差的影响，尤其当距离较长时，可用两点的坐标计算距离，以提高精度。如图 8 - 2 所示，欲求直线 AB 的水平距离，首先按式（8 - 2）求出两点的坐标值 x_A、y_A 和 x_B、y_B，然后按下式计算水平距离

$$D_{AB}=\sqrt{(x_B-x_A)^2+(y_B-y_A)^2} \quad (8-3)$$

四、确定图上直线的坐标方位角

如图 8 - 2 所示，欲求图上直线 AB 的坐标方位角，有下列两种方法。

（一）解析法

先求出 A、B 两点的坐标，然后再按下式计算直线 AB 的坐标方位角

$$\alpha_{AB} = \tan^{-1}\frac{y_B - y_A}{x_B - x_A} = \tan^{-1}\frac{\Delta y_{AB}}{\Delta x_{AB}} \quad (8-4)$$

当直线较长时，解析法可取得较好的结果。

当使用电子计算器或三角函数表计算 α 的角值时，需根据 Δx_{AB} 和 Δy_{AB} 的符号，确定 α_{AB} 所在的象限。

（二）图解法

当精度要求不高时，可用图解法用量角器在图上直接量取坐标方位角。如图 8 - 2 所示，先过 A、B 两点分别精确地作坐标方格网纵线的平行线，然后用量角器的中心分别对中 A、B 两点量测直线 AB 的坐标方位角 α'_{AB} 和 BA 的坐标方位角 α'_{BA}。

同一直线的正、反坐标方位角之差为 180°，所以可按下式计算 α_{AB}

$$\alpha_{AB}=\frac{1}{2}(\alpha'_{AB}+\alpha'_{BA}\pm 180°) \qquad (8-5)$$

上述方法中，通过量测其正、反坐标方位角取平均值是为了减小量测误差，提高量测精度。

五、确定图上直线的地面坡度

设地面两点间的水平距离为 D，高差为 h，而高差与水平距离之比称为地面坡度，通常以 i 表示，则 i 可用下式计算

$$i=\frac{h}{D}=\frac{h}{dM} \qquad (8-6)$$

式中　d——两点在图上的长度，m；

M——地形图比例尺分母。

对图 8-2 中的 A、B 两点，设其高差 h 为 1m，若量得 AB 图上的长度为 2cm，并设地形图比例尺为 1∶5000，则 AB 线的地面坡度为

$$i=\frac{h}{dM}=\frac{1}{0.02\times 5000}=\frac{1}{100}=1\%$$

坡度 i 常以百分率或千分率表示。

应注意的是，如果两点间的距离较长，中间通过疏密不等的等高线，则上式所求地面坡度为两点间的平均坡度。

第三节　地形图在规划设计中的应用

一、计算图形的面积

在规划设计中，常需要在地形图上量算一定轮廓范围内的面积，如平整土地的填挖面积、规划设计某一区域的面积、厂矿用地面积、渠道与道路工程中的填挖断面面积、汇水面积等，下面介绍几种常用的方法。

（一）透明方格纸法

如图 8-4 所示，要计算曲线内的面积，先将毫米透明方格纸覆盖在图形上（方格边长一般为 1mm 或 2mm），数出图形内完整的方格数 n_1 和不完整的方格数 n_2，则面积 A 可按下式计算

$$A=\left(n_1+\frac{1}{2}n_2\right)\frac{M^2}{10^6} \qquad (8-7)$$

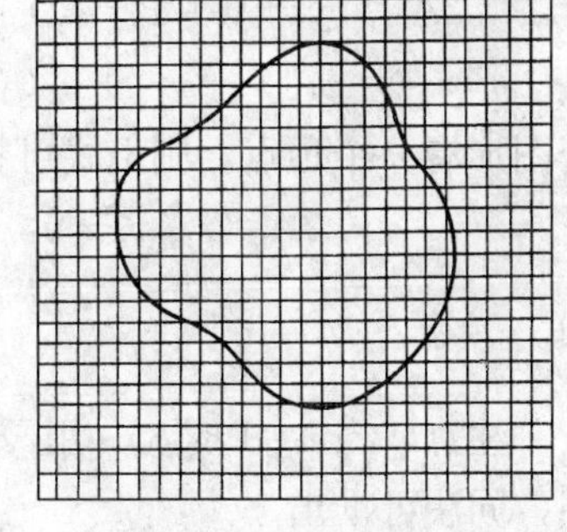

图 8-4　透明方格纸法

式中　M——地形图比例尺分母，方格边长按 1mm 计算。

此法操作简单，易于掌握，且能保证一定精度，在量算图形面积中被广泛采用。

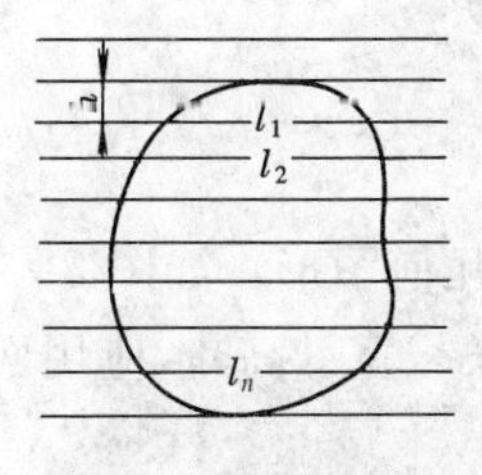

图 8-5　平行线法

（二）平行线法

如图 8-5 所示，量算面积时，将绘有等距平行线（间距 h 一般为 1mm 或 2mm）的透明纸覆盖在图形上，使两条平行线与图形边缘相切，则相邻两平行线间截割的图形面积可近似视为梯形。梯形的高为平行线间距 h，图形截割各平行线的长度为 l_1、l_2、…、l_n，则图形总

面积为

$$A'=\frac{1}{2}h\ (0+l_1)\ +\frac{1}{2}h\ (l_1+l_2)\ +\cdots+\frac{1}{2}h\ (l_n+0)\ =h\sum l$$

最后，再根据图的比例尺将其换算为实地面积，即

$$A=h\sum l\times M^2 \tag{8-8}$$

式中 M——比例尺分母。

例如，在1∶2000比例尺的地形图上，量得各梯形上、下底平均值的总和$\sum l=867\text{mm}$，$h=2\text{mm}$，则此图形的实际面积为

$$A=h\sum l\times M^2=2\times867\times2000^2/1000^2=6936\ (\text{m}^2)$$

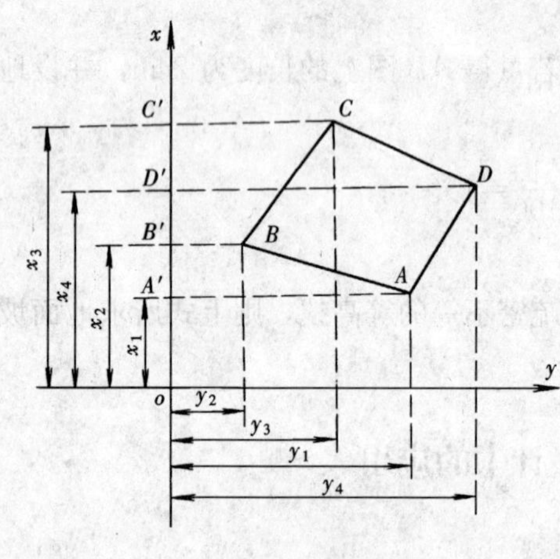

图8-6 坐标解析法

（三）解析法

如果图形为任意多边形，且各顶点的坐标已在图上量出或已在实地测定，可利用各点坐标以解析法计算面积。此法测定面积的精度高，且计算简便。

如图8-6所示，欲求任意四边形$ABCD$的面积，各顶点编号按顺时针编为A、B、C、D。可以看出，面积$ABCD$（A）等于面积$C'CDD'$（A_1）加面积$D'DAA'$（A_2），再减去面积$C'CBB'$（A_3）和面积$B'BAA'$（A_4），即

$$A=A_1+A_2-A_3-A_4$$

式中 A——四边形的面积。

设A、B、C、D各顶点的坐标为(x_1,y_1)、(x_2,y_2)、(x_3,y_3)、(x_4,y_4)，则

$$\begin{aligned}2A&=(y_3+y_4)(x_3-x_4)+(y_4+y_1)(x_4-x_1)-(y_3+y_2)(x_3-x_2)-(y_2+y_1)(x_2-x_1)\\&=x_1(y_2-y_4)+x_2(y_3-y_1)+x_3(y_4-y_2)+x_4(y_1-y_3)\end{aligned}$$

若图形有n个顶点，则上式可扩展为

$$2A=x_1(y_2-y_4)+x_2(y_3-y_1)+x_3(y_4-y_2)+\cdots+x_n(y_1-y_{n-1})$$

即

$$A=\frac{1}{2}\sum_{i=1}^{n}x_i(y_{i+1}-y_{i-1}) \tag{8-9}$$

注意，当$i=1$时y_{i-1}用y_n。上式是将各顶点投影于x轴算得的。若将各顶点投影于y轴，同法可推出

$$A=\frac{1}{2}\sum_{i=1}^{n}y_i(x_{i-1}-x_{i+1}) \tag{8-10}$$

注意，当$i=1$时式中x_{i-1}用x_n。

式（8-9）和式（8-10）可以互为计算校核。

（四）几何图形法

若图形是由直线连接的多边形，则可将图形划分为若干种简单的几何图形，如图8-7中的三角形、矩形、梯形等。然后用比例尺量取计算时所需的元素（长、宽、高），应用面积计算公式求出各个简单几何图形的面积，再汇总出多边形的面积。

图形面积如为曲线时，可以近似地用直线连接成多边形，再将多边形划分为若干种简单

几何图形进行面积计算。

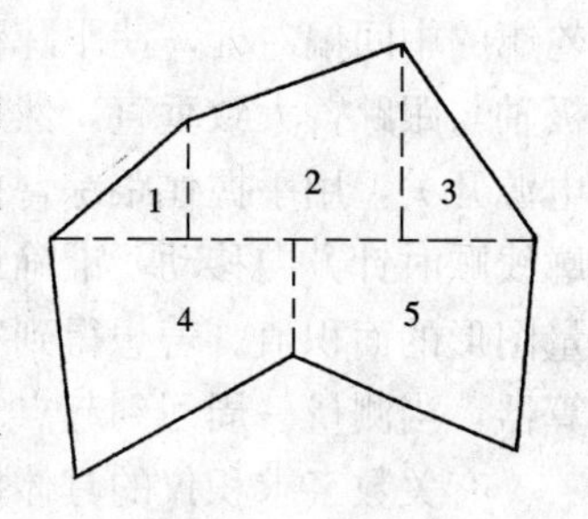

图 8-7　几何图形法

当用几何图形法量算线状地物面积时，可将线状地物看作长方形，用分规量出其总长度，乘以实量宽度，即可得线状地物面积。

将多边形划分为简单几何图形时，需要注意以下几点：

(1) 将多边形划分为三角形，面积量算的精度最高，其次为梯形、长方形。

(2) 划分为三角形以外的几何图形时，尽量使它的图形个数最少，线段最长，以减小误差。

(3) 划分几何图形时，尽量使底与高之比接近 1∶1（使梯形的中位线接近于高）。

(4) 如图形的某些线段有实量数据，则应首先利用实量数据。

(5) 为了进行校核和提高面积量算的精度，要求对同一几何图形量取另一组面积计算要素，量算两次面积，只有两次量算结果在容许范围内（见表 8-1），方可取其平均值。

表 8-1　两次量算面积之较差的容许范围

图上面积（mm^2）	相对误差	图上面积（mm^2）	相对误差
<100	≤1/30	1000～3000	≤1/150
100～400	≤1/50	3000～5000	≤1/200
400～1000	≤1/100	>5000	≤1/250

（五）求积仪法

求积仪是一种专门供图上量算面积的仪器，其优点是操作简便、速度快，适用于任意曲线图形的面积量算，且能保证一定的精度。

图 8-8 所示仪器是日本测机舍生产的 KP-90N 脉冲式数字求积仪。它由动极轴、电子计算器和跟踪臂三部分组成。动极轴两边为滚轮，可在垂直于动极轴的方向上滚动。计算器与动极轴之间由活动枢纽连接，使计算器能绕枢纽旋转。跟踪臂与计算器固连在一起，右端是描迹镜，用以走描图形的边界。借助动极的滚动和跟踪臂的旋转，可使描迹镜沿图形边缘运动。仪器底面有一积分轮，它随描迹镜的移动而转动，并获得一种模拟量。微型编码器也在底面，它将积分轮所得模拟量转换成电量，测得的数据经专用电子计算器运算后，直接按 8 位数在显示器上显示出面积值。

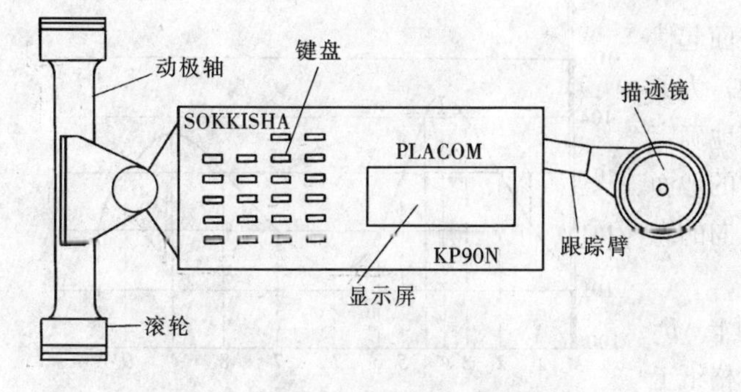

图 8-8　求积仪示意图

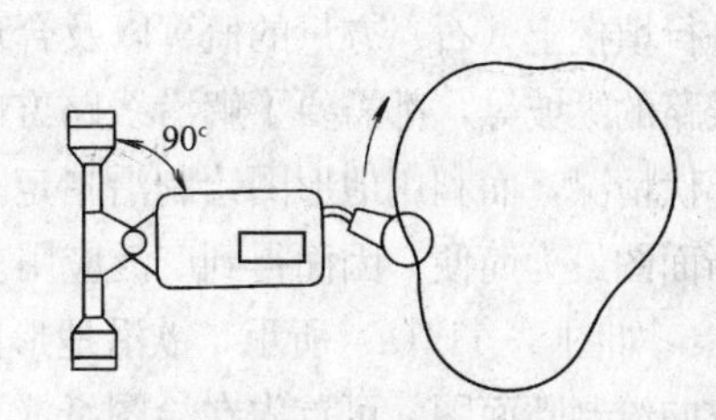

图 8-9　求积仪工作原理图

使用数字求积仪进行面积测量时，先将欲测面积的地形图水平放置，并试放仪器在图形轮廓的中间偏左处，使跟踪臂的描迹镜上下移动时，能达到图形轮廓线的上下顶点，并使动极轴与跟踪臂大致垂直，然后在图形轮廓线上标记起点，如图 8-9 所示。测量时，先打开电源开关，用手握住跟踪臂描迹镜，使描迹镜中心点对准起点，按下 STAR 键后沿图形轮廓线顺时针方向移动，准确地跟踪一周后回到起点，再按 AVER 键，则显示器显示出所测量图形的面积值。若想得到实际面积值，测量前可选择 m^2 或 km^2，并将比例尺分母输入计算器，当测量一周回到起点时，可得所测图形的实地面积。

有关数字求积仪的具体操作方法和其他功能，可参阅使用说明书。

二、在地形图上按限制坡度选择最短线路

在道路、管线、渠道等工程规划设计时，常常有坡度要求，即要求线路在不超过某一限制坡度的条件下，选择一条最短路线或等坡度线，其基本做法如下。

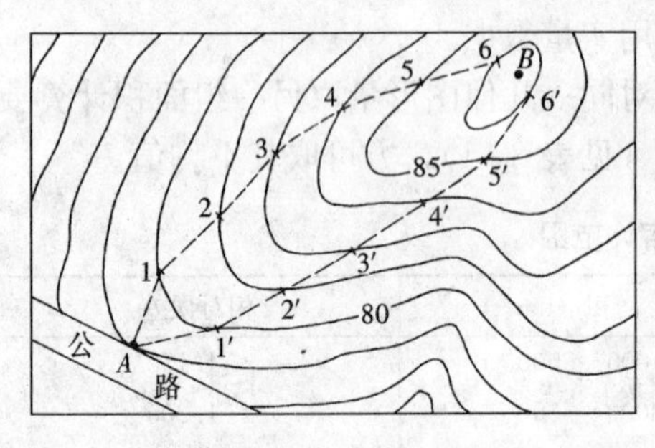

图 8-10 选线示意图

如图 8-10 所示，设从公路旁 A 点到高地 B 点要选择一条公路线，要求其坡度不大于 5%（限制坡度）。设计用的地形图比例尺为 1∶2000，等高距为 1m。为了满足限制坡度的要求，根据式（8-6）计算出该路线经过相邻等高线之间的最小水平距离 d 为

$$d=\frac{h}{iM}=\frac{1}{0.05\times2000}=0.01\ (\mathrm{m})\ =1\ (\mathrm{cm})$$

于是，以 A 点为圆心，以 d 为半径画弧交 81m 等高线于点 1，再以点 1 为圆心，以 d 为半径画弧，交 82m 等高线于点 2，依此类推，直到 B 点附近为止。然后连接 A、1、2、…、B，便在图上得到符合限制坡度的路线。这只是 A 到 B 的路线之一，为了便于选线比较，还需另选一条路线，如 A、1′、2′、…、B。同时考虑其他因素，如少占或不占农田，建筑费用最少，避开不良地质等进行修改，以便确定路线的最佳方案。

如遇等高线之间的平距大于 1cm，以 1cm 为半径的圆弧将不会与等高线相交。这说明坡度小于限制坡度。在这种情况下，路线方向可按最短距离绘出。

三、沿指定方向绘制纵断面图

纵断面图是显示沿指定方向地球表面起伏变化的剖面图。在各种线路工程设计中，为了进行填挖土（石）方量的概算以及合理地确定线路的纵坡等，都需要了解沿线路方向的地面起伏情况，而利用地形图绘制沿指定方向的纵断面图最为简便，因而得到广泛应用。

如图 8-11（a）所示，欲沿地形图上 MN 方向绘制断面图，可首先在绘图纸或方格纸上绘制 MN 水平线，如图 8-11（b）所示，过 M 点作 MN 的垂线作为高程轴线。然后在地形图

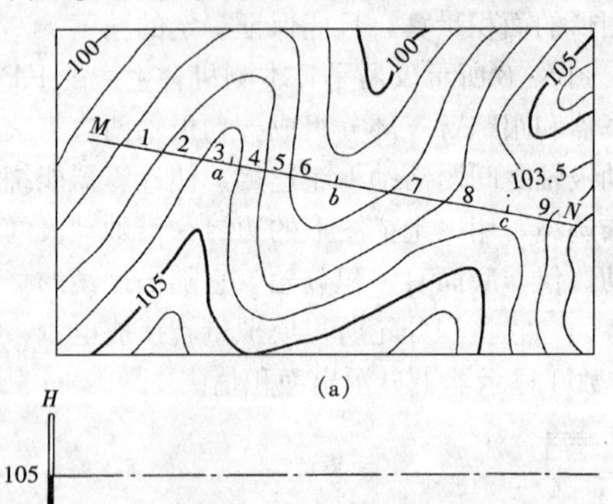

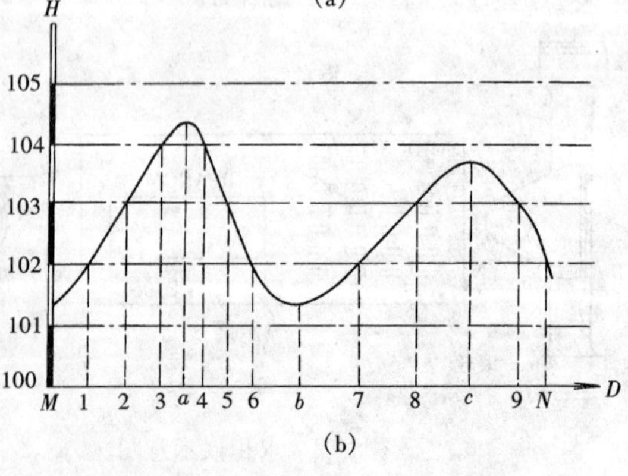

图 8-11 剖面绘制示意图

上用卡规自M点分别卡出M点至1，2，3，…，N各点（MN依次与各等高线的交点）的水平距离，并分别在图8-11上自M点沿MN方向截出相应的1，2，…，N等点（必要时也可以按重新选定比例尺截出各点）。再在地形图上读取各点的高程，按高程比例尺向上作垂线。最后，用光滑的曲线将各高程线顶点连接起来，即得MN方向的纵断面图。

注意：①断面过山脊、山顶或山谷等处高程变化点的高程（如a、b、c等点），可用比例内插法求得。②绘制纵断面图时，为了使地面的起伏变化更加明显，高程比例尺一般比水平距离比例尺大10～20倍。例如，图8-11的水平比例尺是1∶2000，高程比例尺为1∶200。③高程起始值要选择恰当，使绘出的断面图位置适中。

四、在地形图上确定经过某处的汇水面积

在实际工作中，修筑道路时有时要跨越河流或山谷，这时就必须建桥梁或涵洞；兴修水库必须筑坝拦水，而桥梁、涵洞孔径的大小、水坝的设计位置与坝高、水库的蓄水量等，都要根据汇集于这个地区的水流量来确定。汇集水流量的面积称为汇水面积。

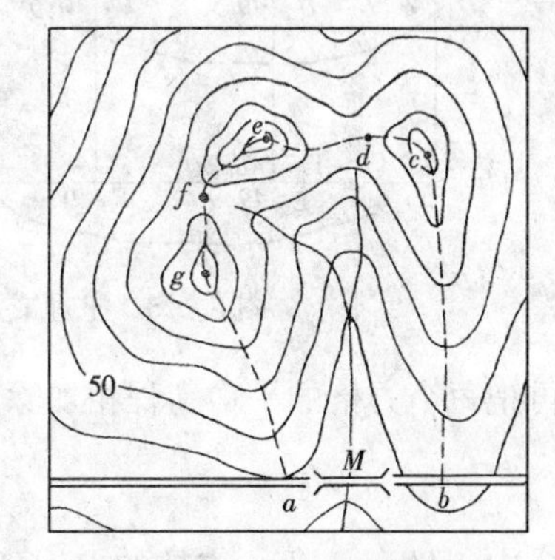

图8-12　汇水面积示意图

由于雨水是沿山脊线（分水线）向两侧山坡分流，所以汇水面积的边界线是由一系列的山脊线连接而成的。如图8-12所示，一条公路经过山谷，拟在M处架桥或修涵洞，其孔径大小应根据流经该处的流水量决定，而流水量又与山谷的汇水面积有关。从图上可以看出，由山脊线$bcdefga$所围成闭合图形就是M上游的汇水范围的边界线，量测该汇水范围的面积，再结合气象水文资料，便可进一步确定流经公路M处的水量，从而对桥梁或涵洞的孔径设计提供依据。

确定汇水面积的边界线时，应注意以下几点：

（1）边界线（除公路ab段外）应与山脊线一致，且与等高线垂直；

（2）边界线是经过一系列的山脊线、山头和鞍部的曲线，并与河谷的指定断面（公路或水坝的中心线）闭合。

五、在地形图上进行场地平整测量

在各种工程建设中，除对建筑物要做合理的平面布置外，往往还要对原地貌作必要的改造，以便适于布置各类建筑物，排除地面水以及满足交通运输和敷设地下管线等，这种地貌改造称之为平整土地。

在平整土地工作中，常需预算土、石方的工程量，即利用地形图进行填挖土（石）方量的概算或通过计算土石方工程量，使填挖土石方基本平衡。在地形图上进行场地平整测量方法有多种，其中方格法（或设计等高线法）是应用最广泛的一种。下面分两种情况介绍该方法。

（一）要求平整成水平场地

图8-13所示为一幅1∶1000比例尺的地形图，假设要求将原地貌按挖填土方量平衡的原则改造成平面，则其步骤如下。

1. 在地形图上绘方格网

在地形图上拟建场地内绘制方格网，方格网的大小取决于地形复杂程度、地形图比例尺大小以及土方概算的精度要求。一般方格的边长为10m或20m为宜，图8-13中方格边长为

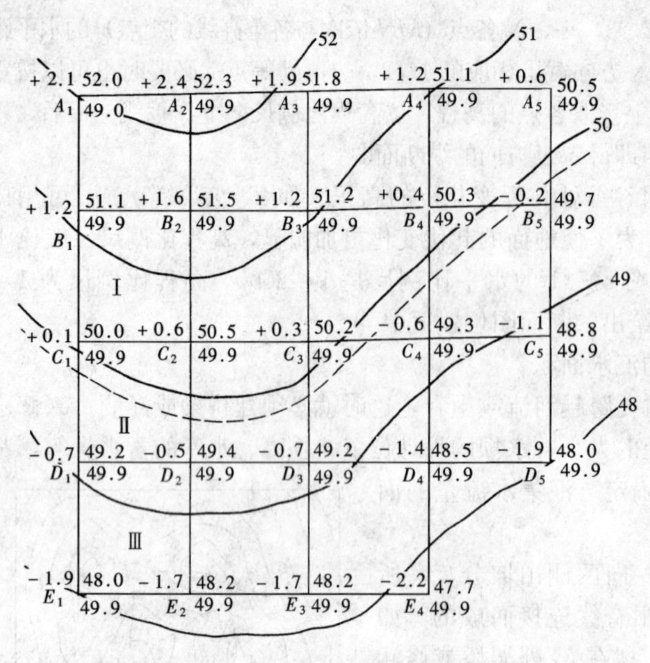

图 8-13 整理成水平场地

20m。方格的方向尽量与边界方向、主要建筑物方向或施工坐标方向一致。然后给各方格点编号，并将各方格点的点号注于方格点的左下角，如图中的 A_1，A_2，…，E_3，E_4 等。

2. 求各方格网点的地面高程

根据地形图上的等高线，用内插法求出每一方格网点的地面高程，并注记在相应方格点的右上方，如图 8-13 所示。

3. 计算设计高程

用加权平均法计算出原地形的平均高程，即为将场地平整成水平面时使填挖土（石）方量保持平衡的设计高程。具体方法如下：

先将每一方格顶点的高程加起来除以 4，得到各方格的平均高程，再把每个方格的平均高程相加除以方格总数，就得到设计高程 H_s，即

$$H_s=\frac{H_1+H_2+\cdots+H_n}{n} \tag{8-11}$$

式中 H_n——每一方格的平均高程；

n——方格总数。

从设计高程 H_s 的计算方法和图 8-13 可以看出，方格网的角点 A_1、A_5，D_5、E_4、E_1 的高程只用了一次，边点 A_2、A_3、A_4、B_1、B_5、C_1、C_5、D_1、E_2、E_3 等点的高程用了两次，拐点 D_4 的高程用了三次，而中间点 B_2、B_3、B_4、C_2、C_3、C_4、D_2、D_3 等点的高程都用了四次，若以各方格点对 H_s 的影响大小（实际上就是各方格点控制面积的大小）作为“权”的标准，如把用过 i 次的点的权定为 i，则设计高程的计算公式可写为

$$H_s=\frac{\sum P_iH_i}{\sum P_i} \tag{8-12}$$

式中 P_i——相应各方格点 i 的权；

H_i——相应各方格点 i 的高程。

现将图 8-13 各方格点的地面高程代入式（8-12），即可计算出设计高程 H_s＝49.9m，并注于各方格点的右下角。

4. 计算各方格点填、挖数值

根据设计高程和各方格顶点的高程，可以计算出每一方格顶点的挖、填高度，即

$$\text{挖、填高度}=\text{地面高程}-\text{设计高程} \tag{8-13}$$

将图中各方格顶点的挖、填高度写于相应方格顶点的左上方，如＋2.1、－0.7 等。正号为挖深，负号为填高。

5. 确定填挖边界线

在地形图上根据等高线，用目估法内插出高程为 49.9m 的高程点，即填挖边界点（零

点）。连接相邻零点的曲线（图中虚线）称为填挖边界线。在填挖边界线一边为填方区域，另一边为挖方区域。零点和填挖边界线是计算土方量和施工的依据。

6. 计算填、挖土（石）方量

计算填、挖土（石）方量有两种情况：一种是整个方格全填（或挖）方，如图中方格Ⅰ、Ⅲ；另一种是既有挖方，又有填方的方格，如图中的Ⅱ。现以方格Ⅰ、Ⅱ、Ⅲ为例，说明计算方法。

方格Ⅰ全为挖方，则

$$V_{1w}=\frac{1}{4}(1.2+1.6+0.1+0.6)\times A_{1w}=+0.875A_{1w}\text{m}^3$$

方格Ⅱ既有挖方，又有填方，则

$$V_{2w}=\frac{1}{4}(0.1+0.6+0+0)\times A_{2w}=+0.175A_{2w}\text{m}^3$$

$$V_{2T}=\frac{1}{4}(0+0-0.7-0.5)\times A_{2T}=-0.3A_{2T}\text{m}^3$$

方格Ⅲ全为填方，则

$$V_{3T}=\frac{1}{4}(-0.7-0.5-1.9-1.7)\times A_{3T}=-1.2A_{3T}\text{m}^3 \qquad (8-14)$$

式中　A_{1w}、A_{2w}、A_{2T}、A_{3T}——分别为方格Ⅰ、Ⅱ、Ⅲ中相应的填挖面积。

又如（如图 8-14 所示）设每一方格面积为 400m²，计算的设计高程是 25.2m，每一方格的挖深或填高数据已分别按式（8-13）计算出，并已注记在相应方格顶点的左上方，于是可按式（8-14）列表（见表 8-2）分别计算出挖方量和填方量。从计算结果可以看出，挖方量和填方量基本是相等的，满足"挖、填平衡"的要求。

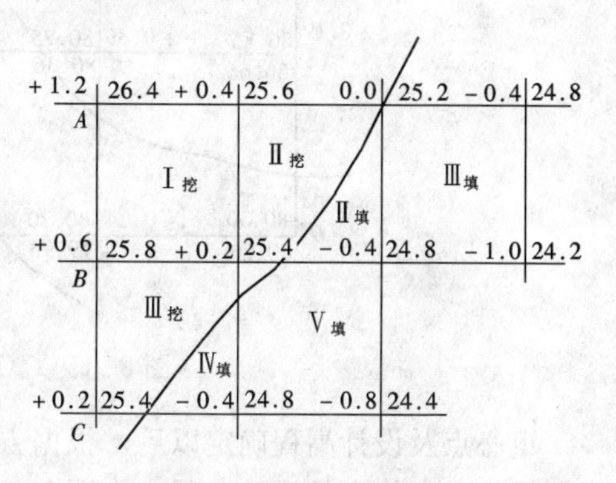

图 8-14　方格法估算土方

（二）设计成一定坡度的倾斜场地

如图 8-15 所示，根据原地形情况，欲将方格网范围内平整为倾斜场地，设计要求：倾斜面的坡度，从北到南的坡度为−2%，从西到东的坡度为−1.5%；倾斜平面的设计高程应填、挖土（石）方量基本平衡。其设计步骤如下：

表 8-2　土 方 量 计 算 表

方格序号	挖填数值（m）	所占面积（m²）	挖方量（m³）	填方量（m³）
Ⅰw	+1.2、+0.4、+0.6、+0.2	400	240	
Ⅱw	+0.4、0、+0.2、0	266.7	40	
ⅡT	0、0、−0.4	133.3		18
ⅢT	0、−0.4、−0.4、−1.0	400		180
Ⅳw	+0.6、+0.2、+0.2、0、0	311.1	62	
ⅣT	−0.4、0、0	88.9		12
Ⅴw	+0.2、0、0	22.2	2	
ⅤT	0、0、−0.4、−0.4、−0.8	377.8		121
			Σ：344	Σ：331

1. 绘制方格网，并求出各方格点的地面高

与设计成水平场地同法绘制方格网，并将各方格点的地面高程注于图上。图 8-15 中方格边长为 20m。

2. 计算各方格网点的设计高程

根据填挖土（石）方量平衡，按式（8-12）计算整个场地几何图形重心点（图中 G 点）的高程为设计高程。用图 8-15 中数据计算得 H_s＝80.26m。

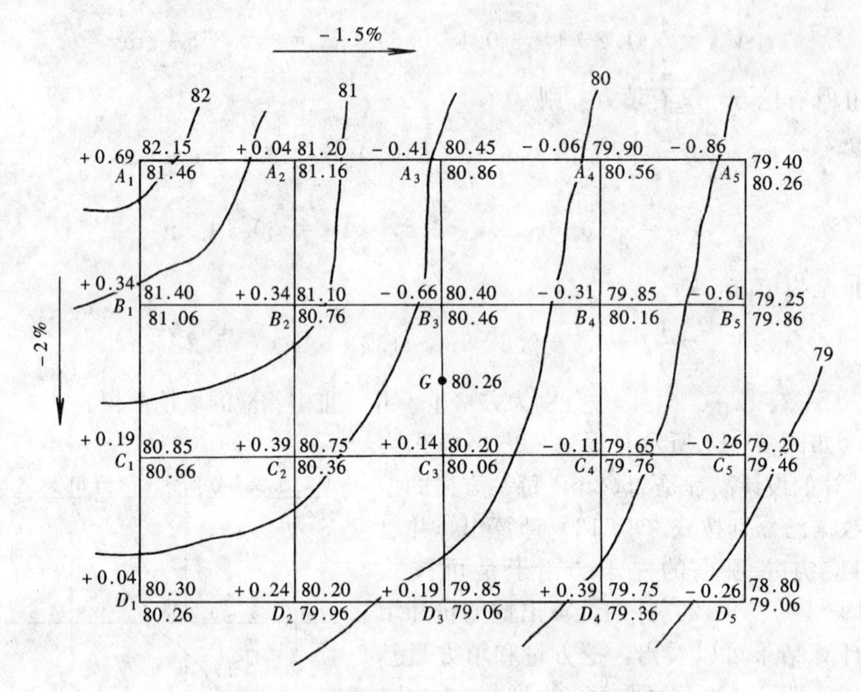

图 8-15 整理成一定坡度的倾斜场地

重心点及设计高程确定以后，根据方格点间距和设计坡度，自重心点起沿方格方向，向四周推算各方格点的设计高程。在图 8-15 中，南北两方格点间设计高差＝20×2％＝0.4m，东西两方格点间设计高差＝20×1.5％＝0.3m。重心点 G 的设计高程为 80.26m，其北 B_3 点的设计高程为 80.26＋0.2＝80.46m，A_3 点的设计高程为 80.46＋0.4＝80.86m，其南 C_3 点的设计高程为 80.26－0.2＝80.06m，D_3 点的设计高程为 80.06－0.4＝79.66m。同理可推得其余各方格点设计高程。将设计高程注于方格点的右下角，并进行计算校核：

（1）从一个角点起沿边界逐点推算一周后回到起点，设计高程应该闭合；

（2）对角线各点设计高程的差值应完全一致。

3. 计算方格点填、挖数值

根据图 8-15 中地面高程与设计高程值，按式（8-13）计算各方格点填、挖数值，并注于相应点的左上角。

4. 计算填、挖方量

根据方格点的填、挖数，可按上述方法确定填挖边界线，并分别计算各方格内的填、挖方量及整个场地的总填、挖方量。

（三）要求按设计等高线整理成倾斜面

将原地形改造成某一坡度的倾斜面，一般可根据填、挖平衡的原则，绘出设计倾斜面的

等高线。但是有时要求所设计的倾斜面必须包含不能改动的某些高程点（称为设计倾斜面的控制高程点），如已有道路的中线高程点、永久性或大型建筑物的外墙地坪高程等。如图8-16所示，设a、b、c三点为控制高程点，其地面高程分别为54.6m、51.3m和53.7m，要求将原地形改造成通过a、b、c三点的倾斜面，其步骤如下。

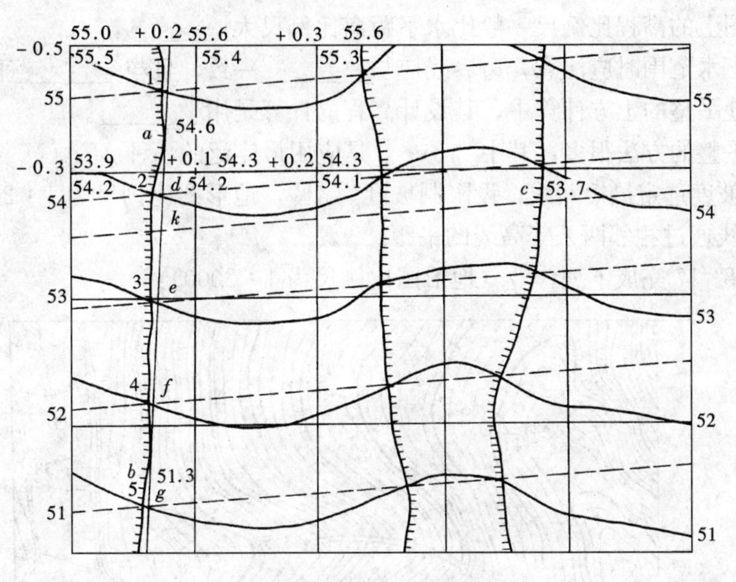

图8-16 整理成倾斜平面

1. 确定设计等高线的平距

过a、b二点作直线，用比例内插法在ab线上求出高程为54、53、52m…各点的位置，也就是设计等高线应经过ab线上的相应位置，如d、e、f、g等点。

2. 确定设计等高线的方向

在ab直线上求出一点k，使其高程等于c点的高程（53.7m）。过kc连一线，则kc方向就是设计等高线的方向。

3. 插绘设计倾斜面的等高线

过d、e、f、g…各点作kc的平行线（图8-16中的虚线），即为设计倾斜面的等高线。过设计等高线和原同高程的等高线交点的连线，如图中连接1、2、3、4、5等点，就可得到挖、填边界线。图中绘有短线的一侧为填土区，另一侧为挖土区。

4. 计算挖、填土方量

与前一方法相同，首先在图上绘方格网，并确定各方格顶点的挖深和填高量。不同之处是各方格顶点的设计高程是根据设计等高线内插求得的，并注记在方格顶点的右下方。其填高和挖深量仍记在各顶点的左上方。挖方量和填方量的计算和前一方法相同。

习题与思考题

1. 填空

(1) 在1∶500地形图上等高距为0.5m，则图上相邻等高线相距________才能使地面有8%的坡度。

（2）求图上两点间的距离有________和________两种方法。其中________较为精确。

（3）量测图形面积的方法有________、________、________、________和________等方法。

（4）断面图上的高程比例尺一般比水平距离比例尺大________。

（5）确定汇水范围时应注意，边界线应与________一致，且与________垂直。

（6）在场地平整的土方计算中，其设计高程的计算是用________。

（7）场地平整的方法很多，其中________是应用最广泛的一种。

2. 按限制坡度选定最短路线，设限制坡度为4%，地形图比例尺为1：2000，等高距为1m，试求该路线通过相邻两条等高线的平距。

3. 利用图8-17完成下列作业（地形图比例尺为1：2000）：

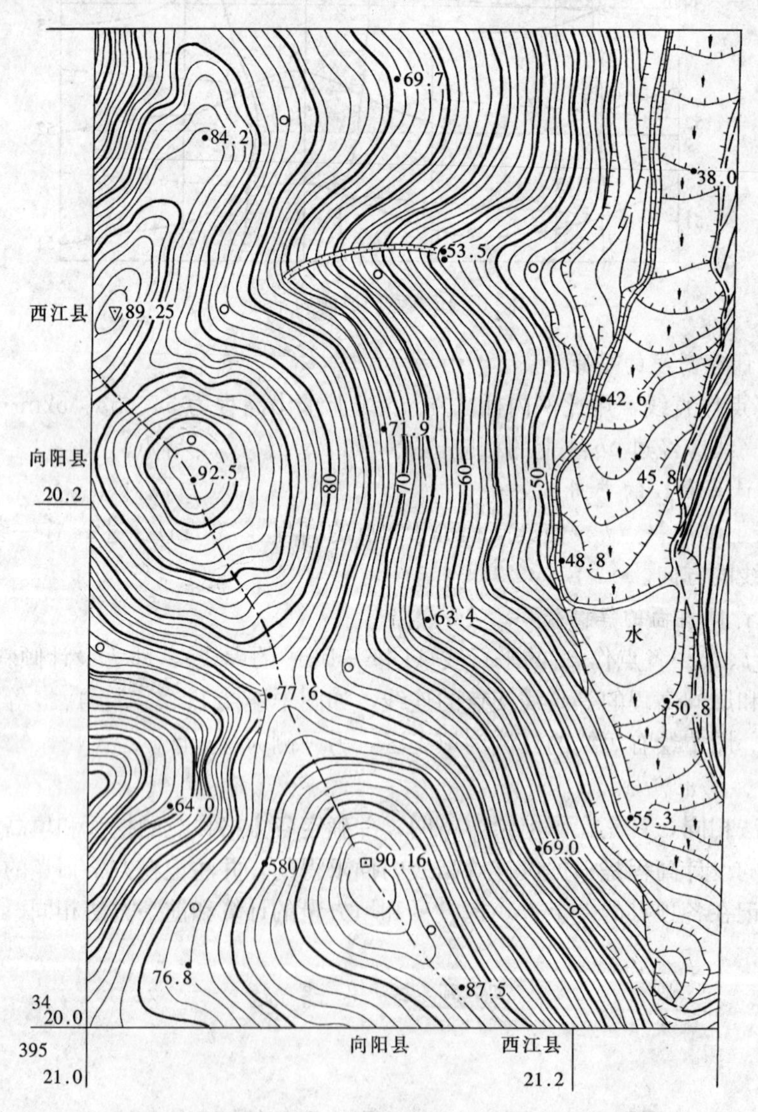

图8-17 地形图的基本应用

（1）用图解法求高程点 76.8m 和高程点 63.4m 的坐标。

（2）求上述两个高程点之间的水平距离和坐标方位角。

（3）绘制高程点 92.5m 至导线点 580 之间的断面图。

（4）求高程点 71.9m 和高程点 63.4m 的平均坡度。

4. 在地形图上将高低起伏的地面设计为水平面或倾斜面时，如何计算场地的设计高程？如何确定填、挖边界线？

5. 图 8-18 所示为 1∶2000 的地形图，欲作通过设计高程为 52m 的 a、b 两点，向下设计坡度为 4%的倾斜面，试绘出其填、挖边界线。

6. 欲在汪家凹（如图 8-19 所示，比例尺为 1∶2000）村北进行土地平整，其设计要求如下：

（1）平整后要求成为高程为 44m 的水平面；

（2）平整场地的位置：以 533 导线点为起点向东 60m，向北 50m。

根据设计要求绘出边长为 10m 的方格网，求出填、挖土方量。

7. 地形图有哪些基本应用？

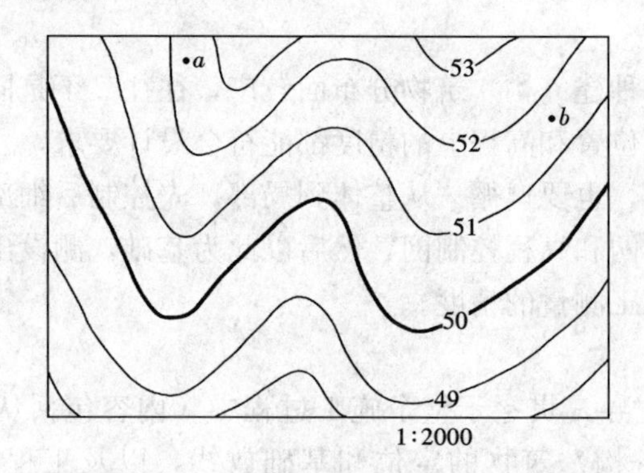

图 8-18　利用地形图进行场地平整

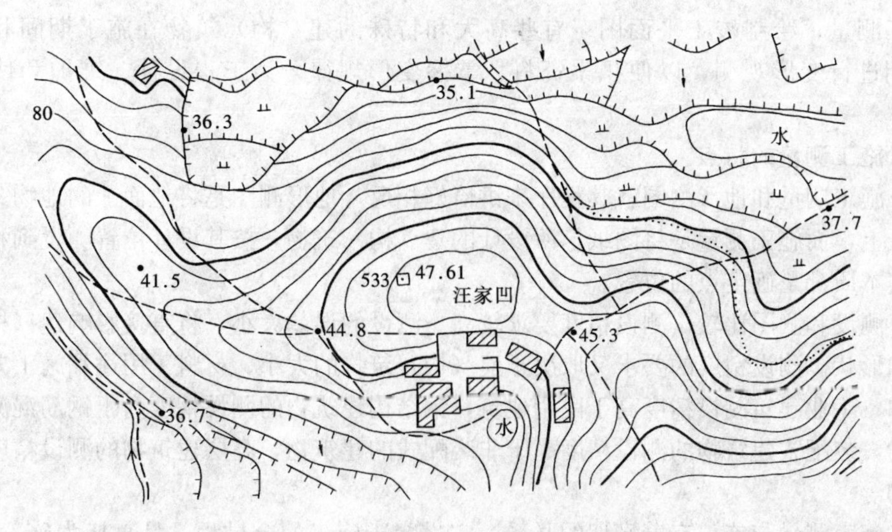

图 8-19　利用地形图进行土方计算

第九章　施工测量的基本工作

第一节　施工测量概述

一、施工测量的概念

在进行建筑、道路、桥梁和管道等工程建设时，都需要经过勘测、设计、施工这三个阶段。前面所讲的大比例尺地形图的测绘和应用，都是为上述各种工程进行规划设计提供必要的资料。在设计工作完成后，就要在实地进行施工。在施工阶段所进行的测量工作，称为施工测量。

它的任务是根据施工需要将设计图纸上的建（构）筑物的平面和高程位置，按一定的精度和设计要求，用测量仪器测设在地面上作为施工的依据，并在施工过程中进行一系列的测量工作，以衔接和指导各工序间的施工。

二、施工测量的原则

在施工现场，由于各种建（构）筑物分布面较广，往往又不是同时开工兴建，为了保证各个建（构）筑物在平面位置和高程上的精度都能符合设计要求，互相连成统一的整体，施工测量和测绘地形图一样，也要遵循"从整体到局部，先控制后细部"的原则。即先在施工现场建立统一的平面控制网和高程控制网，然后以此为基础，测设出各个建（构）筑物的细部，只有这样才能保证施工测量的精度。

三、施工测量的内容

施工测量是施工的先导，贯穿于整个施工过程中。内容包括从施工前的场地平整、施工控制网的建立，到建（构）筑物的定位和基础放线，以及工程施工中各道工序的细部测设、构件与设备安装的测设工作；在工程竣工后，为了便于管理、维修和扩建，还需进行竣工测量，绘制竣工平面图；有些高大和特殊的建（构）筑物在施工期间和建成后还要定期进行变形观测，以便积累资料，掌握变形规律，为工程设计、维护和使用提供资料。

四、施工测量的特点

（1）施工测量和地形测图就其程序来讲恰好相反。地形测图是将地面上的地物、地貌测绘在图纸上，而施工测量是将图纸上所设计的建（构）筑物，按其设计位置测设到相应的地面上，其本质都是确定点的位置。

（2）测设和测图比较，测设精度要求较高。测设的误差大小，将直接影响建（构）筑物的尺寸和形状。测设精度的要求又取决于建（构）筑物的大小、材料、用途和施工方法等因素。例如，工业建筑测设精度高于民用建筑，钢结构建筑物的测设精度高于钢筋混凝土结构的建筑物，装配式建筑物的测设精度高于非装配式的建筑物，高层建筑物的测设精度高于低层建筑物等。

（3）施工测量与施工有着密切的联系，它贯穿于施工的全过程，是直接为施工服务的。测设的质量将直接影响到施工的质量和进度。测量人员除应充分了解设计内容及对测设的精度要求，熟悉图上设计建筑物的尺寸、数据以外，还应与施工单位密切配合，随时掌握工程进度及现场变动情况，使测设精度和速度能满足施工的需要。

（4）施工现场工种多，交叉作业、干扰大，地面变动较大并有机械的震动，易使测量标志被毁。因此，测量标志从形式、选点到埋设均应考虑便于使用、保管和检查，如有损坏，应及时恢复。在高空或危险地段施测时，应采取安全措施，以防止事故发生。

第二节　测设的基本工作

建筑物和构筑物的测设工作实质上是根据已建立的控制点或已有的建筑物，按照设计的角度、距离和高程把图纸上建（构）筑物的一些特征点（如轴线的交点）标定在实地上。因此，测设的基本工作就是测设已知长度的直线、已知数值的水平角和已知高程点三项基本工作。

一、测设已知长度的直线

已知长度直线的测设，就是根据地面上一给定的直线起点，沿给定的方向，定出直线上另外一点，使得两点间的水平距离为给定的已知值。例如，经常要在施工现场，把房屋的轴线的设计长度在地面上标定出来；经常要在道路及管线的中线上，按设计长度定出一系列点等。

（一）钢尺测设法

1. 一般方法

设 A 为地面上已知点，D 为设计的水平距离，要在地面上沿给定 AB 方向上测设水平距离 D，以定出线段的另一端点 B。具体做法是从 A 点开始，沿 AB 方向用钢尺边定线边丈量，按设计长度 D 在地面上定出 B 点的位置。若建筑场地不是平面时，丈量时可将钢尺一端抬高，使钢尺保持水平，用吊垂球的方法来投点。为了校核起见，按第四章第二节介绍的一般量距方法测设两次，得 B' 和 B'' 点，若测设误差在限差以内，取其平均位置作为测设端点 B。

2. 精密方法

当测设精度要求较高时，如图 9-1 所示，可在一般方法定出 B' 点的基础上，按第四章第四节介绍的精密量距方法，精确丈量 AB' 的距离，并加尺长、温度和倾斜三项改正数，求出 AB' 的精确水平距离 D'。当 D' 与 D 不相等，则按其差值 $\Delta D=D-D'$ 沿 AB 方向以 B' 点为准进行改正。当 ΔD 为正时，向外改正；反之，则向内改正。

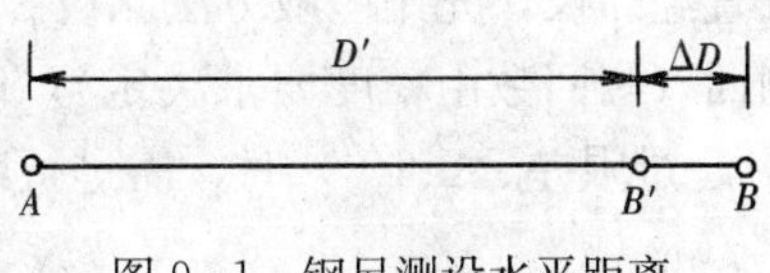

图 9-1　钢尺测设水平距离

（二）光电测距仪测设法

由于光电测距仪的普及，目前水平距离的测设，尤其是长距离的测设多采用光电测距仪。如图 9-2 所示，安置光电测距仪于 A 点，反光棱镜在已知方向上移动，使仪器显示值略大于测设的距离，定出 B' 点。在 B' 点安置反光棱镜，测出竖直角 α 及斜距 L（必要时加测气象改正），计算水平距离 $D'=L\cos\alpha$，求出 D' 与应测设的水平距离 D 之差 $\Delta D=D-D'$。

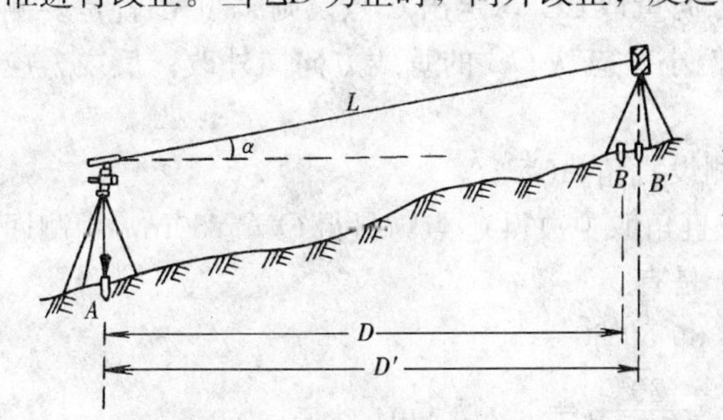

图 9-2　测距仪测设水平距离

根据 ΔD 的符号在实地用钢尺沿测设方向将 B' 改正至 B 点，并用木桩标定其点位。为了检核，应将反光镜安置于 B 点，再实测 AB 距离，其不符值应在限差之内，否则应再次进行改正，直至符合限差为止。

二、测设已知数值的水平角

已知水平角的测设，就是根据地面上一点及一给定的方向，定出另外一个方向，使得两方向间的水平角为给定的已知值。例如，地面上已有一条轴线，要在该轴线上定出一些与之相垂直的轴线，则需设置出 90°角。

（一）经纬仪测设法

1. 一般方法

如图 9-3 所示，设地面上已有 OA 方向线，测设水平角$\angle AOC$ 等于已知角值β。测设时将经纬仪安置在 O 点，用盘左瞄准 A 点，读取度盘读数，松开水平制动螺旋，旋转照准部，当度盘读数增加到 β 角值时，在视线方向上定出 C' 点。然后用盘右重复上述步骤，测设得另一点 C''，取 C' 和 C'' 的中点 C，则$\angle AOC$ 就是要测设的 β 角，OC 方向就是所要测设的方向。这种测设角度的方法通常称为正倒镜分中法。

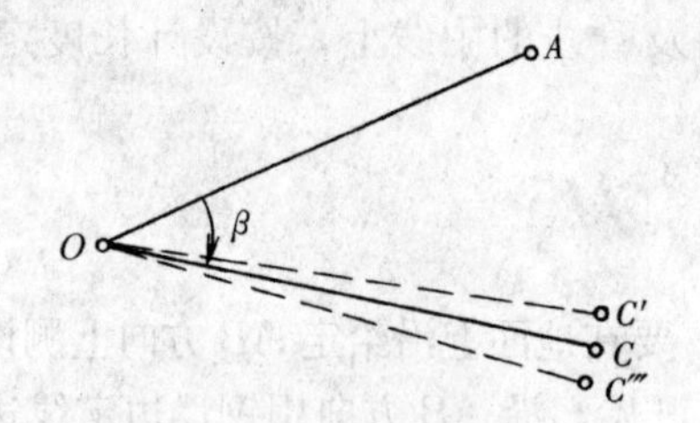

图 9-3 一般方法测设水平角

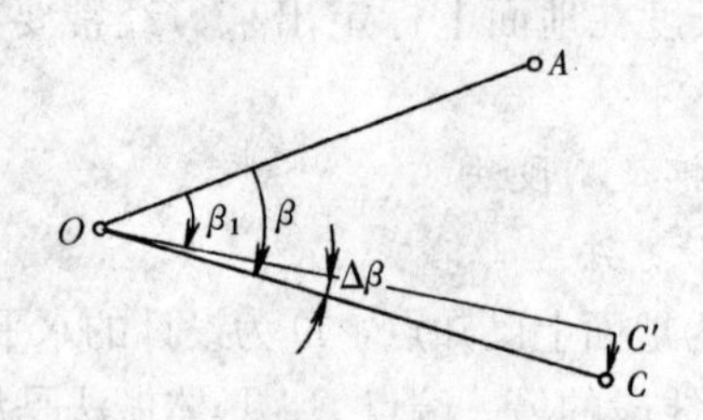

图 9-4 精确方法测设水平角

2. 精确方法

当测设水平角的精度要求较高时，应采用作垂线改正的方法。如图 9-4 所示，在 O 点安置经纬仪，先用一般方法测设 β 角值，在地面上定出 C' 点，再用测回法观测$\angle AOC'$几个测回（测回数由精度要求决定），取各测回平均值为 β_1，即$\angle AOC'=\beta_1$，当 β 和 β_1 的差值 $\Delta\beta$ 超过限差（$\pm 10''$）时，需进行改正。根据 $\Delta\beta$ 和 OC' 的长度计算出改正值 CC'。即

$$CC'=OC'\times\tan\Delta\beta=OC'\times\frac{\Delta\beta}{\rho} \tag{9-1}$$

其中

$$\rho=206265''$$

过 C' 点作 OC' 的垂线，再以 C' 点沿垂线方向量取 CC'，定出 C 点，则$\angle AOC$ 就是要测设的 β 角。当 $\Delta\beta=\beta-\beta_1>0$ 时，说明$\angle AOC'$偏小，应从 OC' 的垂线方向向外改；反之，应向内改。

【例 9-1】 已知地面上 A、O 两点，要测设直角 AOC。

作法：在 O 点安置经纬仪，盘左盘右测设直角取中数得 C' 点，量得 $OC'=50\text{m}$，用测回法测了三个测回，测得$\angle AOC'=89°59'30''$。于是有

$$\Delta\beta=90°00'00''-89°59'30''=30''$$

$$CC'=OC'\times\frac{\Delta\beta}{\rho}=50\times\frac{30''}{206265''}=0.007\ (\text{m})$$

过 C 点作 OC' 的垂线 CC' 向外量 $CC'=0.007\text{m}$ 定得 C 点，则$\angle AOC$ 即为直角。

（二）简易方法测设

在施工现场，如果测设水平角的精度要求不高，可以采用简易方法测设，现介绍如下。

1. 测设直角

（1）用钢尺按3∶4∶5法测设直角。3∶4∶5法，是根据几何学上勾股定理，斜边（弦）的平方等于对边（股）与底边（勾）的平方和。由图9-5可知

$$CD^2=AD^2+AC^2$$

$$CD=\sqrt{AD^2+AC^2}$$

所以，若$AC=3$，$AD=4$，则$CD=5$。据此，要在已知线段AB上的A点处测设直角，可用钢尺在AB线上量取3m定出C点，再以A点圆心，4m为半径画弧；然后以C点为圆心，5m为半径画弧，两弧相交于D点，则$\angle DAB$为直角。如AD要求有较长的距离，各边可同时放大n倍，即用$3n$∶$4n$∶$5n$来测设直角。

（2）等腰直角法。如图9-6所示，欲在直线MN的定点D上测设直角，可用钢尺自D点在直线MN上分别量出相等的线段DA、DB，然后以大于DA之长为半径，再分别以A、B两点为圆心画弧，相交于C点，则$\angle ADC$与$\angle BDC$为所求之直角。

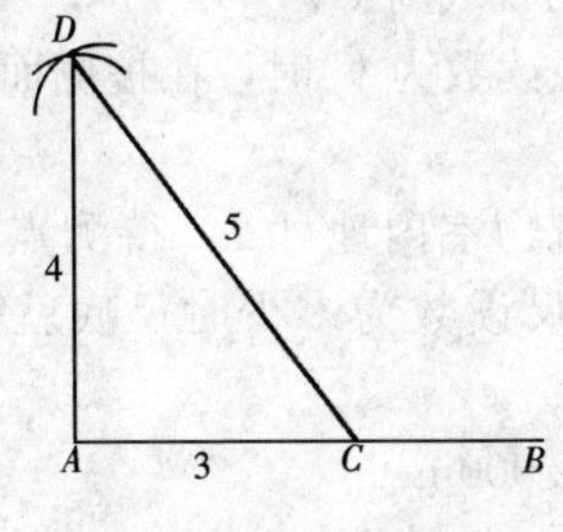

图9-5　3∶4∶5法测设直角

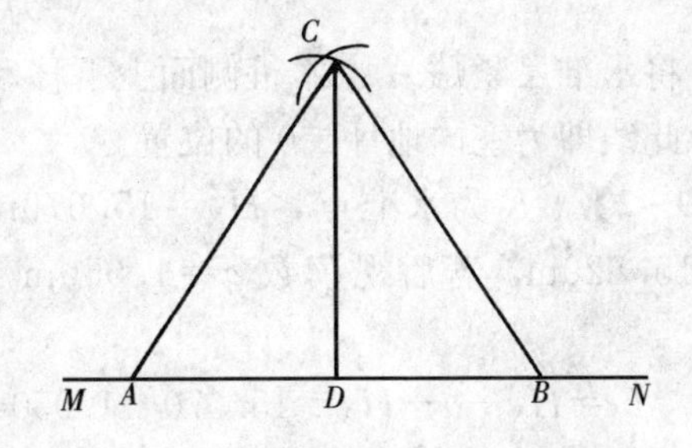

图9-6　等腰法测设直角

2. 测设任意角

如图9-7（a）所示，要在地面已知线段AD上测设β角。首先在AD线段上量取一段距离AB（可取一整数），并计算垂线

$$BC=AB\tan\beta \tag{9-2}$$

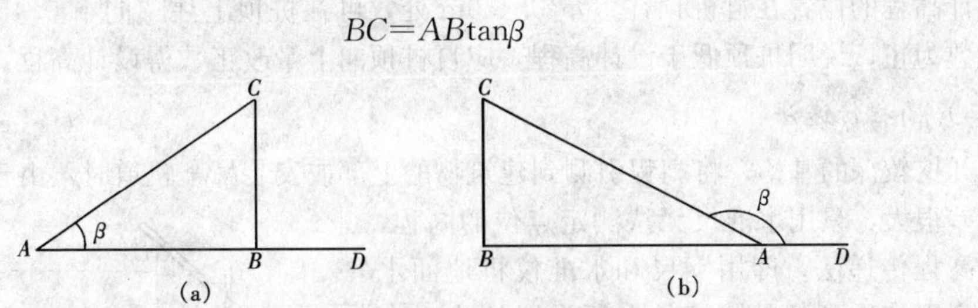

图9-7　简易方法测设任意角

然后过B点作AB的垂线，在垂线上量取BC值，连接AC，则$\angle CAB$即为所测设的β角。若$180°>\beta>90°$时，如图9-7（b）所示，则

$$BC=AB\tan(180°-\beta) \tag{9-3}$$

求出BC后，在DA的延长线上量取AB，过B点作AB的垂线，在垂线上量取BC值，连接AC，则$\angle CAD$即为所测设的β角。

三、测设已知高程的点

已知高程的测设，就是根据已给定的点位，利用附近已知水准点，在点位上标定出给定高程的高程位置。例如，平整场地，基础开挖，建筑物地坪标高位置确定等，都要测设出已知的设计高程。

（一）视线高程法

在建筑设计和施工的过程中，为了使用和计算方便，一般将建筑物的室内地坪假设为±0，建筑物各部分的高程都是相对于±0测设的，测设时一般采用视线高程法。

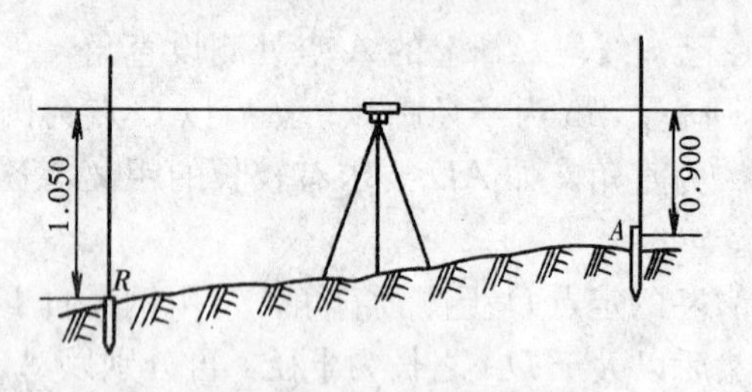

图 9-8　视线高程法

如图 9-8 所示，欲根据某水准点的高程 H_R，测设 A 点，使其高程为设计高程 H_A，则 A 点尺上应读的前视读数为

$$b_c = (H_R + a) - H_A \tag{9-4}$$

测设方法如下：

（1）安置水准仪于 R、A 中间，整平仪器；

（2）后视水准点 R 上的立尺，读得后视读数为 a，则仪器的视线高 $H_i = H_R + a$；

（3）将水准尺紧贴 A 点木桩侧面上下移动，直至前视读数为 b_c 时，在桩侧面沿尺底画一横线，此线即为室内地坪±0 的位置。

【例 9-2】　R 为水准点，$H_R = 15.670$m，A 为建筑物室内地坪±0 待测点，设计高程 $H_A = 15.820$m，若后视读数 $a = 1.050$m，试求 A 点尺读数为多少时尺底就是设计高程 H_A。

解　$b_c = H_R + a - H_A = 15.670 + 1.050 - 15.820 = 0.900$m

如果地面坡度较大，无法将设计高程在桩顶或一侧标出时，可立尺于桩顶，读取桩顶前视，根据下式计算出桩顶改正数

桩顶改正数＝桩顶前视－应读前视

假如应读前视读数是 1.600m，桩顶前视读数是 1.150m，则桩顶改为正数为－0.450m，表示设计高程的位置在自桩顶往下量 0.450m 处，可在桩顶上注“向下 0.450m”即可。如果改正数为正，说明桩顶低于设计高程，应自桩顶向上量改正数得设计高程。

（二）高程传递法

当开挖较深的基槽，将高程引测到建筑物的上部或安装吊车轨道时，由于测设点与水准点的高差很大，只用水准尺无法测定点位的高程，应采用高程传递法。即用钢尺和水准仪将地面水准点的高程传递到低处或高处上所设置的临时水准点，然后再根据临时水准点测设所需的各点高程。

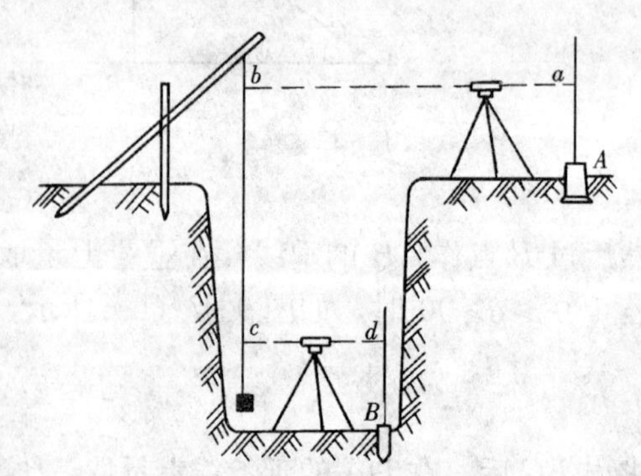

图 9-9　高程传递法

图 9-9 所示为深基坑的高程传递，将钢尺悬挂在坑边的木杆上，下端挂 10kg 重锤，在地面上和坑内各安置一台水准仪分别读取地面水准点 A 和坑内水准点 B 的水准尺读数 a 和 d，并读取钢尺读数 b 和 c，则可根据已知地面水准点 A 的高程

H_A，按下式求得临时水准点 B 的高程 H_B

$$H_B = H_A + a - (b - c) - d \tag{9-5}$$

为了进行检核，可将钢尺位置变动 10～20cm，同法再次读取这四个数，两次求得的高程相差不得大于 3mm。

当需要将高程由低处传递至高处时，可采用同样方法进行，由下式计算

$$H_A = H_B + d + (b - c) - a \tag{9-6}$$

第三节 点的平面位置测设

测设点的平面位置，就是根据已知控制点，在地面上标定出一些点的平面位置，使这些点的坐标为给定的设计坐标。例如，在工程建设中，要将建筑物的平面位置标定在实地上，其实质就是将建筑物的一些轴线交叉点、拐角点在实地标定出来。

根据设计点位与已有控制点的平面位置关系，结合施工现场条件，测设点的平面位置的方法有直角坐标法、极坐标法、角度交会法、距离交会法和方向线交会法等。测设时，应预先计算好有关的测设数据。

一、直角坐标法

当施工场地有彼此垂直的建筑基线或建筑方格网，待测设的建（构）筑物的轴线平行而又靠近基线或方格网边线时，常用直角坐标法测设点位。

如图 9-10（a）、（b）所示，Ⅰ、Ⅱ、Ⅲ、Ⅳ点是建筑方格网顶点，其坐标值已知，1、2、3、4 为拟测设的建筑物的四个角点，在设计图纸上已给定四角的坐标，现用直角坐标法测设建筑物的四个角桩，测设步骤如下。

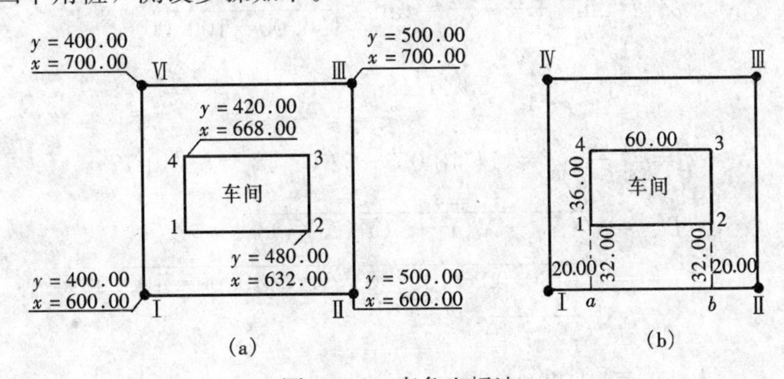

图 9-10 直角坐标法

首先根据方格顶点和建筑物角点坐标计算出测设数据。然后在Ⅰ点安置经纬仪，瞄准Ⅱ点，在Ⅰ、Ⅱ方向上以Ⅰ点为起点分别测设 $D_{Ia}=20.00$m、$D_{ab}=60.00$m，定出 a、b 点。搬仪器至 a 点，瞄准Ⅱ点，用盘左盘右测设 90°角，定出 a-4 方向线，在此方向上由 a 点测设，$D_{a1}=32.00$m，$D_{14}=36$m，定出 1、4 点。再搬仪器至 b 点，瞄准Ⅰ点，同法定出房角点 2、3。这样建筑物的四个角点位置便确定了，最后要检查 D_{12}、D_{34} 的长度是否为 60.00m，房角 4 和 3 是否为 90°，误差是否在允许范围内。

直角坐标法计算简单，测设方便，精度较高，应用广泛。

二、极坐标法

极坐标法是在控制点上测设一个角度和一段距离来确定点的平面位置。此法宜用于测设

点离控制点较近且便于量距的情况。若用全站仪测设则不受测设长度的限制。

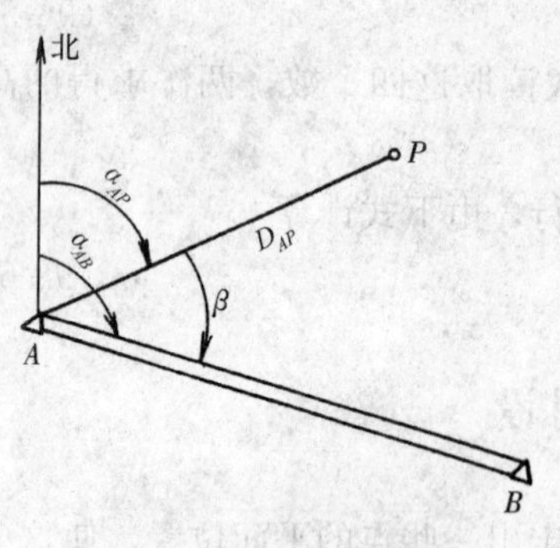

图 9-11　极坐标法

如图 9-11 所示，A、B 为控制点，其坐标 X_A、Y_A、X_B、Y_B 为已知，P 为设计的管线主点，其坐标 X_P、Y_P 可在设计图上查得。现欲将 P 点测设于实地，先按下列公式计算出测设数据水平角 β 和水平距离 D_{AP}

$$\left.\begin{aligned}\alpha_{AB}&=\tan^{-1}\frac{Y_B-Y_A}{X_B-X_A}\\\alpha_{AP}&=\tan^{-1}\frac{Y_P-Y_A}{X_P-X_A}\\\beta&=\alpha_{AB}-\alpha_{AP}\end{aligned}\right\}\tag{9-7}$$

$$D_{AP}=\sqrt{(X_P-X_A)^2+(Y_P-Y_A)^2}\tag{9-8}$$

测设时，在 A 点安置经纬仪，瞄准 B 点，采用正倒镜分中法测设出 β 角以定出 AP 方向，沿此方向上用钢尺测设距离 D_{AP}，即定出 P 点。

【例 9-3】　如图 9-11 所示，已知 $X_A=100.00\text{m}$，$Y_A=100.00\text{m}$，$X_B=80.00\text{m}$，$Y_B=150.00\text{m}$，$X_P=130.00\text{m}$，$Y_P=140.00\text{m}$，求测设数据 β、D_{AP}。

解　将已知数据代入式（9-7）和式（9-8）可计算得

$$\alpha_{AB}=\tan^{-1}\frac{Y_B-Y_A}{X_B-X_A}=\tan^{-1}\frac{150.00-100.00}{80.00-100.00}$$

$$=\tan^{-1}\frac{-5}{2}=111°48'05''$$

$$\alpha_{AP}=\tan^{-1}\frac{Y_P-Y_A}{X_P-X_A}=\tan^{-1}\frac{140.00-100.00}{130.00-100.00}$$

$$=\tan^{-1}\frac{4}{3}=53°07'48''$$

$$\beta=\alpha_{AB}-\alpha_{AP}=111°48'05''-53°07'48''=58°40'17''$$

$$\begin{aligned}D_{AP}&=\sqrt{(X_P-X_A)^2+(Y_P-Y_A)^2}\\&=\sqrt{(130.00-100.00)^2+(140.00-100.00)^2}\\&=\sqrt{30^2+40^2}\\&=50\ (\text{m})\end{aligned}$$

如果用全站仪按极坐标法测设点的平面位置，则更为方便，甚至不需预先计算放样数据。如图 9-12 所示，A、B 为已知控制点，P 点为待测设的点。将全站仪安置在 A 点，瞄准 B 点，按提示分别输入测站点 A、后视点 B 及待测设点 P 的坐标后，仪器即自动显示测设数据水平角 β 及水平距离 D。水平转动仪器直至角度显示为 0°00′00″，此时视线方向即为需测设的方向。在此视线方向上指挥持棱镜者前后移动棱镜，直到距离改正值显示为零，则棱镜所在位置即为 P 点。

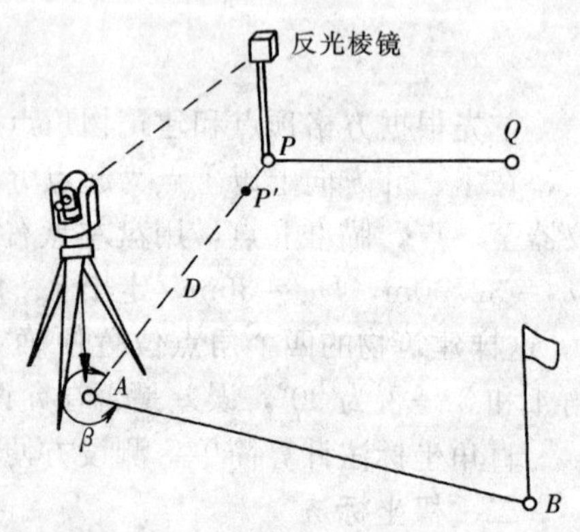

图 9-12　全站仪测设法

三、角度交会法

角度交会法是在两个控制点上用两台经纬仪测设出两个已知数值的水平角，交会出点的平面位置。为提高放样精度，通常用三个控制点三台经纬仪进行交会。此法适用于待测设点离控制点较远或量距较困难的地区。在桥梁等工程中，常采用此法。

如图 9-13（a）、（b）所示，A、B、C 为已有的三个控制点，其坐标为已知，需放样点 P 的坐标也已知。先根据控制点 A、B、C 的坐标和 P 点设计坐标，计算出测设数据 β_1、β_2、β_4，计算公式见式（9-7）。测设时，在 A、B、C 点各安置一台经纬仪，分别测设 β_1、β_2、β_4 定出三个方向，其交点即为 P 点的位置。由于测设有误差，往往三个方向不交于一点，而形成一个误差三角形，如果此三角形最长边不超过 3～4cm，则取三角形的重心作为 P 点的最终位置。

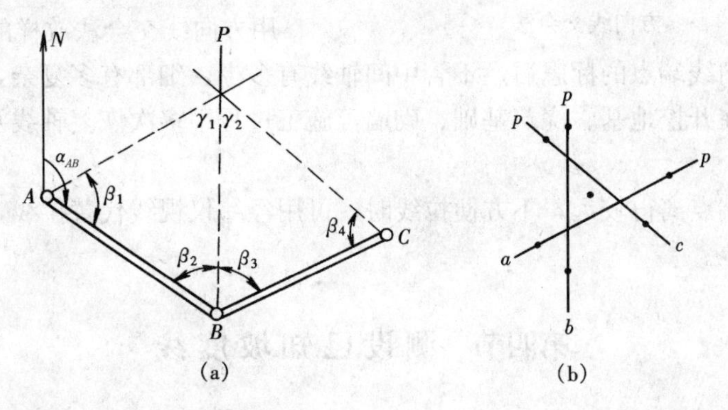

图 9-13　角度交会法

应用此法放样时，宜使交会角 γ_1、γ_2 在 30°～120°之间。

四、距离交会法

距离交会法是在两个控制点上各测设已知长度交会出点的平面位置。距离交会法适用于场地平坦，量距方便，且控制点离待测设点的距离不超过一整尺长的地区。

如图 9-14 所示，A、B 为控制点，P 为待测设点。先根据控制点 A、B 坐标和待测设点 P 坐标，计算出测设距离 D_1、D_2，计算公式见式（9-8）。测设时，以 A 点为圆心，以 D_1 为半径，用钢尺在地面上画弧；以 B 点为圆心，以 D_2 为半径，用钢尺在地面上画弧，两条弧线的交点即为 P 点。

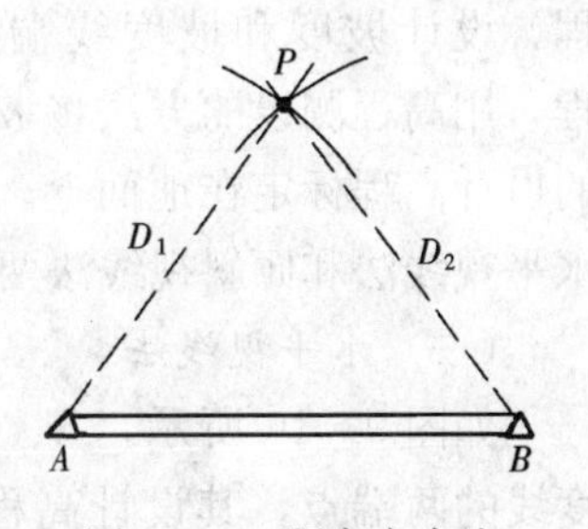

图 9-14　距离交会法

五、方向线交会法

方向线交会法是利用两条互相垂直的方向线相交来定出点的平面位置。这种方法常用在工业厂房的放样中，当已建立矩形控制网并测设出厂房柱列轴线时，可用这种方法测设出柱子或设备中心等细部。由于构件制作和装配时，相互之间尺寸需要协调，故柱列轴线不一定是柱的中心线，在基础放样时须引起注意。

如图 9-15 所示，A-A′、B-B′、1-1′、2-2′…均为柱列轴线，现要测设出 K 号柱子。在实地放样前，先根据柱子中心位置求出其与相邻柱子轴线的相对关系。K 号柱子对于厂房的大轴方向来讲是位于 B-B′轴上，而对于短轴线来说，位于 2-2′轴与 3-3′轴之间，与 3-3′轴的间距为 10m。根据放样数据，在实地放样时，先从 3-3′轴的轴线桩的位置向着 2-2′

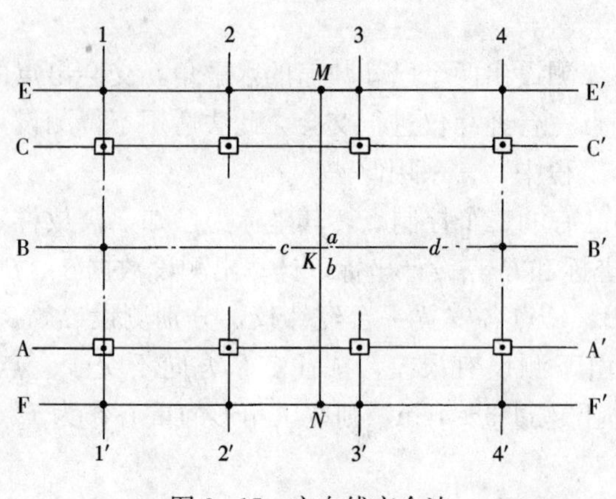

图 9-15 方向线交会法

轴量 10m 的距离，分别得出 M、N 两点；再在 M 点上安置经纬仪，瞄准 N 点上的标志，得方向线 MN。沿此方向在基础 K 的挖土范围以外，设立 a、b 两点。为了消除仪器误差的影响，用正镜定出点位后，还要用倒镜再进行定点。如果两次所定的点位不重合，应取其平均值。用上述同样方法，在 B-B′轴线方向上定出 c、d 两点，有了 a、b、c、d 四个点，施工人员即可用拉线方法定出基础中心，并放样出轮廓。

用方向线交会法放样的关键是确定方向线，设置了两方向线端点的标志后，不管中间轴线有多少，细部有多复杂，只要量距及拉线就可放样。还可在开挖地基、浇筑基础、砌墙等施工过程中多次恢复轴线及特征点，操作比较方便。

若方向线两端点离得较远，不方便拉线时，可用经纬仪视线代替拉线，用两台经纬仪交会得到放样的点位。

第四节 测设已知坡度线

在平整场地、敷设上下水管道及修建道路等工程中，需要在地面上测设给定的坡度线。坡度线的测设是根据附近水准点的高程、设计坡度和坡度线端点的设计高程，用高程测设的方法将坡度线上各点的设计高程标定在地面上。测设方法有水平视线法和倾斜视线法两种。

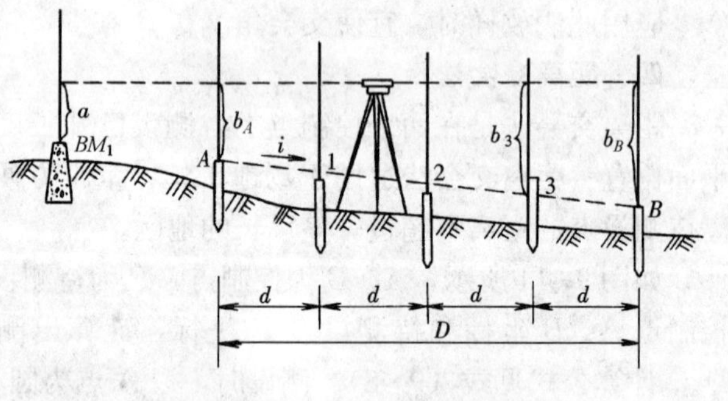

图 9-16 水平视线法测设坡度线

（一）水平视线法

如图 9-16 所示，A、B 为设计坡度线的两端点，其设计高程分别为 H_A 和 H_B，AB 设计坡度为 i，在 AB 方向上，每隔距离 d 定一木桩，要求在木桩上标定出坡度为 i 的坡度线，施测方法如下。

（1）沿 AB 方向，桩定出间距为 d 的中间点 1、2、3 的位置。

（2）计算各桩点的设计高程。计算公式为

$$\left.\begin{array}{ll}\text{第 1 点的设计高程} & H_1=H_A+id \\ \text{第 2 点的设计高程} & H_2=H_1+id \\ \text{第 3 点的设计高程} & H_3=H_2+id \\ B\text{ 点的设计高程} & H_B=H_3+id \\ \text{或} & H_B=H_A+iD\ (\text{检核})\end{array}\right\} \tag{9-9}$$

坡度 i 有正有负，计算设计高程时，坡度应连同其符号一并运算。

（3）安置水准仪于水准点 BM_1 附近，后视读数 a，得仪器视线高 $H_i=H_1+a$，然后根据各点设计高程计算测设各点的应读前视尺读数 $b_c = H_i - H_d$。

(4) 将水准尺分别贴靠在各木桩的侧面，上、下移动尺子，直至尺读数为 b_c 时，便可利用水准尺底面在木桩上画一横线，该线即在 AB 的坡度线上；或者立尺于桩顶，读得前视读数 b，再根据 b_c 与 b 之差，自桩顶向下画线。

(二) 倾斜视线法

如图 9-17 所示，AB 为坡度线的两端点，其水平距离为 D，设 A 点的高程为 H_A，要沿 AB 方向测设一条坡度为 i 的坡度线，则先根据 A 点的高程、坡度 i 及 A、B 两点间的距离计算 B 点的设计高程，即

$$H_B = H_A + iD \quad (9-10)$$

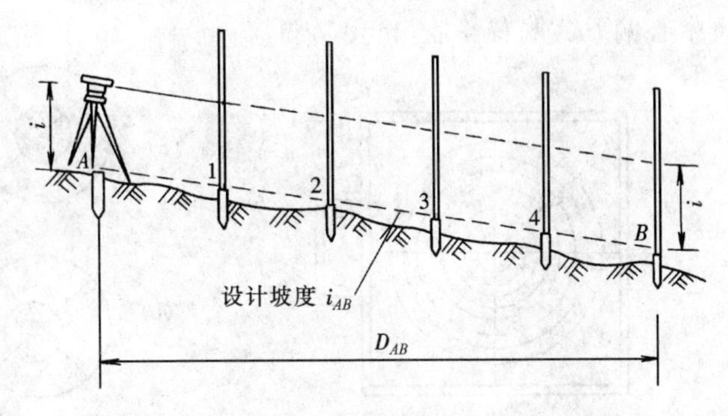

图 9-17　倾斜视线法测设坡度线

再按测设已知高程的方法，将 A、B 两点的高程测设在相应的木桩上。然后将水准仪（当设计坡度较大时，可用经纬仪）安置在 A 点上，使基座上一个脚螺旋在 AB 方向上，其余两个脚螺旋的连线与 AB 方向垂直，量取仪器高 i，再转动 AB 方向上的脚螺旋和微倾螺旋，使十字丝横丝对准 B 点水准尺上等于仪器高 i 处，此时仪器的视线与设计坡度线平行。随后在 AB 方向的中间各点 1、2、3 的木桩侧面立尺，上、下移动水准尺，直至尺上读数等于仪器高 i 时，沿尺子底面在木桩上画一红线，则各桩红线的连线就是设计坡度线。

第五节　激光仪器在施工测量中的应用

近年来，随着激光技术的出现，各种激光定位仪器得到了迅速发展，在建筑测量中得到了愈来愈广泛的应用。激光是基于物质受激辐射原理所产生的一种新型光源，由于它方向性强、亮度高、单色性好和相干性好，因此可在工程测量中作为理想的定位基线。与光学仪器相比，激光仪器具有直观、精确、高效率及适宜在阴暗环境或夜间作业等优点，因此在光线差的地方（如夜间、地下、车间等）效果特别好。

激光仪器在过去普遍采用激光波长为 0.6328μm 的氦氖激光器，必须配备带蓄电池的电源箱，且电池工作寿命短，给使用带来很大不便，因此在实际生产中难以普遍推广。现在新一代的激光仪器采用质量轻、超小型的半导体激光器，只需四节 5 号电池便可连续工作 12h 以上。激光器发射的激光先导入望远镜，再以视准轴方向发射，可使发散角减小数十倍，大大增强光束的方向性。可形成一条光斑清晰连续可见的红色激光束，成为一条高精度的定向基准线。

激光束照准的目标为接收靶，有目估接收靶和光电接收靶两种。当定位精度要求不高时，可配备白色有机玻璃制作的目估接收靶，如图 9-18 所示，上面绘坐标方格网或若干同心圆，可直接标出光斑中心偏离靶心位置。当定位精度要求较高时，可采用光电接收靶。它由光电靶标和放大显示器组成。光电靶标是一块四象限硅光电池，电池的中心即靶心。放大显示器内有两组运算放大电路，外部装两个指示电表。当激光束照在硅光电池上时，光信号

转换成电信号。当光斑中心与靶心重合时，四个光电池接受的光能量相同，因而产生的电信号强度也相等，电表的指针就不会转动。当光斑中心与靶心不重合时，电信号强度出现差异，指针将发生偏转。如图 9-19 所示，图（a）中竖向电表和横向电表的指针均指向“0”，表示光斑中心与靶心重合。图（b）中竖向电表指向“－5”，横向电表指向“＋5”，表示光斑中心偏下、偏右各是 5mm。

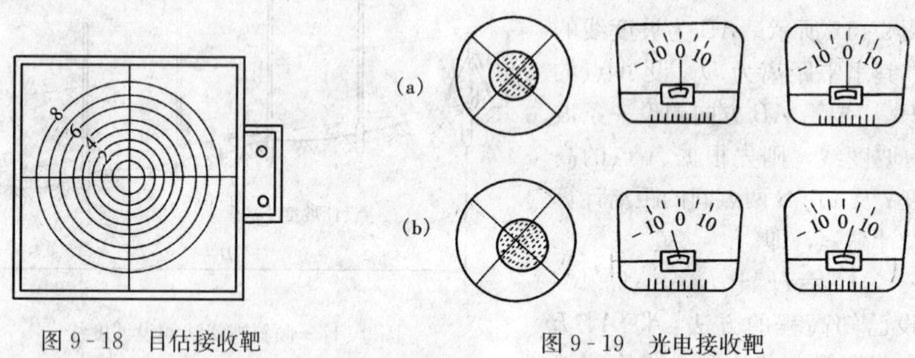

图 9-18 目估接收靶　　　　图 9-19 光电接收靶

下面简单介绍几种在建筑工程施工中常见的激光定位仪器。

一、激光水准仪

激光水准仪是将激光装置安装在望远镜上方，将激光器发生的激光束导入望远镜筒内，使之能沿视准轴方向射出一条可见红光的特殊水准仪。

图 9-20 所示为国产激光水准仪，它是用两组螺钉将激光器固定在护罩内，护罩与望远镜相连，并随望远镜绕竖轴旋转。由激光器发出的激光，在棱镜和透镜的作用下与视准轴共轴，因而既保持了水准仪的性能，又有可见的红色激光。

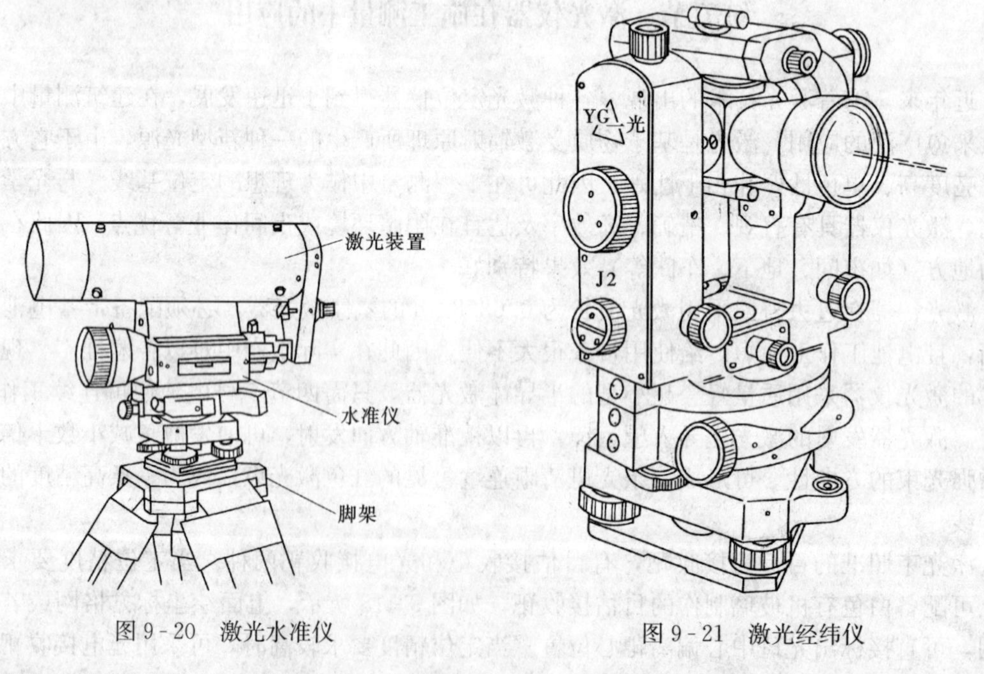

图 9-20 激光水准仪　　　　图 9-21 激光经纬仪

激光水准仪适用于工程施工测量、机械安装测量及机械化、自动化施工中准直和导向。激光水准仪整平后发射的激光束可在空间扫描出一个水平面，故利用激光水准仪抄平，尤其在大面积的场地平整测量中，用它来检查场地的平整度及造船工业等大型构件装配中的水平面和水平线放样十分方便、精确。在灌溉工程、管道工程及装饰工程等施工中，可利用清晰明亮的激光束来指示设计坡度、标定直线等。在自动化机械顶管施工中，可采用激光水准仪进行激光导向，随时监测掘进方向和坡度。作业时将仪器安置在管道中线或平行中心的轴线上，使光轴平行管线中线。仪器置平后开启电源，即发射一束水平光束。在掘进机头上安装一有控制器的接收光靶，光斑偏移正确位置时可随时校正方向，从而提高工效。

二、激光经纬仪

图 9-21 所示是由苏州第一光学仪器厂生产的 J2-JDA 型激光经纬仪。它是在 J2 型光学经纬仪望远镜筒上安装激光装置制成的，激光器在望远镜筒上随望远镜一起转动。激光装置由半导体激光器、电池腔与棱镜导光系统所组成。激光器的功率为 5mW，发射波长为 0.6328μm，光束发散角为 3mard（毫弧度）(100m 处光斑 5mm)，照准有效射程白天是 180m，夜间是 800m。仪器采用一体化设计，携带方便。打开电源开关，半导体激光器发生的激光导入经纬仪的望远镜内并与视准轴重合，沿视准轴方向射出一束可见的红色激光，以代替视准轴；关闭电源，可作普通经纬仪使用。

激光经纬仪可以放样直线，放样倾斜线，放样水平角，扫描出垂直面等，还可以让望远镜视准轴指向天顶，代替激光垂准仪进行烟囱、竖井和高层建筑施工中的竖向投点。因此，它在施工测量、构件装配的划线放样和大型机械设备安装、船体放样等方面应用广泛。如工业厂房进行构件安装测量时，可用激光经纬仪来检验校正柱子安装的垂直度。将仪器分别安置在柱的纵、横轴线上，使激光束瞄准柱中心线的底部，然后固定照准部，仰视柱的顶部，就可根据柱的上部中心线与光斑中心是否重合判定柱的垂直度。

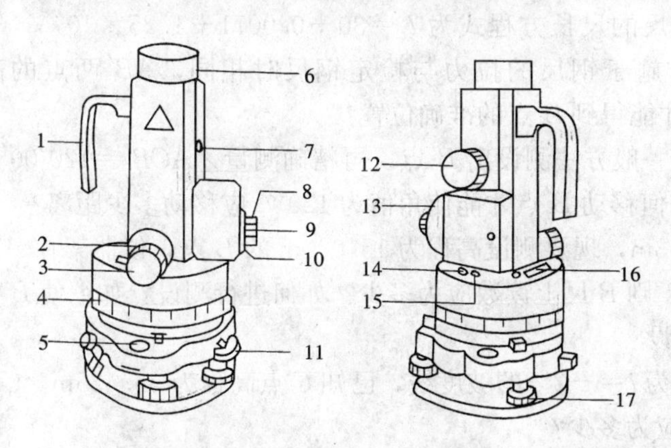

图 9-22　DZJ2 激光垂准仪

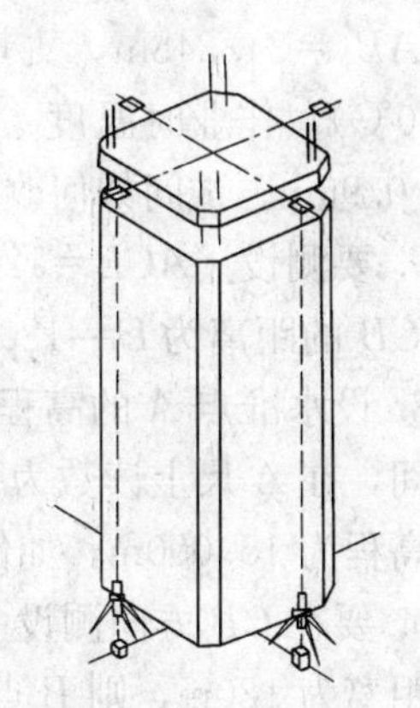

图 9-23　激光垂准仪使用

1—提手；2—对点调焦手轮；3—护盖；4—度盘；5—圆水准器；
6—物镜盖；7—激光警示标志；8—目镜；9—滤色片；10—圆罩；
11—基座固定钮；12—调焦手轮；13—激光外罩；14—激光开关；
15—电源开关；16—水准管；17—脚螺旋

三、激光垂准仪

激光垂准仪是一种供铅直定位的专用仪器，可用来测量相对垂准线的微小水平偏差，可进行铅垂线的点位传递和物体垂直轮廓的测量，广泛应用于高层建筑、电梯、矿井、水塔、烟囱、大型设备安装、飞机制造、造船等行业。图 9-22 所示为国产 DZJ2 激光垂准仪。它在原光学垂准系统的基础上添加了两套半导体激光器，采用一体化机身设计，仪器的结构保证了激光束光轴与望远镜视准轴同心、同轴、同焦。其中一只激光器通过上垂准望远镜发射激光束，当望远镜照准目标时，在目标处就会出现一红色小亮斑。在目镜外装上仪器配备的滤光片，可用人眼直接观察。仪器还配有网格激光靶，使测量更方便。另一只激光器通过下对点系统将激光束发射出来，利用激光束对准基准点，快速直观。同时配有度盘，对径测量更准确、方便。

高层楼房及高大的烟囱、筒仓、冷却塔等，采用滑升模板施工，由模板、工作平台组成的提升系统向上滑升时，可通过激光垂准仪对其垂直度偏差、变形和扭转进行严格的控制。如图 9-23 所示，高层建筑施工时，将仪器安置在观测控制点上，对塔式构筑物则应将仪器安置在基础中心点上。仪器经过对中整平后，在工作平台上布置光接收靶，移动接收靶，使靶心与光斑中心重合，将接收靶固定。每次提升平台后都应读取激光靶的读数，经与安置激光靶时的初始读数比较，就能确定建筑物的垂直度偏差和偏移方向，作为继续施工的依据。

习题与思考题

1. 测设的基本工作是什么？

2. 测设已知数值的水平距离、水平角及高程是如何进行的？

3. 测设点位的方法有哪几种？各适用于什么场合？

4. 如何用水准仪测设已知坡度的坡度线？

5. 常用的激光定位仪器有哪些？在建筑施工测量中各有哪些用处？

6. 在地面上要测设一段 84.200m 的水平距离 AB，现先用一般方法定出 B'点，再精确丈量 $AB'=84.248$m，丈量所用钢尺的尺长方程式为 $l_t=30+0.0071+1.25\times10^{-5}\times30\times(t-20℃)$，作业时温度 $t=11℃$，施于钢尺的拉力与检定钢尺时相同，AB'两点的高差 $h=-0.96$m。试问如何改正 B'点才能得到 B 点的准确位置？

7. 要测设$\angle ACB=120°$，先用一般方法测设出 B'点，再精确测量$\angle ACB'=120°00'05''$，已知 CB'的距离为 $D=180$m，问如何移动 B'点才能使角值为 120°？应移动多少距离？

8. 设水准点 A 的高程为 16.163m，现要测设高程为 15.000m 的 B 点，仪器架在 AB 两点之间，在 A 尺上读数为 1.036m，则 B 尺上读数应为多少？如何进行测设？如欲使 B 桩的桩顶高程为 15.000m，如何进行测设？

9. 要在 CB 方向测设一条坡度为 $i=-2\%$的坡度线，已知 C 点高程为 36.425m，CB 的水平距离为 120m，则 B 点的高程应为多少？

10. 设 I、J 为控制点，已知 $X_I=158.27$m，$Y_I=160.64$m，$X_J=115.49$m，$Y_J=185.72$m，A 点的设计坐标为 $X_A=160.00$m，$Y_A=210.00$m，试分别计算用极坐标法、角度交会法及距离交会法测设 A 点所需的放样数据。

11. 设 A、B 为建筑方格网上的控制点，其已知坐标为 $X_A=1000.000$m，$Y_A=800.000$m，$X_B=1000.000$m，$Y_B=1000.000$m，M、N、E、F 为一建筑物的轴线点，其设计坐标为 $X_M=1051.500$m，$Y_M=848.500$m，$X_N=1051.500$m，$Y_N=911.800$m，$X_E=1064.200$m，$Y_E=848.500$m，$X_F=1064.200$m，$Y_F=911.800$m，试述用直角坐标法测设 M、N、E、F 四点的方法。

第十章　建筑施工测量

第一节　建筑场地的施工控制测量

为建立建筑场地的施工控制网而进行的测量工作，称为建筑场地施工控制测量。为了保证施工测量的精度和速度，使各个建筑物、构筑物的平面位置和高程都能符合设计要求，施工测量和测绘地形图一样，也要遵循"从整体到局部，先控制后碎部"的原则。根据勘察设计部门提供的测量控制点，先在整个建筑场区建立统一的施工控制网，作为建筑物定位放线的依据。即以测图控制点为定向条件建立施工控制网。

施工控制网分平面控制网和高程控制网。平面控制网常用的有建筑基线和建筑方格网。高程控制网则需根据场地大小和工程要求分级建立，常用水准网。

施工控制网与测图控制网相比，具有控制范围小，控制点的密度大，精度要求高，受施工干扰较大，故布网等级宜采用两级布设。测图控制网因控制点的位置、密度和精度很难满足施工测量的要求，且控制点在施工前多数已被破坏，所以一般不采用。

一、平面控制测量

（一）建筑基线

对于小面积的建筑场地，平面布置相对简单，地势较为平坦而狭长的建筑场地，常在场地内布设若干条基准线，作为施工测量的平面控制，称为建筑基线。

1. 建筑基线的布设

建筑基线的布设是根据建筑设计总平面图的施工坐标系及建筑物的分布情况、场地地形等因素确定的，常用的形式有"一"字形、"L"形、"T"形和"十"字形，也可以灵活多样，适合于各种地形条件，如图 10 - 1 所示。

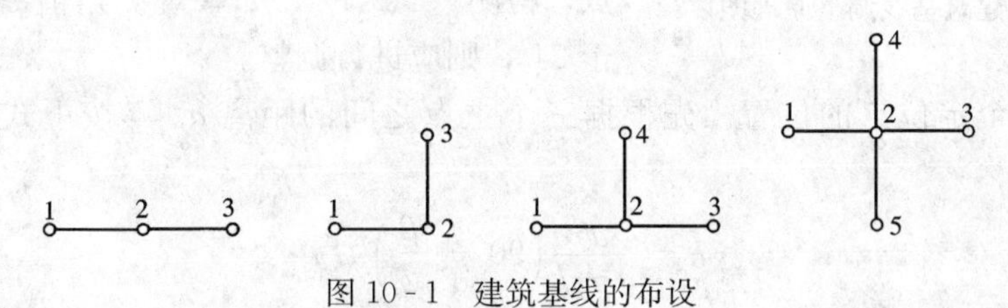

图 10 - 1　建筑基线的布设

布设建筑基线的要求是：

(1) 建筑基线应平行或垂直于主要建筑物的轴线；

(2) 建筑基线点应不少于三个，以便检测建筑基线点有无变动；

(3) 建筑基线点间应相互通视，且不宜被破坏，为了能长期保存，要埋设永久性的混凝土桩；

(4) 建筑基线的测设精度应满足施工放样要求。

2. 建筑基线的测设

(1) 根据建筑红线测设建筑基线。在城市建设区，建筑用地的边界由城市规划部门根据城市规划与发展在现场直接标定，可用作建筑基线的放样依据。图 10 - 2 中的 A、B、C 点就是地面上标定出来的边界点，其连线 AB、AC 通常是正交的直线，称为“建筑红线”。一般情况下，建筑基线与建筑红线平行或垂直，所以可根据建筑红线用平行推移法测设建筑基线 OA、OB。当把 A、O、B 三点在地面上用木桩标定后，将经纬仪安置在 O 点处，精确观测 $\angle AOB$ 是否等于 90°，其不符值不应超过 ±24″。量 OA、OB 距离是否等于设计长度，其不符值不应大于 1/10000。若误差超限，应检查推平行线时的测设数据。若误差在允许范围之内，则适当调整 A、B 点的位置。

（2）根据测量控制点测设建筑基线。若建筑场地没有建筑红线作依据时，根据附近已有测量控制点的分布点情况，可采用极坐标法测设，如图 10-3 所示。

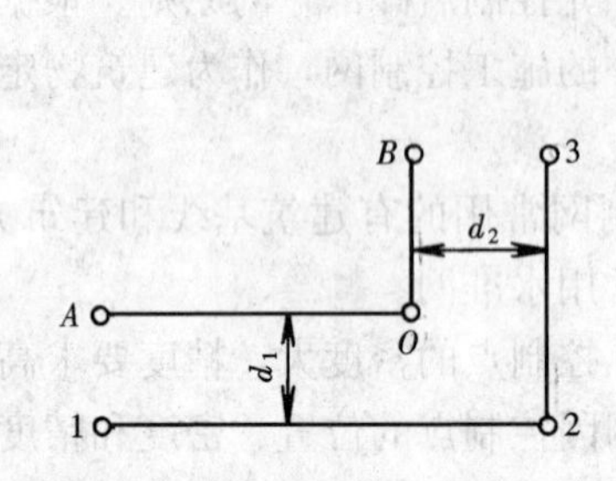

图 10-2 建筑红线测设建筑基线

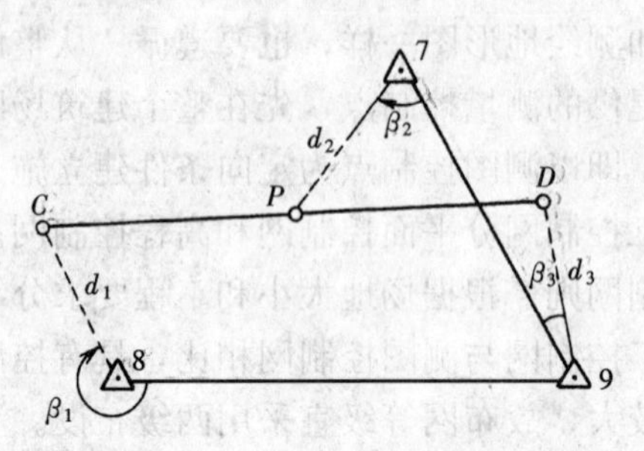

图 10-3 测量控制点测设建筑基线

测设步骤如下：

1）计算测设数据。根据建筑基线主点 C、P、D 及测量控制点 7、8、9 的坐标，反算测设数据 d_1、d_2、d_3 及 β_1、β_2、β_3。

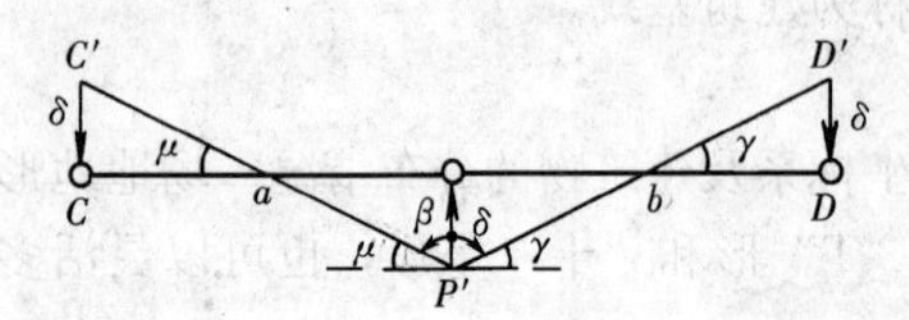

图 10-4 建筑基线调整原理图

2）测设主点。分别在控制点 7、8、9 上安置经纬仪，按极坐标测设出三个主点的定位点 C'、P'、D'，并用大木桩标定，如图 10-4 所示。

3）检查三个定位点的直线性。安置经纬仪于 P' 点，检测 $\angle C'P'D'$，如果观测角值 β 与 180°之差大于 24″，则应进行调整。

4）调整三个定位点的位置。先根据三个主点之间的距离 a、b 按下式计算出改正数 δ，即

$$\delta = \frac{ab}{a+b}\left(90° - \frac{\beta}{2}\right)'' \frac{1}{\rho''} \tag{10-1}$$

当 $a=b$ 时，则得

$$\delta = \frac{a}{2}\left(90° - \frac{\beta}{2}\right)'' \frac{1}{\rho''} \tag{10-2}$$

其中 $\rho'' = 206265''$

式中 δ——各点的调整值，m；

a、b——分别为 CP、PD 的长度，m。

然后将定位点 C'、P'、D' 三点按 δ 值移动三个定位点之后，再重复检查和调整 C、P、D，调整后误差应在允许范围之内。

5）调整三个定位点之间的距离。先检查 C、P 及 P、D 间的距离，若检查结果与设计长度之差的相对误差大于 1/10000，则以 P 点为准，按设计长度调整 C、D 两点，最后确定

C、P、D三点位置。

（二）建筑方格网

由正方形或矩形格网组成的施工控制网称为建筑方格网，适用于地形较平坦的大、中型建筑场地。利用建筑方格网进行建筑物定位放线时，可按直角坐标法进行，不仅放样方便，且具有较高的测设精度。

1. 建筑方格网的布设

布设建筑方格网时，应根据建筑物、道路、管线的分布，结合场地的地形等因素，先选定方格网的纵、横主轴线，再全面布设方格网。主轴线选定是否合理，会影响控制网的精度和使用，布设要求与建筑基线基本相同，另需遵循以下原则。

（1）主轴线应尽量选在整个场地的中部，方向与主要建筑物的基本轴线平行；

（2）纵横主轴线要严格正交成90°；

（3）主轴线的长度以能控制整个建筑场地为宜；

（4）主轴线的定位点称为主点，一条主轴线不能少于三个主点，其中一个必是主轴线的交点；

（5）主点间距离不宜过小，一般为300～500m，以保证主轴线的定向精度，主点应选在通视良好、便于施测的位置。

2. 建筑方格网的测设

（1）主轴线放样。根据原有控制点坐标与主轴线点坐标计算出测设数据，测设主轴线点。建筑方格网的主轴线是建筑方格网扩展的基础。

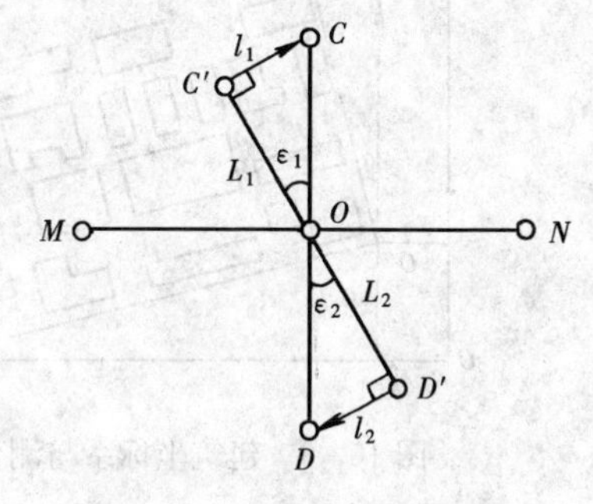

图10-5 建筑方格网的调整

如图10-5所示，先测设主轴线MON，其方法与建筑基线测设方法相同，但$\angle MON$与180°的差应在±10″之内。M、O、N三个主点测设好后，测设与MON垂直的另一主轴线COD。在O点安置经纬仪，瞄准M点，分别向左、向右转90°，并根据主点间的距离在地面上定出其概略位置C'和D'。精确测出$\angle MOC'$和$\angle MOD'$，分别计算出它们与90°之差ε_1和ε_2，并计算出调整值l_1和l_2，公式为

$$l = L\frac{\varepsilon}{\rho} \qquad (10-3)$$

式中　L——OC'或OD'长度。

将C'沿垂直于OC'方向移动l_1距离得C点，将D'沿垂直于OD'方向移动l_2距离得D点。点位改正后，应检测两主轴线的交角是否等于90°，其较差应小于±10″，否则应重复校正。另外还需检测主轴线点间距离，精度应小于1/12000。

（2）建筑方格网的放样。主轴线测设完成后，分别在主轴线端点安置经纬仪，均以O点为起始方向，分别向左．右测设90°，用交会法定出方格网点，形成“田”字形方格网点。为了进行校核，在方格网上安置经纬仪，测量其角是否为90°，并测量各相邻点间的距离是否与设计边长相等，误差均应在允许范围之内。再以基本方格网点为基础，用同样的方法测设其余网点的位置。

（三）建筑坐标系与测量坐标系的坐标变换

为了便于建筑物的设计和施工放样，在设计总平面图上，常采用以建筑物的主要轴线作

为坐标轴而建立起来的局部坐标系统，称为建筑坐标系或施工坐标系。如图 10-6 所示，建筑坐标系的坐标轴通常与建筑物主轴线方向一致，坐标原点设置在总平面图的西南角上，纵坐标轴通常用 A 表示，横坐标轴通常用 B 表示。

如果建筑基线或建筑方格网的建筑坐标系与施工场地的测量坐标系不一致，则在测设前，需要进行建筑坐标系统与测量坐标系统的变换。

如图 10-7 所示，设 xOy 为测量坐标系，$AO'B$ 为建筑坐标系，x_0、y_0 为建筑坐标系的原点在测量坐标系中的坐标，α 为建筑坐标系的纵轴在测量坐标系中的方位角，已知 P 点的建筑坐标为（A_P、B_P），则换算为测量坐标系时，可按下式计算

$$\left.\begin{aligned} x_P &= x_0 + A_P\cos\alpha - B_P\sin\alpha \\ y_P &= y_0 + A_P\sin\alpha + B_P\cos\alpha \end{aligned}\right\} \tag{10-4}$$

如已知 P 点的测量坐标为（x_P、y_P），则可将其换算为建筑坐标（A_P、B_P），即

$$\left.\begin{aligned} A_P &= (x_P - x_0)\cos\alpha + (y_P - y_0)\sin\alpha \\ B_P &= -(x_P - x_0)\sin\alpha + (y_P - y_0)\cos\alpha \end{aligned}\right\} \tag{10-5}$$

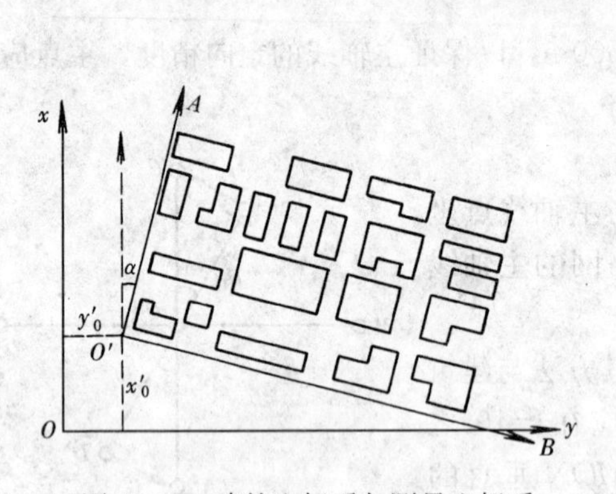

图 10-6 建筑坐标系与测量坐标系

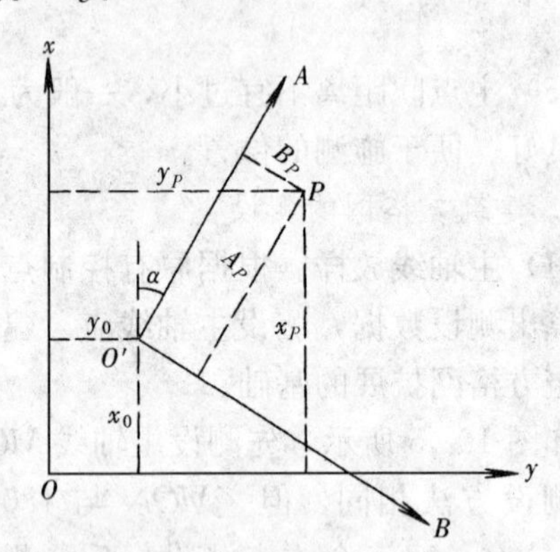

图 10-7 建筑坐标系与测量坐标系的变换

二、高程控制测量

建筑场地的高程控制测量必须与国家高程控制系统相联系，建立统一的高程控制系统，在整个建筑场地内建立可靠的水准点。水准点的密度尽可能满足在施工放样时一次安置仪器即可测设所需的高程点的要求，高程控制点应埋设成永久标志，保持其位置不变。一般情况下按四等水准测量的方法确定水准点高程，可在局部范围内采用三等水准测量，设置三等水准点。加密水准网以首级水准网为基础，可根据不同的测设要求按四等水准测量的要求进行布设。做等级水准测量时，应严格按国家规范进行执行，具体技术要求参见第六章有关规定。

第二节 民用建筑施工测量

一、概述

民用建筑是指住宅、办公楼、食堂、俱乐部、医院和学校等建筑物。民用建筑施工测量的任务是按照设计的要求，把建筑物的位置测设到施工场地地面上，并配合施工以保证工程质

量。民用建筑施工测量包括建筑物定位、放线，基础工程施工测量，墙体工程施工测量等。进行施工测量之前，除了应对所使用的测量仪器和工具检校外，还需做好以下准备工作。

1. 熟悉设计图纸

设计图纸是施工测量的主要依据，通过图纸了解工程全貌和主要设计意图，以及对测量的精度要求。与施工放样有关的图纸主要有建筑总平面图、建筑平面图、基础平面图和基础剖面图。

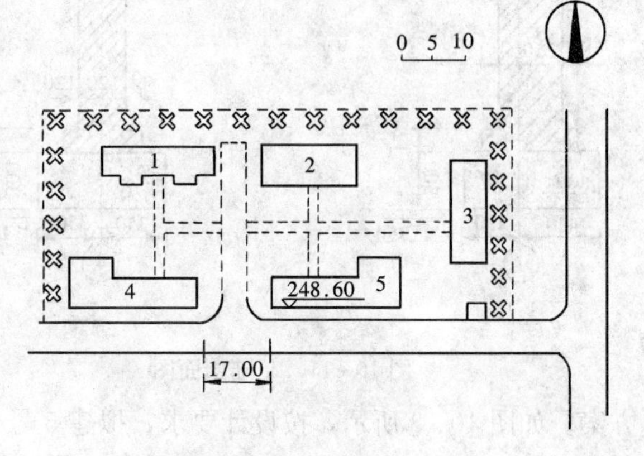

图 10-8　建筑总平面图

如图 10-8 所示，从建筑总平面图上可以查明设计建筑物与已有建筑物的平面位置和高程关系，这些是测设建筑物整体位置的依据。从建筑平面图上查明建筑物的总尺寸和内部各定位轴线间的尺寸关系，如图 10-9 所示。从基础平面图上可以查明基础边线与定位轴线之间的尺寸关系，以及基础布置与基础剖面位置关系，如图 10-10 所示。从基础剖面图上可以查明基础立面尺寸、设计标高以及基础边线与定位轴线的尺寸关系，如图 10-11 所示。

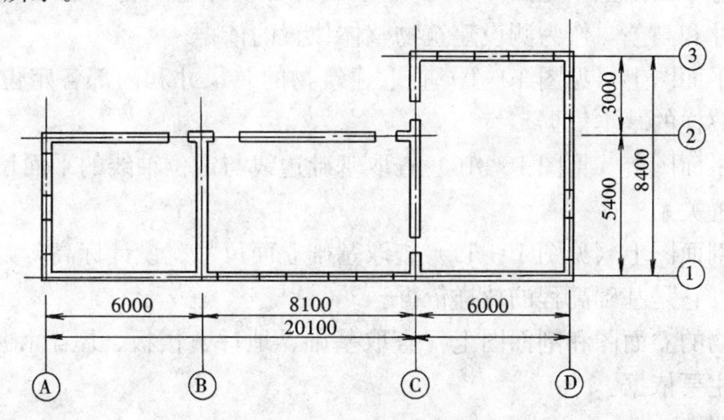

图 10-9　建筑平面图

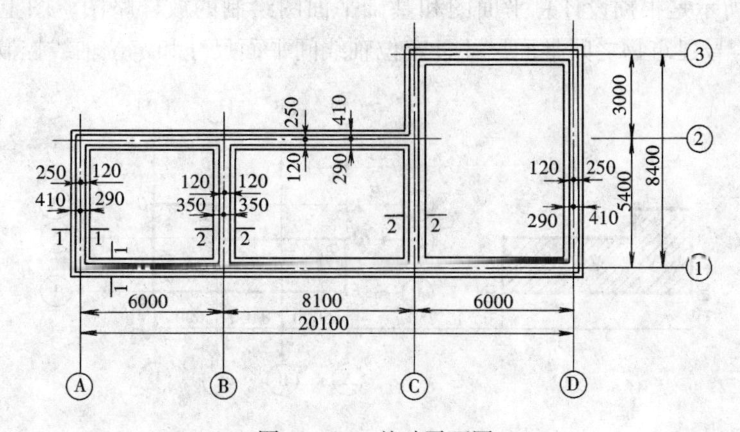

图 10-10　基础平面图

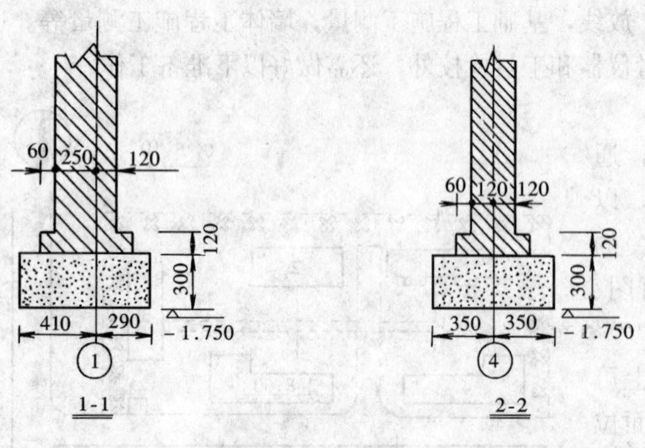

图 10-11　基础剖面图

2. 现场踏勘

现场踏勘的目的是为了了解现场的地物、地貌和原有测量控制点的分布情况。对建筑场地上的平面控制点要进行检核，并应实地检测水准点的高程，获得正确的测量起始数据和点位。

3. 制定测设方案

首先了解设计要求和施工进度计划，根据设计要求、定位条件、现场地形和施工方案等因素制定施工放样方案。如图 10-8 所示，按设计要求，拟建 5 号楼与已建 4 号楼平行，二者南墙面平齐，相邻墙面相距 17.00m，因此可根据已建的 4 号建筑物用直角坐标法进行放样。

4. 准备放样数据

除了计算出必要的放样数据外，还需从下列图纸上查取建筑物内部平面尺寸和高程数据。

（1）从建筑总平面图上（见图 10-8）查取或计算设计建筑物与已有建筑物或测量控制点之间的平面尺寸和高差，作为测设建筑物整体位置的依据。

（2）从建筑平面图上（见图 10-9）查取建筑物的总尺寸和内部各定位轴线之间的关系尺寸，它是施工放样的基本依据。

（3）从基础平面图上（见图 10-10）查取基础边线与定位轴线的平面尺寸，以及基础布置与基础剖面位置关系。

（4）从基础剖面图上（见图 10-11）查取基础立面尺寸、设计标高，以及基础边线与定位轴的尺寸关系，它是基础高程的放样依据。

（5）从建筑物的立面图和剖面图上，查取基础、地坪、楼板、屋架和屋面等设计高程，它是高程放样的主要依据。

5. 绘制放样略图

图 10-12 所示是根据设计总平面图和基础平面图绘制的放样略图。图上标有已有 4 号建筑物和拟建 5 号建筑物之间平面尺寸、定位轴线间平面尺寸和定位轴线控制桩等。

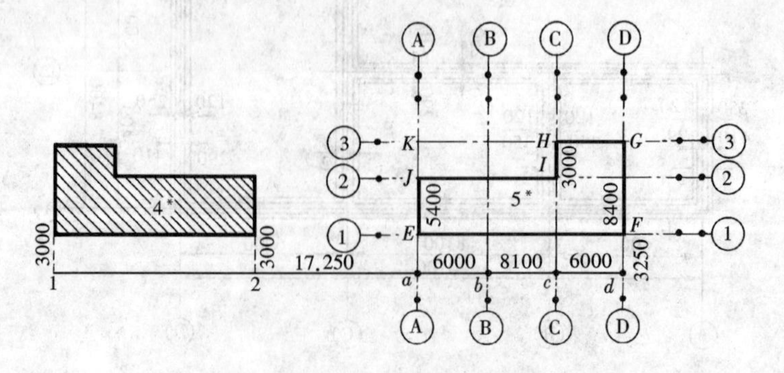

图 10-12　放样略图

二、民用建筑物的定位和放线

1. 建筑物的定位

建筑物的定位是根据放样略图将建筑物外廓各轴线交点测设到地面上，作为基础放样和细部放样的依据。由于设计条件不同，民用建筑定位主要有根据已有建筑物的关系定位、根据建筑基线或建筑方格网定位、根据测量控制点坐标定位。

（1）根据已有建筑物的关系定位。如图 10-12 所示，拟建的 5 号楼根据已有 4 号楼定位。其定位步骤如下：

1）用钢卷尺沿 4 号楼的东西墙面向外各量 3.00m，在地面上定出 1、2 两点打入木桩，作为建筑基线。

2）在 1 点安置经纬仪，瞄准 2 点并从 2 点沿 12 方向量出图中注明尺寸，测设出各基线点 a、b、c、d，并打入木桩，桩顶上钉小钉做点位的标志。

3）分别在 a、c、d 三点安置经纬仪，并用盘左盘右测设 90°，沿 90°方向用钢卷尺量出相应的距离得 E、F、G、H、I、J 等点，并打入木桩，桩顶上钉小钉做点位的标志。E、F、G、H、I、J 点即为拟建建筑物外廓轴线的交点。

4）用钢卷尺检测各轴线交点间的距离，其值与设计长度的相对误差不应超过 1/2000。如果建筑物规模较大，则不应超过 1/5000。在 F、G、H、I 四点安置经纬仪，检测各直角，其值与 90°之差不应超过 40″。

（2）根据建筑方格网或建筑基线定位。在建筑场地已有建筑方格网或建筑基线时，可根据建筑物和附近方格网点的坐标，用直角坐标法测设。

如图 10-13 所示，由 A、B、C、D 点的坐标值可算出建筑物的长度和宽度。

测设建筑物定位点 A、B、C、D 的步骤如下：

1）在方格网点 M 安置经纬仪，瞄准 N 点，沿视线方向自 M 点用钢卷尺量取 A 与 M 点的横坐标差得 A'点，再由 A'点沿视线方向量取建筑物的长度得 B'点。

2）在 A'点安置经纬仪，瞄准 M 点，顺时针方向测设 90°，并在视线上量取相应长度得 A、D 点。在 B'点安置经纬仪，同理定出 B、C 点。

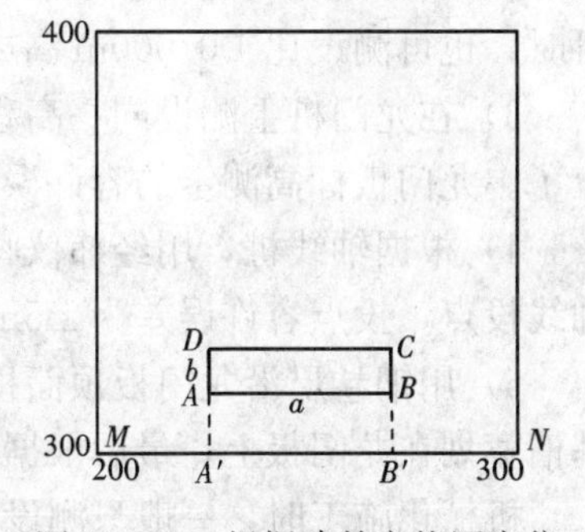

图 10-13　根据建筑方格网定位

3）用钢卷尺丈量 AB、CD 及 BC、AD 的长度，以及各角是否为 90°作为检核。

（3）根据测量控制点坐标定位。在场地附近如果有测量控制点可利用，应根据控制点及建筑物点位的设计坐标，反算出交会角度和距离后，因地制宜采用极坐标法或角度交会法将建筑物主要轴线测设到地面上。

2. 建筑物放线

建筑物的放线是根据已定位的外墙轴线交点桩详细测设出建筑物的其他各轴线交点桩按基础宽和放坡宽用白灰线撒出基槽开挖边界线。

由于基槽开挖后，角桩和中心桩将被挖掉，为了便于在施工中恢复各轴线位置，应把各轴线延长到槽外安全地点，并做好标志。其方法有设置轴线控制桩和龙门板两种形式。放线方法如下：

（1）设置轴线控制桩。如图 10-14 所示，用轴线控制桩设置基槽基础轴线的延长线作为开槽后各施工阶段确立轴线位置的依据。在多层楼房施工中，控制桩同样是向上投测轴线的依据。轴线控制桩离基槽外边线的距离根据施工场地的条件而定，一般为2～4m，也可将轴线投设在附近已有的建筑物墙上。为了保证控制桩的精度，施工中将控制桩与定位桩一起测设，有时先测设控制桩，再测设定位桩。

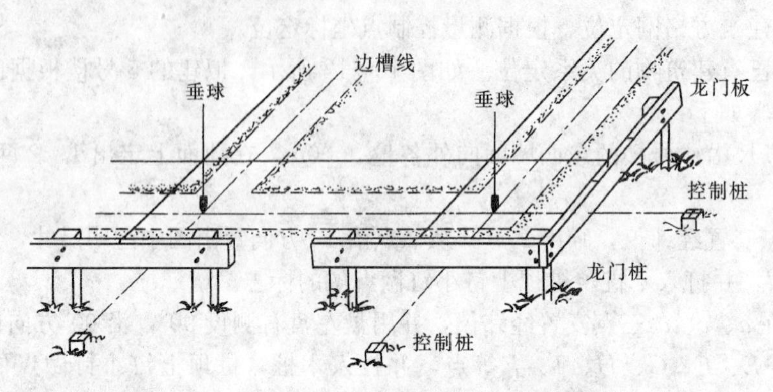

图10-14 轴线控制桩及龙门板的设置

（2）设置龙门板。如图10-14所示，为了施工方便，在基槽外一定距离钉设龙门板，其方法如下：

1）在建筑物四角和隔墙两端基槽开挖边线以外的1～1.5m处（根据土质情况和挖槽深度确定）钉设龙门板，龙门桩要钉得竖直、牢固，木桩侧面与基槽平行。

2）根据建筑场地的水准点，在每个龙门桩上测设±0.000m标高线，在现场条件不许可时，也可测设比±0.000m高或低一定数值的线。

3）在龙门桩上测设同一高程线，钉设龙门板，这样龙门板的顶面标高就在一个水平面上了。龙门板标高测定的容许误差一般为±5mm。

4）根据轴线桩，用经纬仪将墙、柱的轴线投到龙门板顶面上，并钉上小钉标明，称为轴线投点，投点容许误差为±5mm。

5）用钢卷尺沿龙门板顶面检查轴线钉的间距，经检核合格后，以轴线钉为准，将墙宽、基槽宽划在龙门板上，最后根据基槽上口宽度拉线，用白灰撒出开挖边线。

机械化施工时，一般只测设控制桩而不设龙门板和龙门桩。

三、基础施工测量

1. 基槽与基坑

建筑物轴线放样完毕后，在地面放出白灰线的位置上进行开挖基槽。为了控制开挖深度，按照基础剖面图上的设计尺寸，当快挖到基底设计标高时，可用水准仪根据地面上±0.000m点在槽壁上测设一些水平小木桩，如图10-15所示，使木桩的表面离槽底的设计标高为一固定值（如0.500m），用以控制挖槽深度。为了施工时使用方便，一般在槽壁各拐角处、深度变化处和基槽壁上每隔3～4m测设一水平桩，沿桩顶面拉直线绳作为清理基底和打基础垫层时控制标高的依据。其测量限差一般为±10mm。

2. 垫层中线的测设

基础垫层垫好后，根据龙门板上的轴线钉或轴线控制桩，用经纬仪或用拉绳挂锤球的方法，把轴线投测到垫层上，如图10-16所示，并用黑线弹出墙中心线和基础边线，以便作为砌筑基础。由于整个墙身砌筑应以中线为准，这是确立建筑物位置的关键环节，所以要严格校核后方可进行砌筑施工。

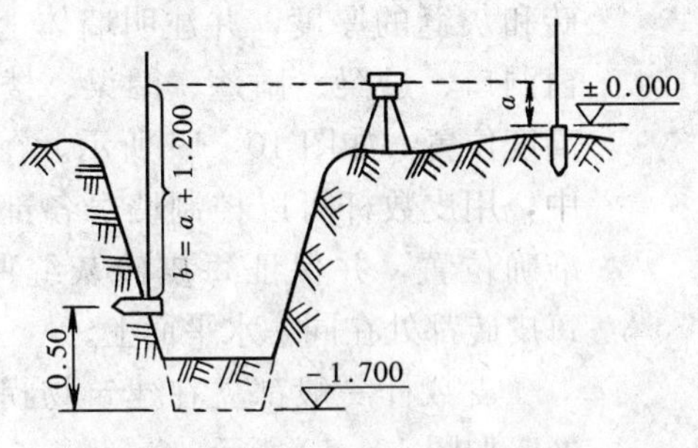

图 10-15　基槽与基坑的测设

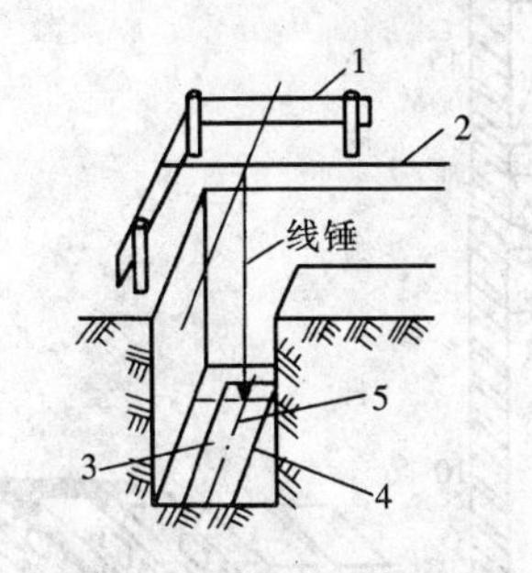

图 10-16　垫层中线的测设

1—龙门板；2—细线；3—垫层；4—基础边线；5—墙中线

3. 基础标高的控制

房屋基础墙（±0.000m 以下的砖墙）的高度是利用基础皮数杆来控制的。基础皮数杆是一根木制的杆子，如图 10-17 所示，在杆上事先按照设计尺寸，将砖、灰缝厚度画出线条，并标明±0.000m 和防潮层等的标高位置。

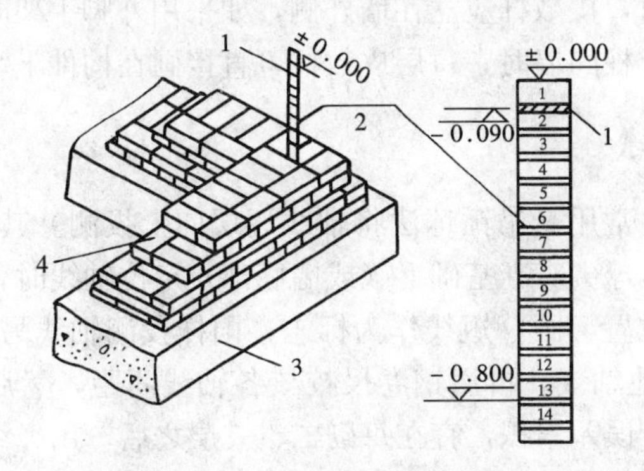

图 10-17　基础标高的控制

1—防潮层；2—皮数杆；3—垫层；4—大放脚

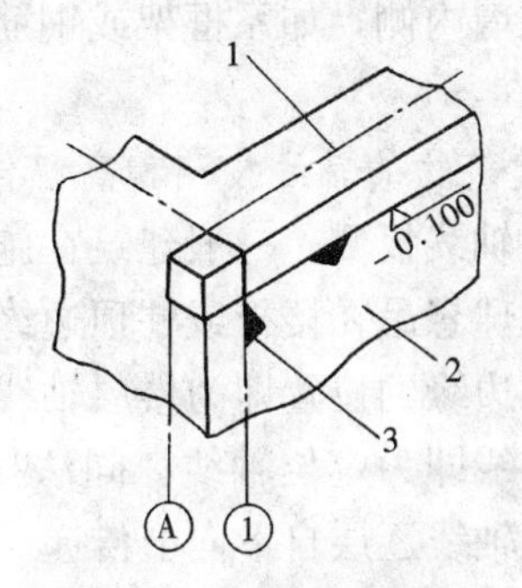

图 10-18　墙体定位

1—墙中线；2—外墙基础；3—轴线标志

4. 基础面标高的检查

基础施工结束后，应检查基础面的标高是否符合设计要求（也可检查防潮层）。可用水准仪测出基础面上若干点的高程与设计高程进行比较，允许误差为±10mm。

四、墙体施工测量

1. 墙体定位

在基础工程结束后，应对龙门板（或控制桩）进行认真检查复核。复核无误后，利用轴线控制桩或龙门板上的轴线和墙边线标志，用经纬仪或拉细线绳挂锤球的方法将轴线投测到基础面或防潮层上，然后用墨线弹出墙中线和墙边线，并再做检核，符合要求后，把墙轴线延伸并画在外墙基础上（见图 10-18）。这样就确立了上部砌体的轴线位置，也可作为向上投测轴线的依据。

2. 墙体各部位标高的控制

在墙体砌筑施工中，墙身上各部位的标高通常是用皮数杆来控制和传递的。

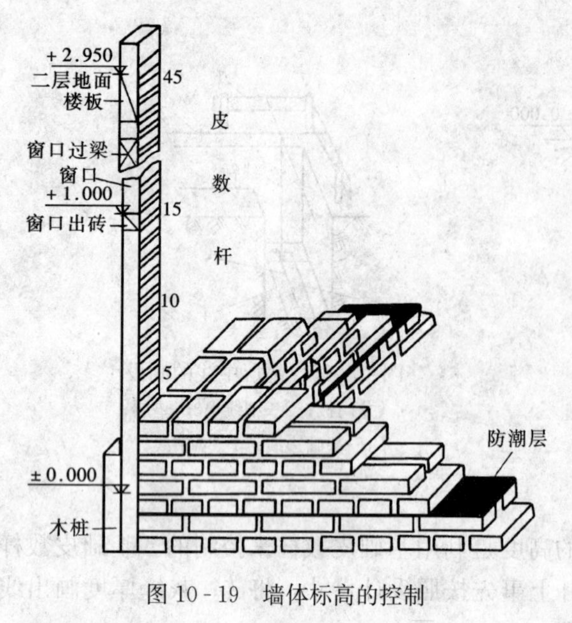

图 10-19 墙体标高的控制

皮数杆应根据建筑物剖面图画有每块砖和灰缝的厚度，并注明墙体上窗台、门窗洞口、过梁、雨篷、圈梁、楼板等构件高度位置，如图 10-19 所示。在墙体施工中，用皮数杆可以控制墙身各部位构件的准确位置，并保证每皮砖灰缝厚度均匀，每皮砖都处在同一水平面上。

皮数杆一般都立在建筑物拐角和隔墙处，如图 10-19 所示。

立皮数杆时，先在地面上打一木桩，用水准仪测出±0.000 标高位置，并画一横线作为标志；然后，把皮数杆上的±0.000 线与木桩上±0.000 对齐、钉牢。皮数杆钉好后要用水准仪进行检测，并用锤球来校正皮数杆的竖直。

为了施工方便，采用里脚手架砌砖时，皮数杆应立在墙外侧，如采用外脚手架时，皮数杆应立在墙内侧，如系框架或钢筋混凝土柱间墙时，每层皮数杆可直接画在构件上，而不立皮数杆。

3. 建筑物的轴线投测和高程传递

(1) 轴线投测。一般建筑在施工中，常用悬吊锤球法将轴线逐层向上投测。其做法是：将较重锤球悬吊在楼板或柱顶边缘，当锤球尖对准基础上（或墙底部）定位轴线时，线在楼板或柱顶边缘的位置即为楼层轴线端点位置，画一短线作为标志；同样投测轴线另一端点，两端的连线即为定位轴线。同法投测其他轴线，再用钢卷尺校核各轴线间距，然后继续施工，并把轴线逐层自下向上传递。为减少误差累积，宜在每砌二、三层之后，用经纬仪把地面上的轴线投测到楼板或柱上去，以校核逐层传递的轴线位置是否正确。悬吊锤球简便易行，不受场地限制，一般能保证施工质量。但是，当有风或建筑物层数较多时，用锤球投测轴线误差较大。

(2) 高程传递。一般建筑物可用皮数杆来传递高程。对于高程传递要求较高的建筑物，通常用钢卷尺直接丈量来传递高程。一般是在底层墙身砌筑到 1.5m 高后，用水准仪在内墙面上测设一条高出室内地坪线+0.5m 的水平线作为该层地面施工及室内装修时的标高控制线。对于二层以上各层，同样在墙身砌到 1.5m 后，一般从楼梯间用钢卷尺从下层的+0.5m 标高线向上量取一段等于该层层高的距离，并做标志。然后，再用水准仪测设出上一层的“+0.5m”的标高线，这样用钢卷尺逐层向上引测。根据具体情况也可用悬挂钢卷尺代替水准仪，用水准仪读数，从下向上传递高程。

第三节 高层建筑施工测量

高层建筑物的特点是建筑物层数多，高度高，建筑物结构复杂，设备和装修标准高。因此，在施工过程中对建筑物各部位的水平位置、垂直度及轴线尺寸、标高等的精度要求都十分严格。例如，层间标高测量偏差和竖向测量偏差均不应超过±3mm，建筑物总高（H）测量偏差也不超过 $3H/10000$，且 $30\text{m}<H\leqslant 60\text{m}$ 时，不应大于±10mm；$60\text{m}<H\leqslant 90\text{m}$ 时，不应大于±15mm；$H>90\text{m}$ 时，不应大于±20mm。

高层建筑一般采用桩基础，上部主体结构为现场浇筑的框架结构工程。以下介绍有关框架结构工程施工常用的两类轴线投测和高程传递的方法。

一、轴线投测

1. 外控法

当施工场地比较宽阔时，多使用此法。施测时主要是将经纬仪安置在高层建筑物附近进行竖向投测，故此法也称经纬仪投测法。

如图 10-20 所示，下面介绍轴线投测方法：

（1）把经纬仪安置在中心轴线控制桩 A_1、A'_1、B'_1、B_1 上，严格整平。

（2）用望远镜瞄准墙角上已弹出的轴线 a_1、a'_1、b_1 和 b'_1 点，用盘左盘右两个竖盘位置向上投测在第二层楼面上，并取其中点得 a_2、a'_2、b_2 和 b'_2 点。

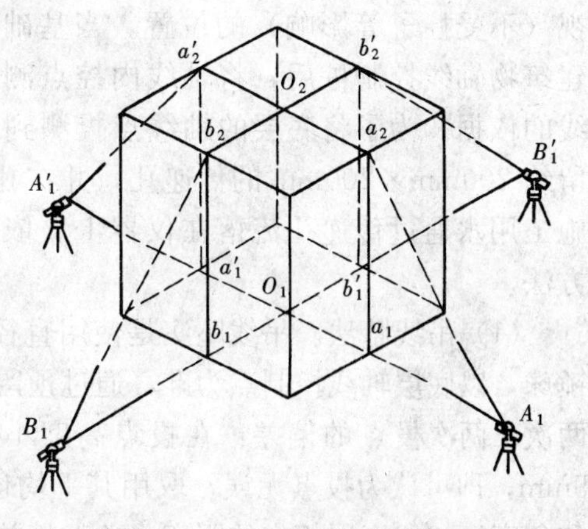

图 10-20　经纬仪轴线投测法

（3）依据 a_2、a'_2、b_2 和 b'_2 点，精确定出 $a_2a'_2$ 和 $b_2b'_2$ 点的交点 O_2，然后再以 $a_2Oa'_2$ 和 $b_2Ob'_2$ 为准在楼面上测设其他轴线。

同法依次逐层向上投测。

当楼层逐渐增高，而控制桩离建筑物较近时，投测时经纬仪望远镜的仰角太大，再以原控制桩投测操作不便，同时投测的精度也随仰角的增加而降低，为此需将原轴线控制桩延长至更远或附近已有建筑物屋面上便于投测的地方，如图 10-21 所示（图中的 A_2、A'_2 为 A 轴投测的控制桩）。具体方法如下：

（1）将经纬仪安置在已经投测上去的较高层（如第十层）楼面轴线 $a_{10}O'_{10}a'_{10}$ 及 $b_{10}O_{10}b'_{10}$ 上，严格整平。

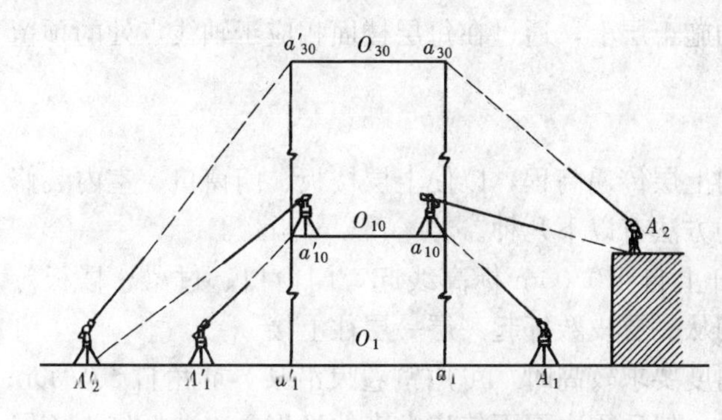

图 10-21　高层处轴线投测法

（2）用望远镜瞄准地面上原有的轴线控制桩 A_1、A'_1、B_1、B'_1，用盘左和盘右两个竖盘位置将轴线延长至远处，并取其中点得 A_2、A'_2、B_2、B'_2 点，并用标志固定其位置，如图 10-21 所示的 A_2、A'_2 即为 A 轴新投测的控制桩。

（3）将经纬仪安置在 A_2、A'_2、B_2、B'_2 点，用望远镜瞄准 a_{10}、a'_{10}、b_{10}、b'_{10} 或 a_1、a'_1、b_1、b'_1 点，用盘左盘右投测更高层的轴线控制点。

按上述方法依次逐层投测，直至工程结束。

2. 内控法

在建筑物密集的建筑区，施工场地窄小，无法在建筑物以外的轴线上安置经纬仪时，多用此法。施测时在建筑物底层测设室内轴线控制点，用垂准线原理将其竖直投测到各层楼面上作为各层轴线投测的依据，故此法也叫垂准线投测法。

室内轴线控制点的布置视建筑物的平面形状而定，对一般平面形状不复杂的建筑物，可布设成“L”形或矩形。内控点应设在角点的柱子近旁，其连线与柱子设计轴线平行，相距约为 0.5～0.8m。内控制点应选择在能保持通视（不受构架梁等的影响）和水平通视（不受柱子等影响）的位置。当基础工程完成后，根据建筑物场地平面控制网，校测建筑物轴线控制桩后，将轴线内控点测设到底层地面上，并埋设标志，作为竖向投测轴线的依据。为了将底层的轴线点投测到各层楼面上，在点的垂直方向上的各层楼面应预留约 200mm×200mm 的传递孔，并在孔周用砂浆做成 20mm 高的防水斜坡，以防投点时施工用水通过传递孔流落在仪器上。依竖向投测使用仪器的不同，又分为以下三种投测方法。

（1）吊线坠法。吊线坠法是使用直径 0.5～0.8mm 的钢丝悬吊 100～200N 重特制的大锤球，以底层轴线控制点为准，通过预留孔直接向各施工层投测轴线。每个点的投测应进行两次，两次投点的偏差：在投点高度小于 5m 时不大于 3mm，高度在 5m 以上时不大于 5mm，即可认为投点无误，取用其平均位置，将其固定下来。然后再检查这些点间的距离和角度，如与底层相应的距离、角度相差不大时，可做适当调整。最后根据投测上来的轴线控制点加密其他轴线。施测中，如果采用的措施得当，如防止风吹和震动等，使用线坠引测铅直线是既经济、简单，又直观、准确的方法。

（2）天顶准直法。天顶准直法是使用能测设铅直向上方的仪器进行竖向投测。常用的仪器有激光铅直仪、激光经纬仪和配有 90°弯管目镜的经纬仪等。采用激光铅直仪或激光经纬仪进行竖向投测是将仪器安置在底层轴线控制点上，进行严格整平和对中（用激光经纬仪需将望远镜指向天顶）。在施工层预留孔中央设置用透明聚酯膜片绘制的靶、起辉激光器，经过光斑聚焦，使在接收靶上接收成一个最小直径的激光光斑。接着水平旋转仪器，检查光斑有无划圆情况，以保证激光束铅直，然后移动靶心使其与光斑中心垂直，将接收靶固定，则靶心即为欲铅直投测的轴线点。

（3）天底准直法。天底准直法是使用能测设铅直向下方向的垂准仪器，进行竖向投测的。测法是把垂准经纬仪安置在浇筑后的施工层上，通过在每层楼面相应于轴线点处的预留孔，将底层轴线点引测到施工层上。

二、高程传递

高层建筑物施工中，要由下层楼面向上层传递高程，以使上层楼板、门窗口、室内装修等工程的标高符合设计要求。传递高程的方法有以下几种。

（1）利用皮数杆传递高程。在皮数杆上自±0.00m 标高线起，门窗口、过梁、楼板等构件的标高都已注明。一层楼砌好后，则从一层皮数杆起一层一层往上接。

（2）利用钢卷尺直接丈量。在标高精度要求较高时，可用钢卷尺沿某一墙角自±0.00m 标高处起向上直接丈量，把高程传递上去。然后用由下面传递上来的高程立皮数杆作为该层墙身砌筑和安装门窗、过梁及室内装修、地坪抹灰时控制标高的依据。

（3）悬吊钢卷尺法。在楼梯间悬吊钢卷尺，钢卷尺下端挂一重锤，使钢尺处于铅垂状态，用水准仪在下面与上面楼层分别读数，按水准测量原理把高程传递上去。

第四节 工业建筑施工测量

一、概述

工业建筑中以厂房为主体，分单层和多层。我国较多采用预制钢筋混凝土柱装配式单层厂房。施工中的测量工作包括厂房矩形控制网测设、厂房柱列轴线放样、杯形基础施工测量、厂房构件与设备的安装测量等。进行放样前，除做好与民用建筑相同的准备外，还需做好下列准备工作。

1. 制定厂房矩形控制网放样方案及计算放样数据

对于一般中、小型工业厂房，在其基础的开挖线以外约 4m 左右，测设一个与厂房轴线平行的矩形控制网即可满足放样的需要。对于大型厂房或设备基础复杂的工业厂房，为了使厂房部分精度一致，须先测设主轴线，然后根据主轴线测设矩形控制网。对于小型厂房，也可采用民用建筑定位的方法进行控制。

根据厂区总平面图、厂房施工平面图、厂区控制网和现场地形情况等资料制定厂房矩形控制网的放样方案。厂房矩形控制网的放样方案内容主要包括确立主轴线、矩形控制网、距离指示桩的点位、形式及其测设方法和精度要求等。在确立主轴线点及矩形控制网位置时，必须保证控制点能长期保存，因此要避开地上和地下管线，并与建筑物基础开挖边线保持 1.5～4m 的距离。距离指示桩的间距一般等于柱子间距的整数倍，但不超过所用钢卷尺的长度。如图 10 - 22 所示，矩形控制网 R、S、P、Q 四个点可根据厂区建筑方格网用直角坐标法进行放样，故其四个角点的坐标是按四个房角点的设计坐标加减 4m 算得的。

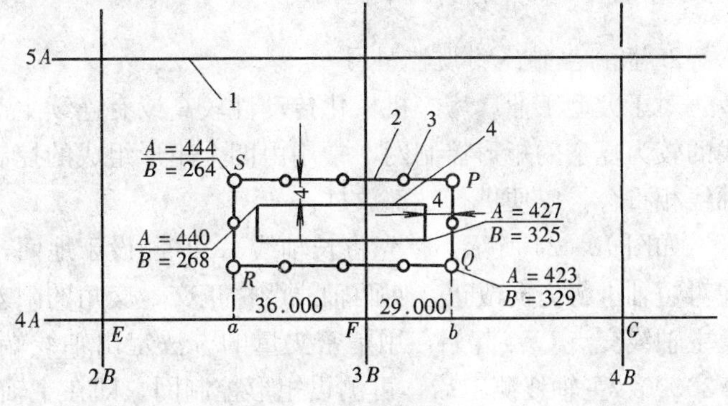

图 10 - 22 放样略图

1—建筑方格网；2—厂房矩形控制网；3—距离指标桩；4—车间外墙

2. 绘制放样略图

图 10 - 22 所示是根据设计总平面图和施工平面图，按一定比例绘制的放样略图。图中标有厂房矩形控制网两个对角点 S、Q 的坐标及 R、Q 点相对于方格网点下的平面尺寸数据。

二、厂房控制网的测设

1. 单一厂房矩形控制网的测设

对中小型单一厂房而言，测设成一个四边围成的简单矩形网即可满足放线需要。一般是依据建筑方格网，按直角坐标法建立厂房控制网，先测设出 条长边，然后以这条边长为基线推出其余三条边。

如图 10 - 23 所示，E、F、G、H 是厂房边轴线的交点，F、H 两点的建筑坐标已在总平面图标明。P、Q、R、S 是布设在基坑开挖边线以外的厂房控制网的四个角桩，称为厂房控制桩。控制网的边与厂房轴线相平行。测设前，先根据 F、H 的建筑坐标推算出控制点 P、Q、R、S 的建筑坐标，然后以建筑方格网点 M、N 为依据计算测设数据。测设时，将

经纬仪安置在 M 点，瞄准 N 点，自 M 点沿视线丈量出相应距离，在地面上定出 J、K 两点，然后将经纬仪分别安置在 J、K 两点上，瞄准 M 点，用盘左盘右向右测设 90°，取中点，并沿此方向丈量相应的距离分别得到 P、S、Q、R 点，并用大木桩标定。最后还应检测∠Q 和∠R 是否等于 90°，误差不应超过 10″；精密丈量 QR 的距离，与设计长度进行比较，其相对误差不应超过 1/10000。

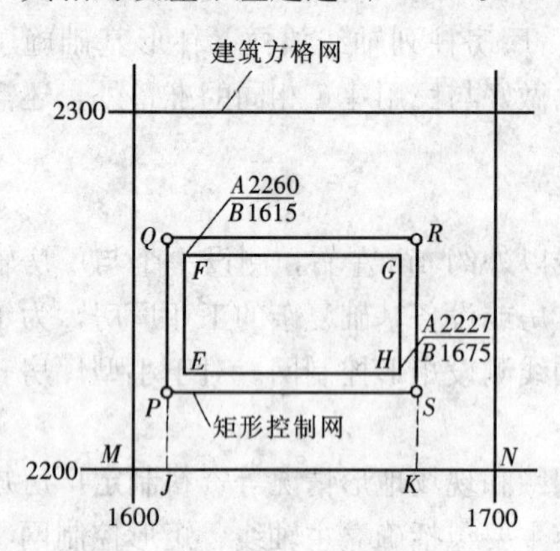

图 10-23 矩形控制网的测设

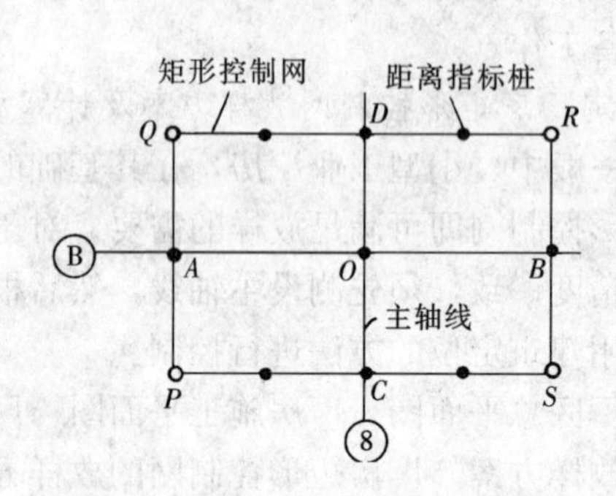

图 10-24 大型厂房矩形控制网的测设

2. 根据主轴线测设控制网

对于大型工业厂房、机械化传动性较高或有连续生产设备的工业厂房，需要建立有主轴线的较为复杂的矩形控制网，常用由四个矩形组成的控制网。主轴线一般选定与厂房的柱列轴线相重合，以便进行细部放样。

如图 10-24 所示，首先将长轴线 AOB 测设于地面，再以长轴线为依据测设短轴 COD，并对短轴进行方向改正，使两轴线严格正交，交角的限差为±5″。主轴线方向确立后，从长短主轴线交点 O 点起始，用精密丈量的方法定出轴线端点，主轴线长度的相对误差不超过 1/30000。主轴线测定后，可测设矩形控制网，即在主轴线端点 A、B、C、D 分别安置经纬仪，瞄准 O 点做起始方向测设直角，交会出 P、Q、R、S，然后精密丈量控制网边线，其精度应与主轴线相同。若量距和角度得到的控制点位置不一致，应进行调整。边线量距时应同时定出距离指示桩。

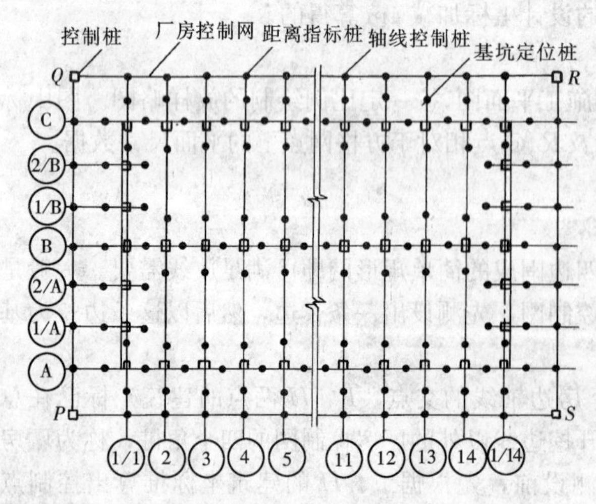

图 10-25 厂房柱基的测设

三、厂房柱基测设

厂房矩形控制网建立之后，根据控制桩和距离指示桩，用钢卷尺沿控制网边线逐段丈量出各柱列轴线端点的位置，并设置轴线控制桩，作为柱基放样的依据，如图 10-25 所示。

1. 柱基测设

安置两台经纬仪在两条互相垂直的柱列轴线的轴线控制桩上，瞄准各自轴线另一端的控制桩，交会的轴线交点作为该基础的定位点，并在基坑边线外约

1～2m处的轴线方向打入四个小木桩作为基坑定位桩。然后按柱基图上尺寸用白灰线标出挖坑范围。

2. 柱基施工测量

基坑挖到接近坑底设计标高时，在坑壁的四个角上测设相同高程的水平桩，坑的上表面与坑底设计标高一般约0.5m，用做修正坑底和垫层施工的高程依据。

基础的混凝土垫层完成并达到一定强度后，由基坑定位小木桩顶面的轴线钉拉细线绳，用锤球将轴线投测到垫层上，并以轴线为基准定出基础边线，弹出墨线，作为立模板的依据。

四、构件安装测量

单层厂房的主要构件有柱、吊车梁、屋架等。在构件安装时，必须使用测量仪器进行精确测量，严格检测。

（一）柱子安装测量

1. 测量精度要求

柱子安装特别是牛腿柱的安装位置和标高正确与否，将直接影响到以后安装的其他构件能否正确安装，如吊车梁、吊车轨道、屋架等。因此，必须严格遵守下列限差要求：

（1）柱脚中心线与柱列轴线之间的平面尺寸容许偏差为±5mm。

（2）牛腿面的实际高差与设计标高的容许误差，当柱高在5m以下时为±5mm，5m以上时为±8mm。

（3）柱的垂直度容许偏差为柱高的1/1000，且不超过20mm。

2. 安装前的准备工作

（1）投测柱列轴线。利用柱身的中心线和基础杯口顶面的中心定位线进行柱的平面就位及校正。因此，柱子安装前，应根据柱列轴线控制桩用经纬仪将柱列轴线投测到基础杯口顶面，并弹出墨线，在红油漆面上做“▶”标志，作为吊装柱子时确定轴线方向的依据。当图纸要求轴线从杯口中心通过时，所弹墨线就是中心定位线；当柱列轴线不通过杯口中心时，还应以轴线为基准在杯形基础顶面上加弹柱中心线。同时，还要在杯口内壁，用水准仪测设一条－60cm标高线，并用“▼”作为杯口底面找平时用，如图10-26所示。

（2）柱身弹线。柱子安装前，应将每根柱子按轴线位置进行编号，在柱身的三个面上弹出中心线，并在每条线的上端和近杯口处画上“▶”标志，以供校正时照准，如图10-26所示。

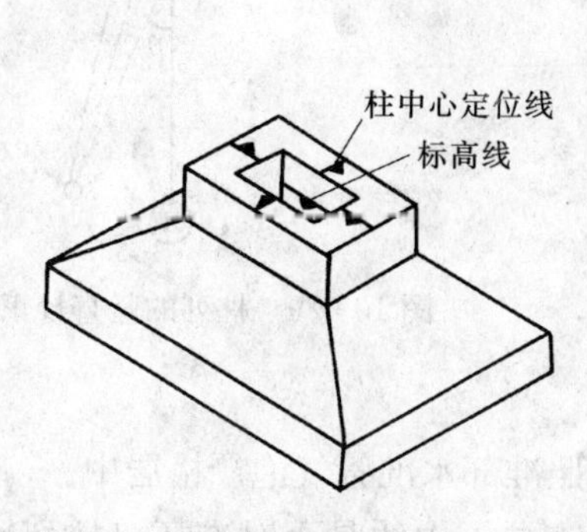

图10-26 厂房柱子的杯形基础

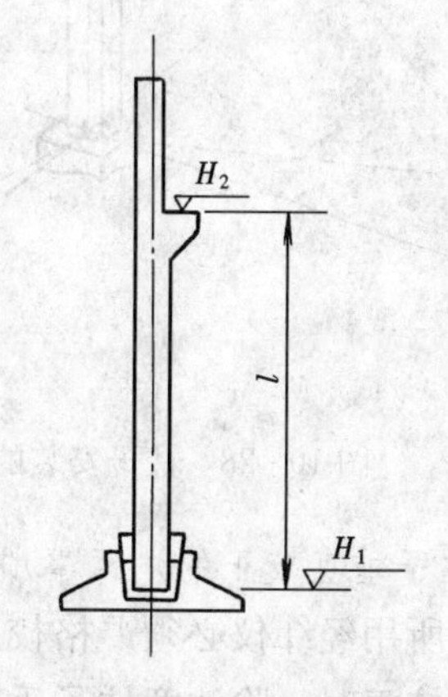

图10-27 柱身弹线

（3）柱身检查与杯底找平。柱的牛腿顶面需要支撑吊车梁和钢轨，吊车运行要严格控制轨道的水平度。如图 10-27 所示，为了保证安装后的柱子牛腿面符合设计高程 H_2，必须使杯底高程 H_1 加上柱脚到牛腿的长度 l 等于 H_2。即

$$H_2 = H_1 + l$$

常用的检查方法是沿柱子中心线根据 H_2 用水准仪或钢卷尺测设出 −60cm 标高线，以及此线到柱底四角的实际高度 $h_1 \sim h_4$，并与杯口内 −60cm 标高线到杯底与柱底相对应的四角实际高度 $h_1' \sim h_4'$ 进行比较，从而确定杯底四角找平厚度。通常是浇筑混凝土使杯口底面标高比设计标高低 3～5cm，用水泥砂浆根据确定的找平厚度进行找平，然后再用水准仪测量，其误差应在 ±3mm 以内。

3. 柱子安装时的测量工作

在柱子被吊入基础杯口，柱脚已经接近杯底时，应停止吊钩的下落，使柱子在悬吊状态下进行就位。就位时，将柱中心线与杯口顶面的定位中心对齐，并使柱身概略垂直后，在杯口处插入木楔块或钢楔块（见图 10-27）。柱身脱离吊钩柱脚沉到杯底后，还应复查中线的对位情况，再用水准仪检测柱身上已标定的 ±0 线，判定高程定位误差。这两项检测均符合精度要求之后将楔块打紧，使柱初步固定，然后进行竖直校正。

如图 10-28 所示，在基础纵、横柱列轴线上，与柱子的距离不小于 1.5 倍柱高的位置，各安置一台经纬仪，瞄准柱下部的中心线，固定照准部，再仰视柱顶。当两个方向上柱中心线与十字丝的竖丝均重合时，说明柱子是竖直的；若不重合，则应在两个方向先后进行垂直度调整，直到重合为止。

实际安装工作中，一般是先将成排的柱吊入杯口并初步固定，然后再逐根进行竖直校正。在这种情况下，应在柱列轴线的一侧与轴线成 15°左右的 β 角方向上安置仪器进行校正。仪器在一个位置可先后校正几根柱子（见图 10-29）。

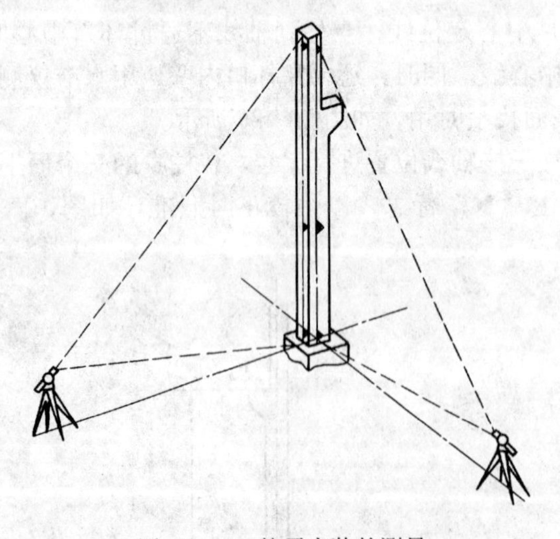

图 10-28 柱子安装的测量

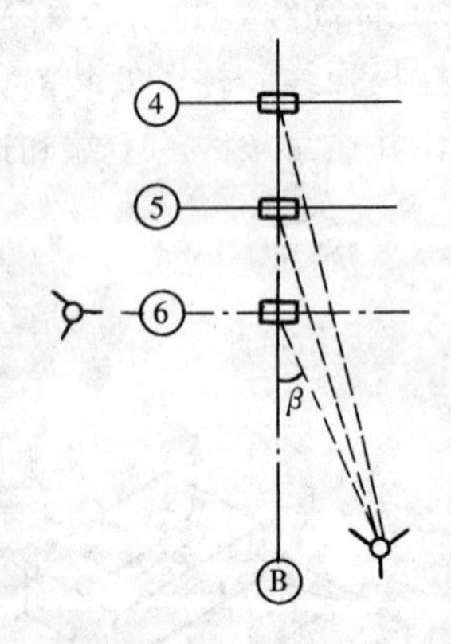

图 10-29 柱列的竖直校正

4. 柱子垂直校正的注意事项

（1）所用经纬仪必须严格校正，操作时，应使照准部水准管气泡严格居中。

（2）校正时，除注意柱子垂直外，还应随时检查柱子中线是否对准杯口柱列轴线标志，

以防柱子吊装就位后，产生水平位移。

（3）对于截面变化的柱子，校正时经纬仪必须安置在相应柱子的轴线上。

（4）在日照下校正，应考虑日照使柱顶向阴面弯曲的影响，为避免此种影响，宜在早晨或阴天校正。

（二）吊车梁安装测量

吊车梁安装时，测量工作的主要任务是使安置在柱子牛腿上的吊车梁的平面位置、顶面标高及梁端面中心线的垂直度均符合设计要求。

吊装之前应先做好两个方面的准备工作：一是在吊车梁的顶面和两端面上弹出梁中心线；二是将吊车轨道中心线引测到牛腿面上。引测方法如图 10-30 所示，先在图纸上查出吊车轨道中心线与柱列轴线之间的距离 e，再分别依据Ⓐ轴线和Ⓑ轴线两端的控制桩，采用平移轴线的方法，在地面测设出轨道中心线 $A'A'$ 和 $B'B'$，将经纬仪分别安置在 $A'A'$ 和 $B'B'$ 一端的控制点上，照准另一控制点，仰起望远镜，将轨道中心线测设到柱的牛腿面上，并弹出墨线。上述工作完成后可进行吊车梁的安装。

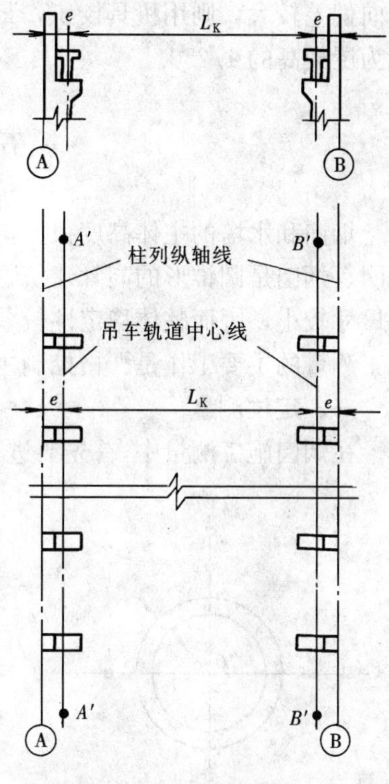

图 10-30　吊车梁安装测量

吊车梁被吊起并已接近牛腿面时，应进行梁端面中心线与牛腿面上的轨道中心线的对位，两线平齐后，将梁放置在牛腿上。平面定位完成后，应进行吊车梁顶面标高检查。检查时，先在柱子侧面测设出一条±50cm 的标高线，用钢卷尺自标高线起沿柱身向上量至吊车梁顶面，求得标高误差。由于安装柱子时，已根据牛腿顶面至柱底的实际长度对杯底标高进行了调整，因而吊车梁标高一般不会有较大的误差。另外还应吊锤球检查吊车梁端面中心线的垂直度。标高和垂直度存在的误差，可在梁底支座处加垫铁块纠正。

（三）屋架安装测量

屋架吊装前，用经纬仪或其他方法在柱顶面上放出屋架定位轴线，并应弹出屋架两端头的中心线，以便进行定位。屋架吊装就位时，应该使屋架的中心线与柱顶上的定位线对准，允许误差为±5mm。

屋架的垂直度可用锤球或经纬仪进行检查。用经纬仪检查时，可在屋架上安装三把卡尺如图 10-31 所示，一把卡尺安装在屋架上弦中点附近，另外两把分别安装在屋架的两端。自屋架几何中心沿卡尺向外量出一定距离，一般为 500mm，并做标志。然后在地面上距屋架中线同样距离处安置经纬仪，观测 3 把卡尺上的标志是否在同一竖直面内，若屋架

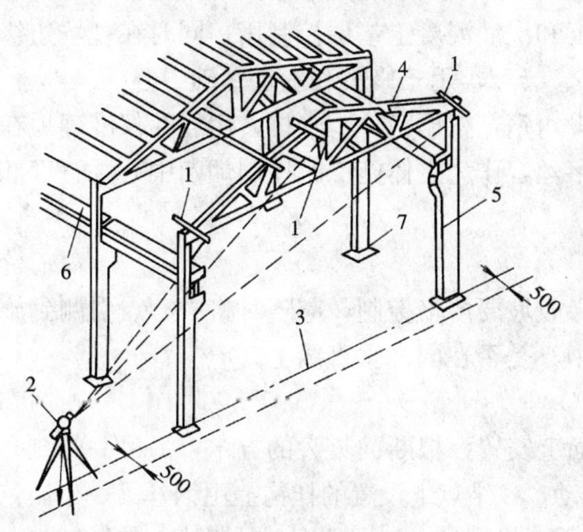

图 10-31　屋架安装测量

1—卡尺；2—经纬仪；3—定位轴线；4—屋架；5—柱；6—吊木架；7—基础

竖向偏差较大，则用机具校正，最后将屋架固定。垂直度允许偏差为：薄腹梁为5mm；桁架为屋架高的1/250。

第五节 烟囱、水塔施工测量

烟囱和水塔的主体高度很大，基础面积小，因此施工测量方法基本相同，现以烟囱为例说明。烟囱是圆锥形的高耸建筑物，一般有几十米至二三百米，相对于主体而言，基础的平面尺寸较小，因而整体稳定性较差，不论是砖结构还是钢混结构，施工要求都很严格。烟囱施工测量的主要工作是严格控制主体中心线的垂直偏差，以减小偏心带来的不利影响。

一、定位测量

在烟囱施工测量中，首先要进行定位测量。烟囱定位主要是定出基础中心的位置。如图10-32所示，利用场地已有的测图控制网建立方格网或已有建筑物，采用直角坐标法或极坐标法，在地面上测出基础中心点O。然后在O点安置经纬仪，测设出在O点正交的两条定位轴线AB和CD。轴线的每一侧至少应设置两个轴线控制桩，用以在施工过程中投测主体的中心位置。各控制桩至烟囱中心点O的距离以不小于烟囱高度的1.5倍为宜。为了便于校核桩位有无变动及施工过程中灵活方便地投测，可适当多设置几个轴线桩。各控制桩应牢固耐久，并妥善保护。烟囱中心点O常打入大木桩，上部钉一小钉，以准确确定烟囱基础中心点。

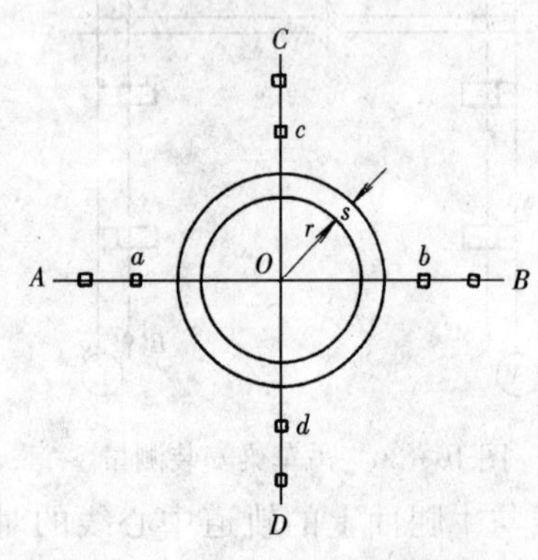

图10-32 烟囱定位测量

二、基础施工测量

如图10-32所示，定出烟囱中心O后，以O为圆心，$R=r+b$为半径（r为烟囱底部半径，b为基坑的放坡宽度），在地面上用皮尺画圆，并撒白灰线，标明挖坑范围。

当基坑挖到接近设计标高时，同房屋建筑基础工程施工测量中基槽开挖深度控制一样，在基坑内壁测设水平控制桩，作为检查挖土深度和浇灌混凝土垫层控制用，同时在基坑边缘的轴线上钉四个小木桩，如图10-32中的a、b、c、d，用于修坡和确定基础中心。

浇灌混凝土基础时，应在烟囱中心位置埋设角钢，根据定位小木桩，用经纬仪准确地在角钢顶面测出烟囱的中心位置，并刻上“十”字丝，作为主体施工时控制烟囱中心垂直度和控制烟囱半径的依据。

三、主体施工测量

烟囱主体向上砌筑时，主体中心线、半径、收坡要严格控制，应随时将中心点引测到施工作业面上，以检核施工作业面的中心与基础中心是否在同一垂直线上。

1. 吊锤线法

如图10-33所示，吊锤线法是在施工作业面上安置一根断面较大的方木，另设一带刻划的木杆插与方木铰结在一起，尺杆可绕铰结点转动。铰结点下设置的挂钩上用钢丝吊一个质量为8～12kg的大锤球，烟囱越高使用的锤球应越重。投测时，先调整钢丝的长度，使锤球尖与基础中心点标志之间仅存在很小的间隔。然后调整作业面上的方木位置，使锤球尖对准标志的“十”字交点，则钢丝上端的方木铰结点就是该工作面的主体中心点。在工作面上，根据相应高度的主体设计半径转动木尺杆画圆，即可检查筒壁偏差和圆度，作为指导下一步施工的依据。烟囱每升高一步架，要用锤球引测一次中心点，每升高 5～10m 还要用经纬仪复核一次。复核时把经纬仪先后安置在各轴线控制点上，照准基础侧面上的轴线标志，用盘左、盘右取中的方法，分别将轴线投测到施工面上，并做标志。然后按标志拉线，两线交叉点即为烟囱中心点。它应与锤球引测的中心重合或偏差不超过限差，一般不超过所砌高度的 1/1000。以经纬仪投测的中心点为准，作为继续向上施工的依据。

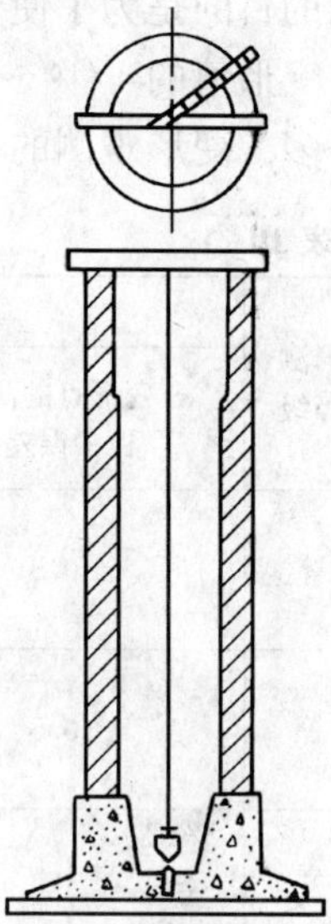

吊锤线法是一种垂直投测的传统方法，使用简单，但易受风的影响，有风时吊锤线发生摆动和倾斜，随着主体增高，对中的精度会越来越低。因此，仅适用于高度在 100m 以下的烟囱。

2. 激光导向法

高大的钢筋混凝土烟囱常采用滑升模板施工，若仍采用吊锤线或经纬仪投测烟囱中心点，无论是投测精度还是投测速度，都难以满足施工要求。采用激光铅直仪投测烟囱中心点，能克服上述方法的不足。投测时，将激光铅直仪安置在烟囱底部的中心标志上，在工作台中央安置接收靶，烟囱模板滑升 25～30cm 浇灌一层混凝土，每次模板滑升前后各进行一次观测。观测人员在接收靶上可直接得到滑模中心对铅垂线的偏离值，施工人员依此调整滑模位置。在施工过程中，要经常对仪器进行激光束的垂直度检验和校正，以保证施工质量。

图 10-33 烟囱主体测量

四、主体高程测量

对烟囱砌筑的高度，一般是先用水准仪在烟囱底部的外壁上测设出某一高度（如+0.500m）的标高线，然后以此线为准，用钢卷尺直接向上量取。主体四周水平，应经常用水平尺检查上口水平，发现偏差应随时纠正。

第六节 建筑物的变形观测

一、概述

建筑物的全部重量和荷载会不断增加，由于地基的土质和承受的荷载不同，加上地下水的变化、机械设备震动等外力的影响，从而引起建筑物基础及四周地层变形，导致建筑物产生均匀或不均匀沉降。而建筑物本身因基础变形及外部荷载与内部应力的作用，也要产生变形。这种变形在一定范围内可视为正常现象，但超过某一限度就会影响建筑物的整体坍塌。因此，为了建筑物的安全使用，研究建筑物变形的原因和规律，在建筑物的施工和运行管理期间需要对建筑物进行变形观测。

所谓变形观测就是测定建筑物及其地基在建筑物荷载和重力作用下随时间而变形的工作，其内容主要有沉降观测、位移观测、倾斜观测、裂缝观测和挠度观测等。

变形观测能否达到预定的目的要受到很多因素的影响，其最基本的因素是观测点的布设、观测的精度与频率，以及每次观测所进行的时间。应从建筑物开始施工就进行观测，一直持续到变形终点。

变形观测的精度要求取决于该建筑物设计的允许变形值的大小和进行观测的目的。如果观测的目的是为了使变形值不超过某一允许值而确保建筑物的安全，则观测的中误差应小于允许变形值的1/10～1/20；如果观测目的是为了研究其变形过程，则中误差应比这个数值小得多。变形观测的等级划分及精度要求见表10-1。

表10-1　变形观测的等级划分及精度要求　(mm)

变形测量等级	垂直位移测量		水平位移测量	适用范围
	变形点的高程中误差	相邻变形点高程中误差	变形点的点位中误差	
一等	±0.3	±0.1	±1.5	变形特别敏感的高层建筑、工业建筑、重要古建筑、精密工程设施、高耸构筑物
二等	±0.5	±0.3	±3.0	变形比较敏感的高层建筑、古建筑、重要工程设施、高耸构筑物和重要建筑场地的滑坡监测等
三等	±1.0	±0.5	±6.0	一般性高层建筑、工业建筑、高耸构筑物、滑坡监测
四等	±2.0	±1.0	±12.0	观测精度要求较低的建筑物、构筑物和滑坡监测

在施工阶段，观测频率应大些，一般有三天、七天、半月三种周期，竣工投产以后，频率可小些，一般有一个月、两个月、三个月、半年及一年等不同周期。除了系统的周期观测以外，有时还要进行紧急观测（临时观测）。观测的频率决定于变形值的大小和变形速度，以及观测的目的。通常观测的次数应既能反映出变化的过程，又不遗漏变化的时刻。

目前对建筑物进行变形观测的项目主要有建筑物沉降、倾斜观测和裂缝与位移观测。

二、建筑物的沉降观测

建筑物的沉降观测是用水准测量的方法，通过观测布设在建筑物上沉降观测点与水准基点之间的高差变化值，以测定基础和建筑物本身的沉降值。

（一）水准点和沉降观测点的布设

1. 水准点的布设

水准点是沉降观测的基准点，建筑物及其基础的沉降均根据它来确定，因此它应埋设在建筑物变形观测影响范围之外，距沉降观测点20～100m，且不受施工影响的地方。为了相互检核，水准基点最少应布设三个。图10-34所示是水准点的一种形式。城市地区的沉降观测水准点可用二等水准与城市水准点连测，可以采用假定高程。

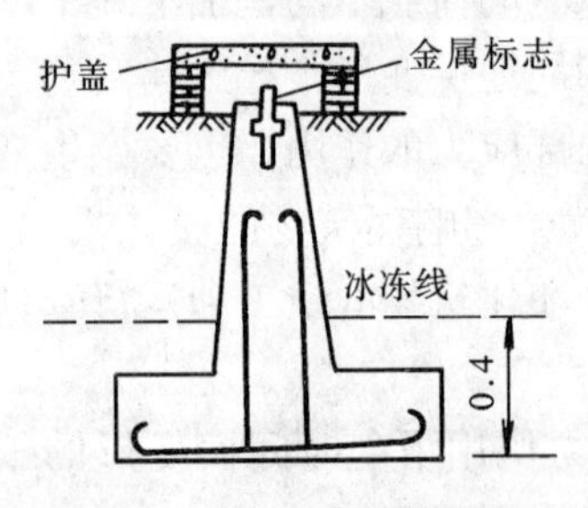

图10-34　沉降观测水准点

2. 沉降观测点布设

沉降观测点设立在被观测建筑物体上，能全面、准确反映建筑物沉降变形情况的位置，埋设时要与建筑物联结牢靠。对于民用建筑物，可将观测点设在建筑物四角点、中点、转角处以及沉降缝两侧，沿外墙间隔10～15m布设一个观测点；对于宽度大于15m的建筑物，在其内部有承重墙和支柱时，应尽可能布设观测点。对于一般的工业建筑，除了按民用建筑要求布设观测点外，在主要设备基础、基础改变处、地质条件改变处应布设观测点。

观测点应埋设稳固，不易被破坏，能长期保存，点的高度、朝向等要便于立尺和观测，埋设形式如图 10-35 所示。图 10-35（a）、（b）所示分别为承重墙和柱子上的观测点，图 10-35（c）所示为基础上的观测点。

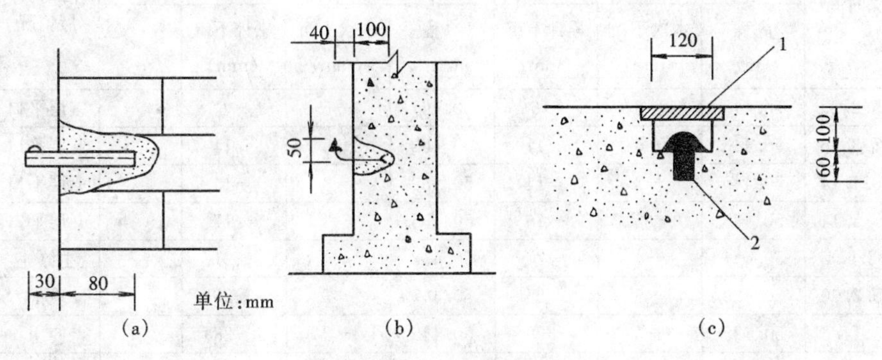

图 10-35　沉降观测点布设

1—保护盖；2—ϕ20 铆钉

（二）沉降观测

一般性高层建筑物或大型厂房，应采用精密水准测量方法，按国家二等水准技术要求施测，将各观测点布设成闭合环或附合水准路线联测到水准点上。对中小型厂房和建筑物，可采用三等水准测量的方法施测。为了提高观测精度，可采用固定测量人员、固定测量仪器和固定施测路线、镜位与转点的“三固定”方法。观测时，前后视宜使用同一根水准尺，视线长度小于 50m，前后视距应大约相等。

沉降观测的时间和频率应根据建筑物的特征、变形速率、观测精度和工程地质条件等因素综合考虑，并根据沉降量的变化情况适当调整。

当埋设的观测点稳固后，即可进行第一次观测。施工期间，一般建筑物每 1～2 层楼面结构浇注完后观测一次。如果中途停工时间较长，应在停工时和复工前各观测一次。竣工后应根据沉降的快慢来确定观测的周期，每月、每季、每半年、每年观测一次，以每次沉降量在 5～10mm 为限，直至沉降稳定为止。

由于观测水准路线较短，其闭合差一般不会超过 1～2mm。二等水准测量高差闭合差容许值为$\pm 0.6\sqrt{n}$mm，n 为测站数。三等水准测量高差闭合差容许值为$\pm 1.4\sqrt{n}$mm。闭合差可按测站平均分配。

每次观测结束后，应及时整理观测记录。检查记录的数据和计算是否正确，精度是否合格，然后调整闭合差，推算各沉降观测点的高程。再计算本次沉降量（前后两次高程之差）和累计沉降量（本次观测高程与初始高程之差），并将荷载变化情况、计算结果、观测日期同时记入沉降观测记录表中，如表 10-2 所示。

表 10-2　　沉降量观测记录表

观测次数	观测时间	各观测点的沉降情况							施工进展情况	荷载情况（t/m^2）
		1			2			…		
		高程（m）	本次下沉（mm）	累计下沉（mm）	高程（m）	本次下沉（mm）	累计下沉（mm）	…		
1	1985.1.10	50.454	0	0	50.473	0	0	…	一层平口	

续表

观测次数	观测时间	各观测点的沉降情况							施工进展情况	荷载情况（t/m²）
		1			2			…		
		高程（m）	本次下沉（mm）	累计下沉（mm）	高程（m）	本次下沉（mm）	累计下沉（mm）	…		
2	1985.2.23	50.448	−6	−6	50.467	−6	−6		三层平口	40
3	1985.3.16	50.443	−5	−11	50.462	−5	−11		五层平口	60
4	1985.4.14	50.440	−3	−14	50.459	−3	−14		七层平口	70
5	1985.5.14	50.438	−2	−16	50.456	−3	−17		九层平口	80
6	1985.6.4	50.434	−4	−20	50.452	−4	−21		主体完	110
7	1985.8.30	50.429	−5	−25	50.447	−5	−26		竣工	
8	1985.11.6	50.425	−4	−29	50.445	−2	−28		使用	
9	1986.2.28	50.423	−2	−31	50.444	−1	−29			
10	1986.5.6	50.422	−1	−32	50.443	−1	−30			
11	1986.8.5	50.421	−1	−33	50.443	0	−30			
12	1986.12.25	50.421	0	−33	50.443	0	−30			

为了更形象地表示沉降、荷载和时间之间的相互关系，同时也为了预估下一次观测点的大约数字和沉降过程是否渐趋稳定或已经稳定，可绘制荷载、时间、沉降量关系曲线图，如图 10-36 所示。

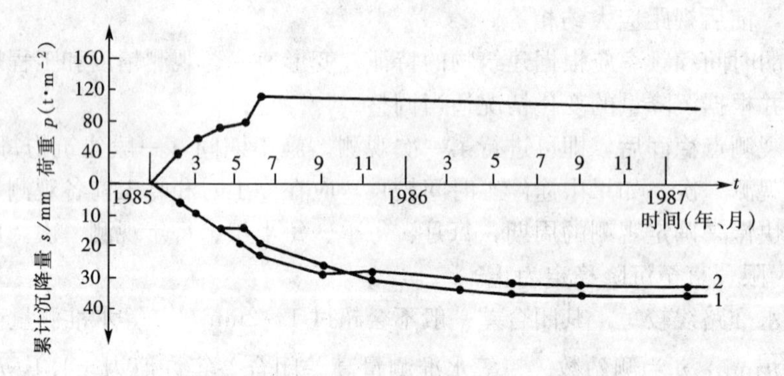

图 10-36 沉降、荷载和时间关系曲线图

三、建筑物的倾斜观测

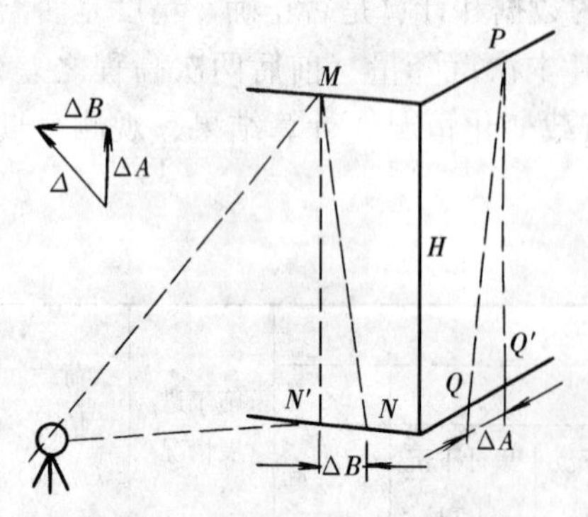

图 10-37 建筑物的倾斜观测

基础的不均匀沉降会导致建筑物倾斜。测定建筑物倾斜的方法有两类：一类是直接测定建筑物的倾斜；另一类是通过测定建筑物基础的相对沉降确定建筑物的倾斜量。

1. 一般建筑物的倾斜观测

如图 10-37 所示，在房屋顶部设置观测点 M，在离房屋建筑墙面大于其高度 1.5 倍的固定测站上安置经纬仪，瞄准 M 点，用盘左盘右分中投点法将 M 点向下投测出 N 点，做一标志。用同样的方法，在原观测方向垂直的另一方向，定出上观测点 P 与下投影点 Q。相隔一段时间后，在原固定测站上安置经纬仪，分别瞄准上观测点 M 与 P，仍用盘左盘右分中投点分别得 N'和 Q'，若 N 与 N'、Q 与 Q'不重合，说明建筑物发生倾斜。用尺量出倾斜位移分量 ΔA 和 ΔB，然后求得建筑物的总倾斜位移量，即

$$\Delta = \sqrt{\Delta A^2 + \Delta B^2} \tag{10-6}$$

建筑物的倾斜度 i 为

$$i = \frac{\Delta}{H} = \tan\alpha \tag{10-7}$$

式中 H——建筑物高度；

α——倾斜角。

2. 塔式建筑物的倾斜观测

水塔、电视塔烟囱等高耸构筑物的倾斜观测是测定其顶部中心对底部中心的偏心距，即其倾斜量。

如图 10-38（a）所示，在烟囱底部横放一根水准尺，然后在标尺的中垂线方向上安置经纬仪。经纬仪距烟囱的距离尽可能大于烟囱高度 H 的 1.5 倍。用望远镜将烟囱顶部边缘两点 A 和 A'及底部边缘两点 B 和 B'分别投到水准尺上，得读数为 y_1、y_1' 及 y_2、y_2'，如图10-38（b)所示。烟囱顶部中心 O 对底部中心 O'分别在 y 方向上的偏心距为

$$\Delta y = \frac{y_1 + y'_1}{2} - \frac{y_2 + y'_2}{2}$$

同法可测得与 y 方向垂直的 3 方向上顶部中心 O 的偏心距为

$$\Delta x = \frac{x_1 + x'_1}{2} - \frac{x_2 + x'_2}{2}$$

则顶部中心对底部中心的点偏心距和倾斜度 i 可分别用式（10-6）和式（10-7）计算。

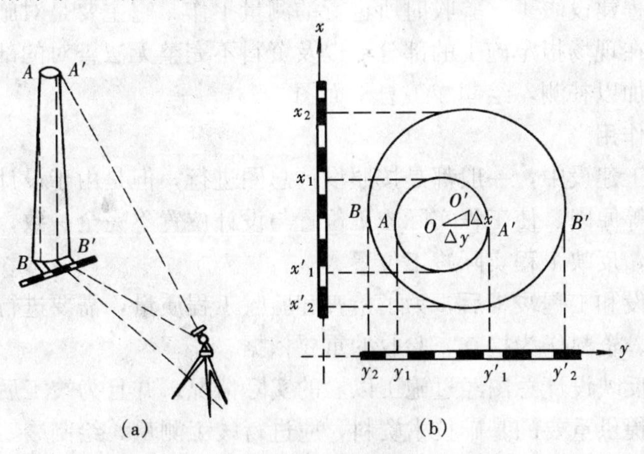

图 10-38 塔式建筑物的倾斜观测

四、建筑物的裂缝与位移观测

1. 裂缝观测

工程建筑物发生裂缝时，为了解其现状和掌握其发展情况，应该进行观测，以便根据观测资料分析其产生裂缝的原因和它对建筑物安全的影响，及时采取有效措施加以处理。

当建筑物多处发生裂缝时，应先对裂缝进行编号，分别观测其位置、走向、长度和宽度等，如图 10-39 所示。用两块白铁皮，一块为正方形，边长为 150mm 左右，另一块大小为

50mm×200mm，将它们分别固定在裂缝的两侧，并使长方形铁片一部分紧贴在正方形铁皮上，然后在两块铁皮上涂上红油漆。当裂缝继续发展时，两块铁皮被逐渐拉开，正方形白铁皮上就会露出未被红油漆涂到的部分，其宽度即为裂缝增大的宽度，可用尺子直接量出。

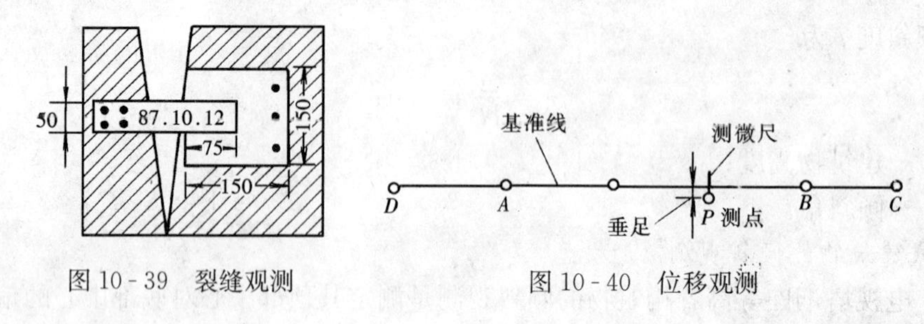

图 10-39 裂缝观测　　图 10-40 位移观测

2. 位移观测

位移观测指根据平面控制点测定建筑物（构筑物）的平面位置随时间的变化移动的大小及方向。测量原理是在垂直于水平位移方向上建立一条基线，在建筑物（构筑物）上埋设一些观测标志，定期测定各观测标志偏离基准线的距离，从而求得水平位移量。如图 10-40 所示，A 和 B 为两个稳固的工作基点，其连线即为基准线方向，P 为观测点。观测时，将经纬仪安置于一端工作基点 A 上，瞄准另一端工作基点 B（后视点），此视线方向即为基准线方向，通过测微尺测量观测点 P 偏离视线的变化，即可得到水平位移差。

第七节　竣工总平面图的编绘

竣工测量指工程建设竣工、验收时所进行的测量工作。它主要是对施工过程中设计有所更改的部分，直接在现场指定施工的部分，以及资料不完整无法查对的部分，根据施工控制网进行现场实测或加以补测，绘制竣工总平面图。

一、竣工图的作用

(1) 在工程施工建设中，一般都是按照设计总图进行，但是由于设计的更改、施工的误差及建筑物的变形等原因，使工程实际竣工位置与设计位置不完全一致，因而需要进行竣工测量，绘制竣工图，反映工程实际竣工位置。

(2) 在工程建设和工程竣工后，为了检查和验收工程质量，需要进行竣工测量，绘制竣工图，以提供成果、资料作为检查、验收的重要依据。

(3) 为了全面反映设计总图经过施工以后的实际情况，并且为竣工后工程维修管理运营及日后改建、扩建提供重要的基础技术资料，应进行竣工测量，绘制竣工总平面图。

二、竣工图的内容

竣工总平面图一般应包括坐标系统、竣工建（构）筑物的位置和周围地形、主要地物点的解析数据，此外还应附必要的验收数据、说明、变更设计书及有关附图等资料。竣工总平面图的编绘包括竣工测量和资料编绘两方面内容。

三、竣工图的编绘方法

竣工总平面图主要是根据竣工测量资料和各专业图测量成果综合编绘而成的。比例尺一般为 1∶1000，并尽可能绘制在一张图纸上，重要碎部点要按坐标展绘并编号，以便与碎部点坐标、高程明细表对照。地面起伏一般用高程注记方法表示。编绘竣工总平面图的具体方法如下。

1. 准备

（1）首先在图纸上绘制坐标方格网，一般用两脚规和比例尺展绘在图上，其精度要求与地形测图的坐标格网相同。

（2）展绘控制点。将施工控制点按坐标值展绘在图上，展点对邻近的方格而言，其容许误差为±0.3mm。

（3）展绘设计总平面图。根据坐标格网，将设计总平面图的图面内容按其设计坐标，用铅笔展绘于图纸上，作为底图。

（4）展绘竣工总平面图。一是根据设计资料展绘；二是根据竣工测量资料或施工检查测量资料展绘。

2. 现场实测

对于直接在现场指定位置施工的工程及多次变更设计而无法查对的工程，竣工现场的竖向布置、围墙和绿化情况、施工后尚保留的大型临时设施以及竣工后的地貌情况，都应根据施工控制网进行实测，加以补充。实测的内容有：

（1）碎部点坐标测量。如房屋角点、道路交叉点等，实测出选定碎部点的坐标。重要建筑物房角和各类管线的转折点、井中心、交叉点、起止点等均应用解析法测出其坐标。

（2）各种管线测绘。地下管线应在回填土前准确测出其起点、终点、转折点的坐标。对于上水道的管顶、下水道的管底、主要建筑物的室内地坪、井盖、井底、道路变坡点等要用水准仪测量其高程。

（3）道路测量。要正确测出道路圆曲线的元素，如交角、半径、切线长和曲线长等。

3. 分类竣工总平面图的编绘

厂区地上和地下所有建筑物、构筑物绘在一张竣工总平面图上时，如果线条过于密集而不醒目，则可根据工程的密集与复杂程度，按工程性质分类采用分类编图，如综合竣工总平面图，厂区铁路、道路竣工总平面图，工业管线竣工总平面图和分类管道竣工总平面图等，比例尺一般采用1∶1000。对不能清楚的表示某些特别密集的地区，也可局部采用1∶500的比例尺。这些分类总图主要是满足相应专业管理和维修之用，它是各专业根据竣工测量资料和总图编绘而成的。在图中除了要详尽反映本专业工程或设施的位置、特征点坐标、高程及有关元素，还要绘出有关厂房、道路等位置轮廓，以便反映它们之间的关系。

4. 综合竣工平面图的编绘

综合竣工总平面图是设计总平面图在施工后实际情况的全面反映。综合竣工总平面图的编绘与分类竣工总平面图的编绘最好都随着工程的陆续竣工相继进行编绘。一边竣工，一边利用竣工测量成果编绘综合竣工总平面图，能使竣工图真实反映实际情况。

综合竣工总平面图的编绘的资料来源有实测获得、从设计图上获得、从施工中的设计变更通知单中获得、从竣工测量成果中获得。

综合竣工总平面图上应包括建筑方格网点、水准点、厂房、辅助设施、生活福利设施、架空与地下管线、铁路等建筑物或构筑物的坐标和高程，以及厂区内空地和未建区的地形。有关建筑物、构件物的符号应与设计图例相同，有关地形图的图例应使用国家地形图图式符号。

竣工总平面图编绘好以后，随竣工总平面图一并提交的还应有控制测量成果表及控制点布置图、施工测量外业资料、施工期间进行的测量工作和各个建（构）筑物沉降和变形观测的说明书；设计图纸文件、原始地形图、地质资料；设计变更资料、验收记录；大样图、剖面图等。

习题与思考题

1. 建筑场地平面控制网的形式有哪几种？它们各适用于哪些场合？

2. 建筑基线、建筑方格网如何设计，如何测设？

3. 在测设三点“一”字形的建筑基线时，为什么基线点不少于三个？当三点不在一条直线上时，为什么横向调整量是相同的？

4. 建筑施工场地对高程控制网有哪些要求？如何布设？

5. 如图 10-7 所示，已知施工坐标原点 O' 的测量坐标为 $x_0=187.500$m，$y_0=112.500$m，建筑基线点 P 的施工坐标为 $A_P=135.000$m，$B_P=100.000$m，设两坐标系轴线间的夹角 $\alpha=16°00'00''$，试计算 P 点的测量坐标值。

6. 如图 10-41 所示，假定“一”字形建筑基线 $1'$、$2'$、$3'$三点已测设在地面上，经检测$\angle 1'2'3'=179°59'30''$，$a=100$m，$b=150$m，试求调整值 δ，并说明如何调整才能使三点成一直线。

7. 民用建筑施工测量包括哪些主要测量工作？

8. 轴线控制桩和龙门板的作用是什么？如何设置？

9. 试述基槽开挖时控制深度的方法。

10. 建筑施工中，如何由下层楼板向上层传递高程？试述基础皮数杆和墙身皮数杆的立法。

11. 高层建筑施工中，如何将底层轴线投测到地层楼面上？

12. 在图 10-42 中已给出新建筑物与已有建筑物的相对位置（墙厚 37cm，轴线偏里），试述测设新建筑物的方法和步骤。

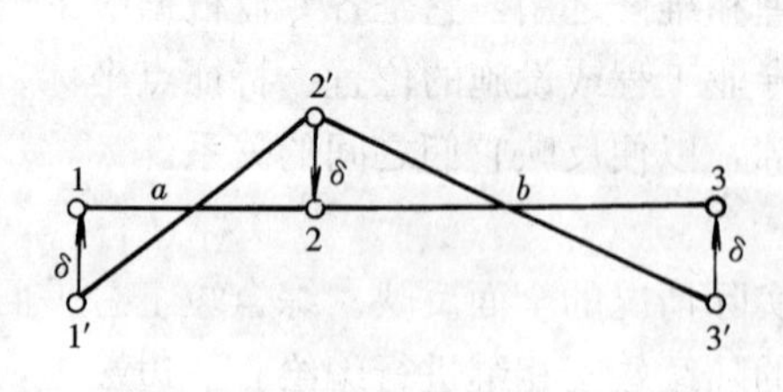

图 10-41　建筑基线调整图

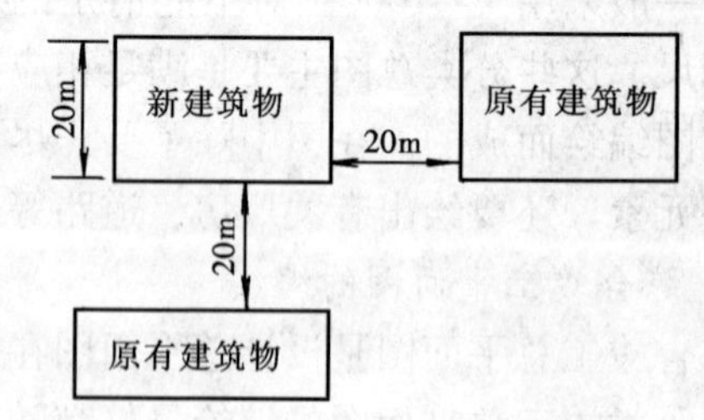

图 10-42　建筑物定位示意图

13. 在工业建筑的定位放线中，现场已有建筑方格网作为控制，为何还要测设矩形控制网？

14. 试述柱基的放样方法。

15. 杯形基础定位放线有哪些要求？如何检验是否满足要求？

16. 试述吊车梁的吊装测量工作。应注意哪些问题？

17. 烟囱施工测量有何特点？怎样制定施测方案？

18. 建筑物变形测量的意义是什么？主要包括哪些内容？
19. 建筑物沉降观测点应如何布置？
20. 如何进行建筑物的裂缝观测？
21. 如何进行建筑物的位移观测？
22. 为什么要编绘竣工总平面图？竣工总平面图包括哪些内容？如何编绘？

第十一章　线路工程测量

城镇建设中的线路工程主要包括道路、给水、排水、电力、电信和各种工业管道以及桥涵等线形工程。各种管线工程在勘测设计和施工管理阶段所进行的测量工作，统称为线路工程测量。在勘察设计阶段，线路工程测量的主要内容有线路选线，中线测量，纵、横断面测量，带状地形测量和有关调查测量工作等，其主要目的是为设计提供必要的基础资料。在施工管理阶段，需进行线路工程施工测量，按设计和施工要求测设各种线路的中线和高程位置，作为施工的依据，以保证各种线路工程的位置和相互关系的准确。

线路工程施工测量的精度要求，一般取决于工程的性质。如管道工程中，无压力的自流管道的高程精度要求比有压力的管道要求高；在道路工程中，车速高的或水泥路面的道路比一般的道路精度要求高。又如在中线平面位置的精度要求上，对横向精度的要求均高于纵向，这是一般线路工程的特点。总之，施工测量精度应以满足设计和施工要求为准。

因工程情况和施工方法的不同，各种管线工程施工测量的内容也有差异，施工方法应根据现场条件灵活选用。本章着重介绍道路与管道测量的基本知识，其主要内容有中线测量，纵、横断面图测绘以及道路和管道施工测量等。

第一节　线路选线与中线测量

一、线路选线

如前所述，线路选线是线路工程在勘察设计阶段的一项重要工作。其主要任务是根据线路的特点和线路所经地区的经济和自然地理条件（包括地形、土壤、地质、水文以及气象等情况），初步选择一条或几条技术上可行、经济上合理、社会综合效益好的线路，为最终确定线路位置和线路设计提供基础资料。线路选线的主要工作如下。

（一）踏勘

踏勘的目的是在路线的起讫点之间做广泛的包括经济、地形、地质、水文等诸方面的实地勘察，寻找所有可能通行的线路，并从中选出几条较好的线路。为此，测量人员应尽量收集工程所在地区的现有中、小比例尺地形图，根据工程任务书的要求，会同设计人员在图上选线，然后进行实地勘察，特别是对于控制线路方向的局部重点地段（如严重地质不良地段以及地形复杂地段），需要深入现场进行调查研究，掌握确切的资料，以作为方案研究的依据。如果工程所在地区无地形图，测量人员在踏勘中，要对踏勘区域进行草测，以便为总体设计提供必要的地形图。

（二）初测

初测是对在踏勘中选定的一条或几条较好的路线，结合现场的实际情况，在实地进行选点、插旗、标出线路方向。在实地选线过程中，可以对方案研究中没有考虑的局部方案加以考虑。然后根据实地上选定的插旗点进行导线测量和水准测量，测出各点的平面位置和高程。再以初测导线为图根控制，测绘沿线带状地形图（如测区原来已有大比例尺地形图，则不必测绘沿线带状地形图)，为初步设计提供全面的基础资料。

所以，初测工作组织一般分为大旗组、导线组、水准组和地形组。

二、中线测量

中线测量的任务是根据选线和设计中确定的定线条件，将线路中心线位置（包括直线部分和曲线部分）测设到地面上，并用木桩标定之。中线测量的主要内容有测设中线各交点、测定转折角、测设里程桩和加桩、测设曲线主点和曲线里程桩（也称辅点）等，现分述如下。

（一）测设中线交点

线路中线的起点、终点和中间的交点，有些在实地踏勘选线中已经选定了位置并定了桩，但多数交点选线时只在图纸上确定了定位的条件（如设计坐标、与地面已有控制点或固定地物点的关系等)，需中线测量时具体测设。测设时应根据道路（或管道）的起点、终点和中间交点的设计坐标（或在图上量取）与附近地面已有控制点或固定地物点的坐标，用解析法反算出放样数据（角度或距离)。若定线精度要求不高，亦可用图解法直接在图上量取放线数据。然后采用直角坐标法、极坐标法、角度交会法或距离交会法测设其位置并用木桩标定点位，做好点之记。

由于定位条件和现场情况不同，测设方法也灵活多样，工作中应根据实际情况合理确定。下面介绍图解法和解析法在线路测量中的具体应用。

1. 图解法

当线路规划设计图的比例尺较大，而且线路主点附近又有明显可靠的地物时，可按图解法来采集测设数据。如图 11-1 所示，A、B 是原有管道检查井位置，Ⅰ、Ⅱ、Ⅲ点是设计管道的主点，欲在地面上定出Ⅰ、Ⅱ、Ⅲ等主点，可根据比例尺在图上量出长度 D、a、b、c、d 和 e，即为测设数据。然后，沿原管道 AB 方向，从 B 点量出 D 即得Ⅰ点，用直角坐标法从房角量取 a，并垂直房边量取 b 即得Ⅱ点，再量 e 来校核Ⅱ点是否正确；用距离交会法从两个房角同时量出 c、d 交出Ⅲ点。图解法受图解精度的限制，精度不高。当管道中线精度要求不高的情况下，可以采用此方法。

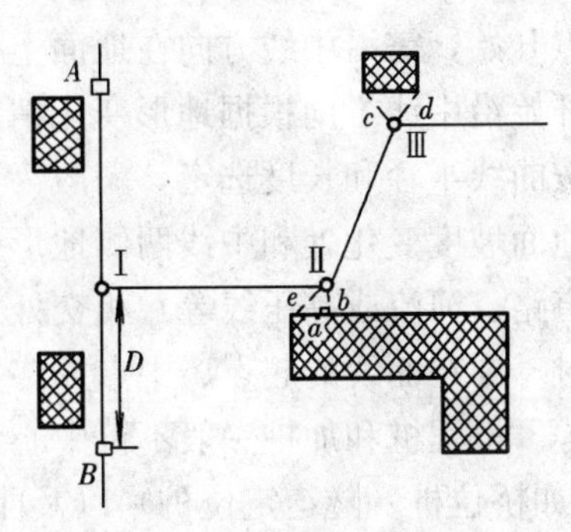

图 11-1 图解法测设点位

2. 解析法

当线路规划设计图上已给出线路主点的坐标，而且主点附近又有控制点时，可用解析法来采集测设数据。图11-2中 1、2…为导线点（作为控制点），A、B…为管道主点（为测设对象)，如用极坐标法测设 B 点，则可根据 1、2 和 B 点坐标，按极坐标法计算出测设数据$\angle 12B$ 和距离 D_{2B}。测设时，安置经纬仪于 2 点，后视 1 点，转$\angle 12B$，得出 $2B$ 方向，在此方向上用钢尺测设距离 D_{2B}，即得 B 点。其他主点均可按上述方法进行测设。

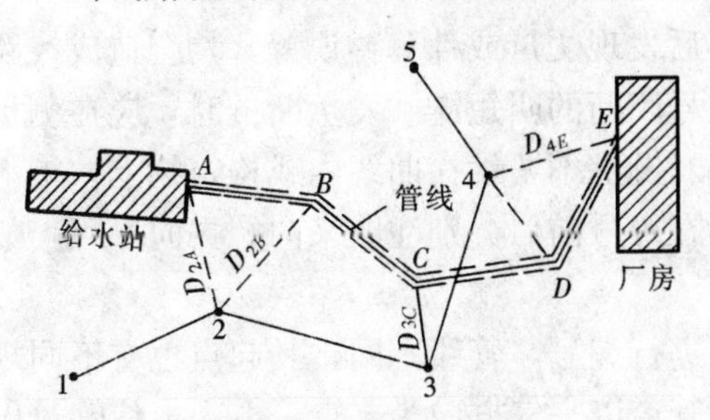

图 11-2 解析法测设点位

主点测设工作必须进行校核，其校核方法是：先用主点的坐标计算相邻主点间的长度，然后在实地量取主点间距离，看其是否与算得的长度相符。

如果在拟建线路工程附近没有控制点或控制点不够时，应先在管道附近敷设一条导线，或者用交会法加密控制点，然后按上述方法采集测设数据，进行主点的测设工作。

在管道中线精度要求较高的情况下，均用解析法测设主点。

（二）测定转折角

线路改变方向时，转变后的方向与原方向的夹角称为转折角（或称偏角），用 α 表示。中线的交点桩钉好后，即可测各交点的转折角。转折角有左、右角之分，如图 11-3 所示，以 α_l 和 α_r 表示。测量转折角时，安置经纬仪于交点上，与经纬仪导线一样，用测回法测定线路之右角 β，测一测回，然后根据 β 计算偏角 α。当 $\beta<180°$ 时，$\alpha_r=180°-\beta$，为右偏角；当 $\beta>180°$ 时，$\alpha_r=\beta-180°$，为左偏角。转折角 α 也可以直接测量获得。如线路主点位置均用设计坐标决定时，转向角应以计算值为准。如计算角值与实测角值相差超过限差，应进行检查和纠正。

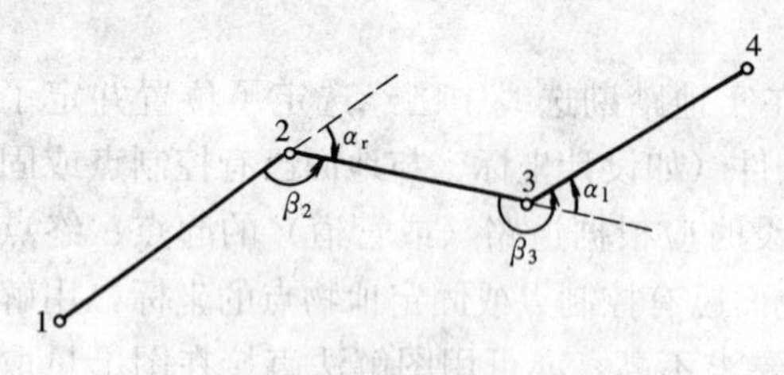

图 11-3 转折角测定

（三）测设里程桩和加桩

为了标志线路中线的位置、测定线路的长度和满足测绘纵、横断面图的需要，从线路起点开始，需沿中线方向在地面上设置整桩和加桩，这项工作称为测设里程桩和加桩。从起点开始沿中线方向根据地形变化情况每隔某一整数（一般为 20～50m，曲线段上里程桩间距应按曲线半径和长度选定，一般为 10～40m）钉设一木桩，这个桩叫里程桩。另外，在中线上地面坡度变化处和中线两侧地形变化较大处，要钉设地形加桩；在线路与其他线路（铁路、道路、河流或高压线等）相交处，和将要设置桥梁、涵洞等处，要打地物加桩；道路遇曲线时，要在曲线的起点、中点、终点和细部点钉设曲线加桩（曲线点的测设方法见第三节）等。里程桩和加桩一般不钉中心钉，但对距线路起点每隔 500m 的整倍数桩、重要地物加桩（如桥位桩、隧道定位桩）以及曲线主点桩，均钉大木桩并钉中心钉表示。

里程桩和加桩都以线路起点到该桩的中线距离进行编号，叫里程桩号（简称桩号），并用红油漆写在木桩侧面，字面应朝向线路的起点方向或写在附近明显的地物上，写后应校核。桩号中，"＋"号前的数为 km 数；"＋"号后面为 m 数。如整桩号为 0＋150、2＋300，分别表示此桩离起点 150m、2300m，又如加桩号 2＋182，即表示离起点距离为 2182m。其中加桩桩号可根据相邻里程桩桩号到该加桩的距离算出。

此外，如遇局部地段改线或分段测量，以及事后发现丈量或计算错误等，均会造成线路里程桩号不连续，叫断链。桩号重叠的叫长链，桩号间断的叫短链。发生断链时，应在测量成果和有关设计文件中注明，并在实地钉断链桩，断链桩不要设在曲线内或构筑物上，桩上应注明线路来向去向的里程和应增减的长度。一般在等号前后分别注明来向、去向里程，如 1＋856.43＝1＋900.00，断链 43.57m。

里程桩和加桩都以线路起点到该桩的中线距离进行编号，管线不同，其起点也有不同规定。例如，给水管道以水源为起点，煤气、热力等管道以来气方向为起点，电力电信管道以电源为起点，排水管道以下游出水口为起点。

里程桩的测设，按工程的不同精度要求，中线定线可用经纬仪法或目测定线。中线量距应使用检定过的钢尺丈量，精度要求较低的工程，如旧河整治与排水沟等测量，可用视距测量中线距离。对于市政工程，线路中线量距精度要求不应低于表 11-1 的规定。

表 11-1　　线路中线量距与曲线测设的精度要求

线段类别		主要线路	次要线路	山地线路
直线	纵向相对误差	1/2000	1/1000	1/500
	横向偏差（cm）	2.5	5	10
曲线	纵向相对闭合差	1/2000	1/1000	1/500
	横向闭合差（cm）	5	7.5	10

为了给设计和施工提供资料，中线桩钉好后，应将中线展绘到现状地形图上。图上应反映出各主点的位置和桩号，各主点的点之记，线路与主要地物、地下管线交叉点的位置和桩号等。当已有大比例尺地形图时，应充分予以利用；当没有现状地形图时，则需要测绘带状地形图。

第二节　线路的纵、横断面图测绘

一、纵断面图测绘

纵断面图测绘的任务，是根据水准点的高程，测量中线上各桩的地面高程，然后根据测得的高程和相应的各桩号，按一定比例绘制成纵断面图。纵断面图表示了线路中线方向上地面高低起伏的情况，为线路的竖向设计和计算土（石）方量等工作提供依据，其工作内容如下。

（一）线路水准测量

铁路、道路、管道等线形工程在勘测设计阶段进行的水准测量，称为线路水准测量。线路水准测量一般分两步进行：一是在线路附近每隔一定距离设置一水准点，并按四等水准测量方法测定其高程，称为基平测量；二是根据水准点高程按图根水准测量要求测量线路中线各里程桩的高程，称为中平测量。

1. 基平测量

（1）水准点的布设。水准点是线路水准测量的控制点，在勘察设计和施工阶段甚至要长期使用，因此应沿线设置足够的水准点。水准点应埋设在不受施工影响（离中线 30～50m 远为宜）、使用方便和易于保存标志的地方。一般情况下，每隔 1～2km 和大桥两岸、隧道两端等处均应埋设一个永久性水准点；在永久性水准点之间每隔 300～500m 和桥涵、停车场等构筑物附近应埋设一个临时水准点，作为纵断面水准测量分段附合和施工时引测高程的依据。

关于水准点的具体埋设和要求，详见第一章有关部分和有关测量规范。如为重力自流管道而布设的水准点，其高程按四等水准测量的精度要求进行观测；如为一般管道布设的水准点，水准路线闭合差不超过 $\pm 30\sqrt{L}$（L 以 km 为单位）。

（2）基平测量。水准点高程测量时首先应与国家（或城市）高级水准点连测，以获得绝对高程，然后按照四等水准测量的方法测定各水准点的高程。在沿线水准测量中也应尽量与附近国家水准点进行连测，以资校核。

2. 中平测量

中平测量又称中桩水准测量。一般是以相邻两水准点为一测段，从一个水准点出发，逐点测量中桩的高程，再附合到另一水准点上，以资校核。在施测过程中，应同时检查中桩是否恰当，里程桩号是否正确，若发现错误和遗漏应及时进行补测。相邻水准点的高差与中桩水准测量检测的闭合差不应超过 2cm。施测中，由于中桩较多，且各桩间距一般均较小，因此可相隔几个桩设一测站。一般情况下采用中桩作为转点，但也可另设，在两转点间的各桩通称为中间点。在每一测站上除测出转点的后视、前视读数外，还需测出所有中间点的前视读数。由于转点起传递高程的作用，所以转点上读数必须读至毫米，中间点读数只是为了计算本点的高程，故可读至 cm。

如图 11-4 所示，表 11-2 是由水准点 A 到 0+500 的中桩水准测量示意和记录手簿，其施测方法如下：

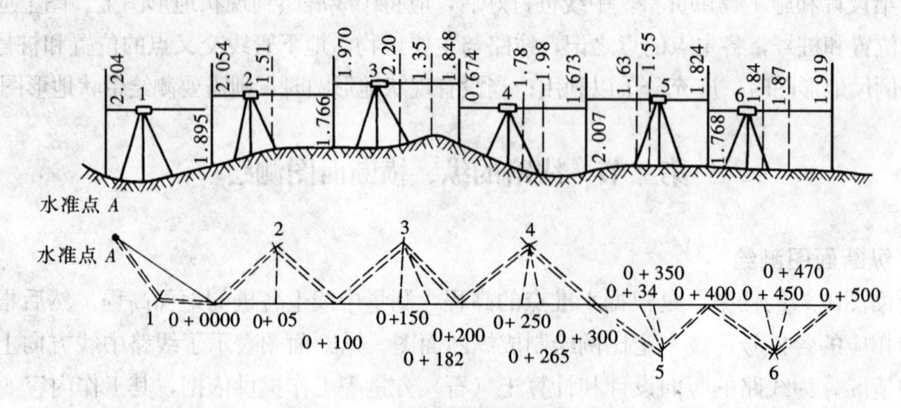

图 11-4 纵断面水准测量示意图

(1) 仪器安置于测站 1，后视水准点 A，读数 2.204；前视 0+000，读数 1.895。

(2) 仪器搬至测站 2，后视 0+000，读数 2.054；前视 0+100，读数 1.766。此时仪器不搬动，将水准尺立于中间点 0+050 上，读中视读数 1.51。

表 11-2 中桩水准测量记录手簿

测站	桩号	水准尺读数（m）			高　差（m）		仪器视线高程	高　程
		后　视	前　视	中　视	+	−	(m)	(m)
1	水准点 A	2.204						156.800
	0+000		1.895		0.309			157.109
2	0+000	2.054					159.163	157.109
	0+050			1.51				157.65
	0+100		1.766		0.288			157.397
3	0+100	1.970					159.367	157.397
	0+150			2.20				157.17
	0+182			1.35				158.02
	0+200		1.848		0.122			157.519
4	0+200	0.674					158.193	157.519
	0+250			1.78				156.41
	0+265			1.98				156.21
	0+300		1.673			0.999		158.520

续表

测站	桩号	水准尺读数（m）			高差（m）		仪器视线高程（m）	高程（m）
		后视	前视	中视	+	−		
5	0+300	2.007					158.527	156.520
	0+340			1.63				156.90
	0+350			1.55				156.98
	0+400		1.824		0.183			156.703
6	0+400	1.768					158.471	156.703
	0+457			1.84				156.63
	0+470			1.87				156.60
	0+500		1.919			0.151		156.552
…	…	…	…	…	…	…	…	…

（3）仪器搬至测站3，后视0+100，读数1.970；前视0+200，读数1.848。然后再读中间点0+150、0+182，分别读得2.20、1.35。

以后各站依上法进行，直至附合于另一水准点为止。一个测段的中桩水准测量要进行下列计算工作：

（1）高差闭合差的计算。中桩水准测量一般均起讫于水准点，其高差闭合差的容许值按有关规范执行。如闭合差在容许范围内，不必进行调整。

（2）用仪器高法计算各转点和中间点的高程。

【例11-1】 为了计算中间点0+050和转点0+100的高程，首先计算测站的仪器视线高程为

157.109+2.054=159.163（m）

中间点0+050高程=159.163−1.51=157.65（m）

转点0+100的高程=159.163−1.766=157.397（m）

当线路较短时，中桩水准测量可与水准点的高程测量一起进行，由一水准点开始，按上述中桩水准测量方法，测出中线上各桩的高程后，附合到高程未知的另一水准点上，然后再以一般水准测量方法（即不测中间点）返测到起始水准点上，以资校核。若往返闭合差在允许范围内，取高差平均数推算下一水准点的高程，然后再进行下一段的测量工作。

在中桩水准测量中，若设测站点所测中间点较多，为防仪器下沉，影响测量精度，可先测转点高程。在与下一个水准点闭合后，应以原测水准点高程起算，继续施测，以免误差积累。

（二）纵断面图的绘制

绘制纵断面图，一般在毫米方格纸上自左向右逐步进行展绘和注记。绘制时，以线路的里程为横坐标，高程为纵坐标。为了更明显地表示地面的起伏，一般纵断面图的高程比例尺要比水平比例尺大10倍或20倍，水平比例尺一般与线路带状地形图的比例尺一致。纵断面图图幅设计应视线路长度、高差变化及晒印条件而定。纵断面图包括图头、图尾、注记和展线等四部分。图头内容包括高程比例尺和测量、设计应注记的主要内容（如桩号、地面高、设计高、设计纵坡、平曲线等），因工程不同，注记内容也不一样；图尾包括角标和图戳。市政工程测量纵断面图图标参考格式见图11-5。

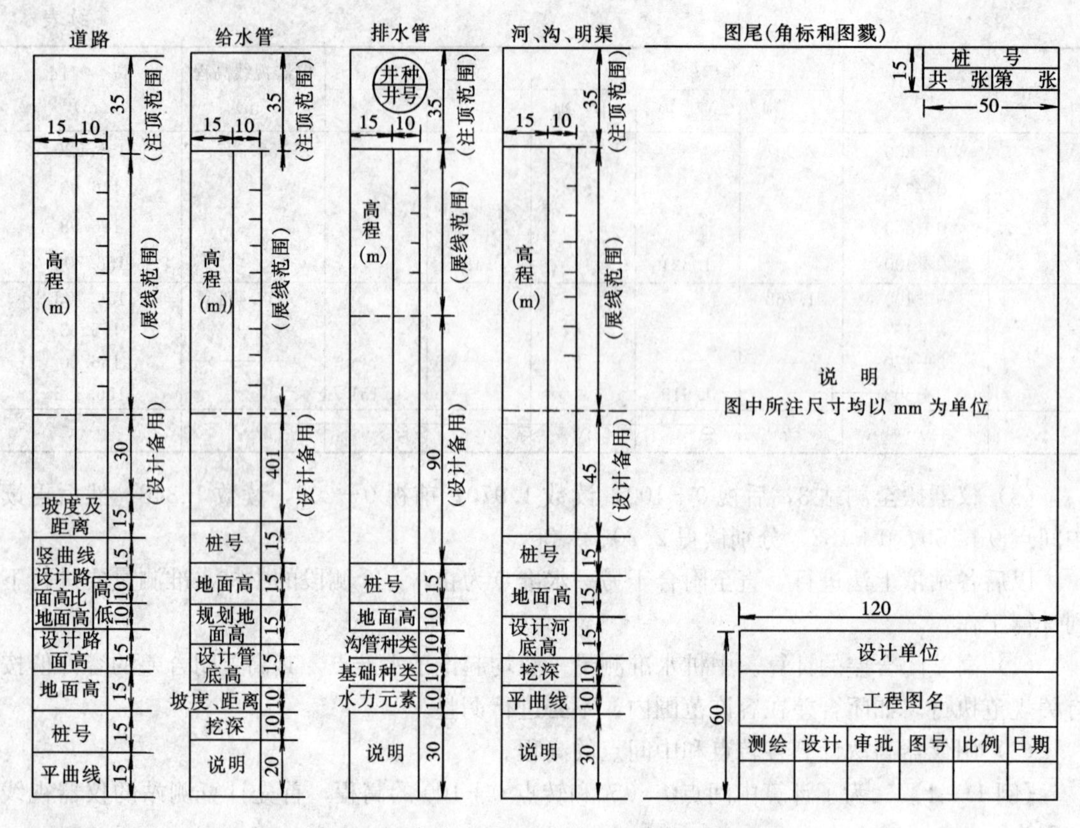

图 11-5　市政工程测量纵断面图图标参考格式

展图前应根据不同工程绘制图标。绘制地面线时，应根据高差和工程性质确定最高和最低点的位置，使地面线适中，不宜使其进入注顶（有关重要线路交叉跨越处、水准点与设计、施工依据的各种调查测量资料，一般以指线形式注记于图纸顶部，故称注顶）与设计备用范围。在同一幅图内，若高差太大时，可在直线整里程桩上变换高程指标尺，如图 11-6 所示，但为了便于使用，在同一幅图上不宜有多处变换标尺的现象。

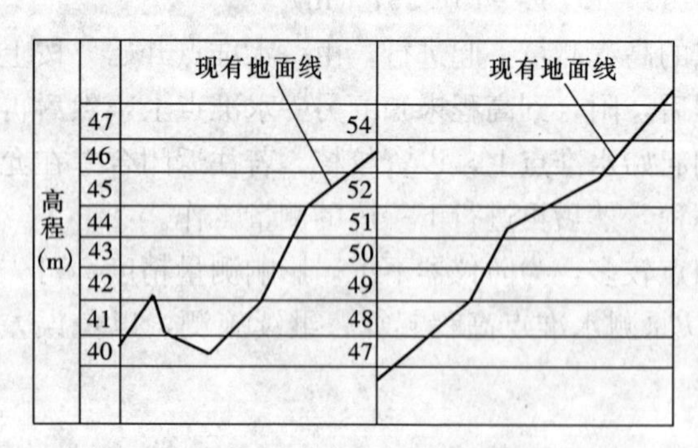

图 11-6　纵断面图示意图

当中线加桩较密，其桩号注记不下时，可注记最高和最低高程变化点的桩号，但绘地面线时，不应漏点。中线有断链时，应在纵断面图上注记断链桩的里程及线路总长应增减的数值，增值为长链，地面线应相互搭接或重合；减值为短链，地面线应断开（见图 11-7）。

如图 11-8 所示，举例说明管道纵断面图绘制方法如下：

（1）如图 11-7 所示，首先在方格纸上适当位置绘出水平线。水平线以下各栏注记实测、设计和计算的有关数据，水平线上面绘线路的纵断面图。

（2）根据水平比例尺，在桩号注记栏内，标明各里程桩的位置和桩号，在距离栏内注明各桩之间的距离，在地面高程栏内注记各里程桩的地面高程。

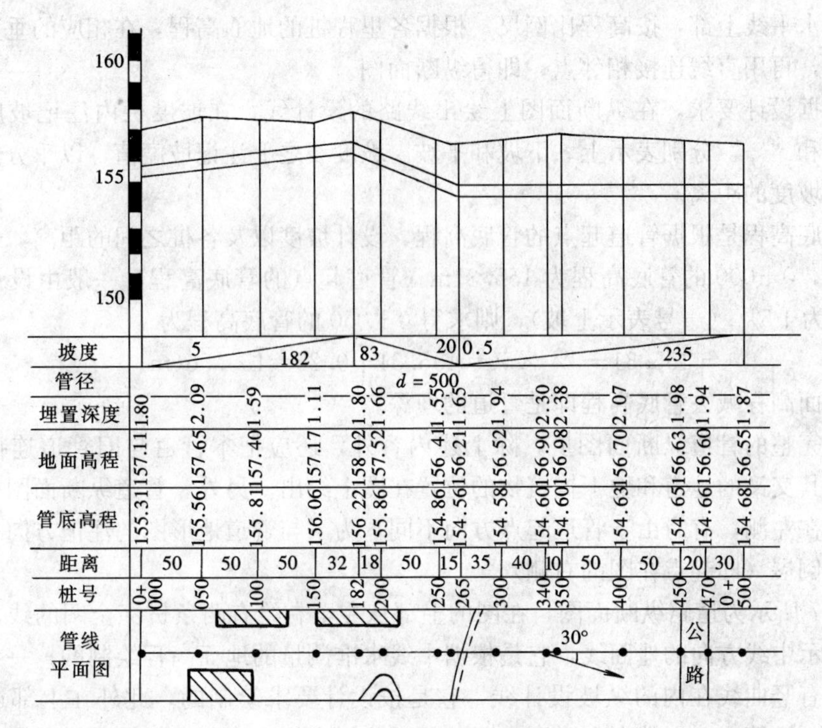

图 11-7 道路纵断面图

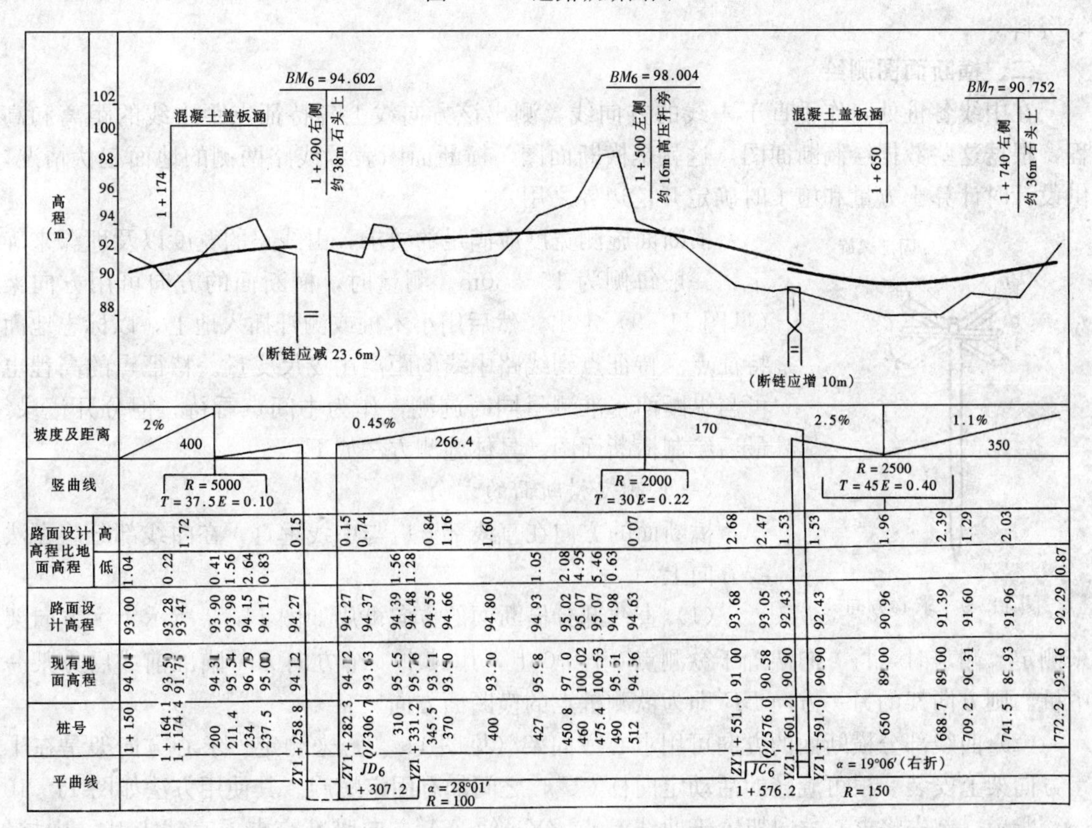

图 11-8 纵断面图绘制方法

（3）在水平线上部，按高程比例尺，根据各里程桩的地面高程，在相应的垂直线上确定各点的位置，再用直线连接相邻点，即得纵断面图。

（4）根据设计要求，在纵断面图上绘出线路的设计线，在坡度栏内注记坡度方向，用“/”、“\”和“—”分别表示上、下坡和平坡。坡度线之上注记坡度值，以千分数表示，线下注记该段坡度的距离。

（5）管底高程是根据管道起点的管底高程、设计坡度以及各桩之间的距离，逐点推算出来的。例如，0＋000 的管底高程为 155.31m（管道起点的管底高程，一般由设计者决定），管道坡度 i 为＋5‰（＋号表示上坡），则求得 0＋050 的管底高程为

$$155.31+5‰\times 50=155.31+0.25=155.56(\mathrm{m})$$

（6）地面高程减去管底高程即是管道的埋深。

在一张完整的管道纵断面图上，除上述内容外，还应把本管道与旧管道连接处和交叉处，以及与其交叉的地道和地下构筑物的位置在图上绘出。另外，管道纵断面图的绘制，一般要求起点在左测，有时由于管道起点方向不同，为了与管道地形图的注记方向一致，纵断面图往往要倒展（即起点在图的右侧）。

图 11-7 所示为道路纵断面图，在图的上部从左至右绘有两条贯穿全图的线，一条为细的折线，表示中线方向的地面线，它是根据中线水准测量的地面高程绘制的；一条为粗的折线，表示带有竖曲线在内的纵坡设计线，它是按设计要求绘制的。此外在上部还注有水准点、涵洞、断链等位置、数据和说明。图的下部几栏表格注有测量数据及纵坡设计、竖曲线等资料。

二、横断面图测绘

在中线各桩处，作垂直于中线的方向线，测出该方向线上各特征点距中线的距离和高程，根据这些数据绘制断面图，这就是横断面图。横断面图表示线路两侧的地面起伏情况，供设计时计算土方量和施工时确定开挖边界之用。

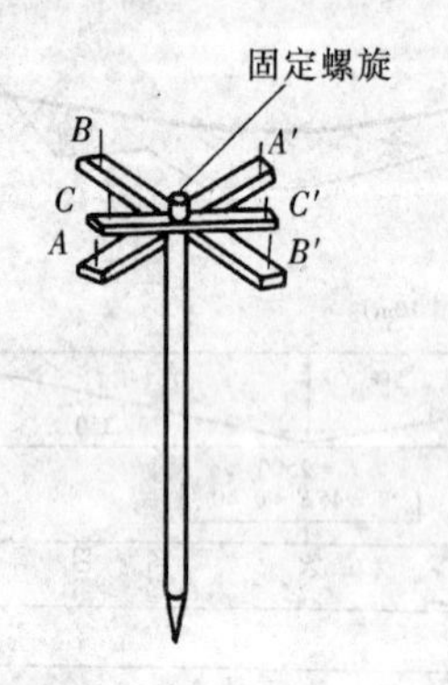

图 11-9 求心方向架

横断面施测宽度应满足的要求，由线路的宽度以及埋深来确定，一般每侧为 15～30m。测量时，横断面的方向可用方向架（见图 11-9）定出，然后用小木桩或测钎插入地上，以标志地面特征点。特征点到线路中线的距离用皮尺丈量。特征点的高程也可与纵断面水准测量同时施测，作为中间点看待，但分开记录。最后绘制横断面图。具体施测方法如下：

（一）测定横断面的方向

横断面的方向在直线部分应与中线垂直，在曲线部分应在法线方向上。

（1）直线部分横断面的方向可用如图 11-9 所示十字方向架来测定。测定时，将方向架置于欲测点 0＋100 上，用其中一个方向 AA' 瞄准前或后方某一中桩，则方向架的另一方向 BB' 即为欲测桩点的横断面方向。

（2）曲线部分横断面的方向可用求心方向架（见图 11-9）来测定。求心方向架是在十字方向架上安装一根可旋转的活动定向杆 CC'，之间加有固定螺旋。其使用方法如图 11-10（a）所示，首先将求心方向架置于曲线起点 ZY，使 AA' 方向瞄准交点或直线上某一中桩，则 BB' 方向即通过圆心，这时转动活动定向杆 CC'，使其对准曲线上细部点①，拧紧固定螺

旋，然后将求心方向架移置于①点，将 BB' 方向瞄准曲线起点 ZY，则活动定向杆 CC' 所指方向即为欲测桩点①的横断面方向。

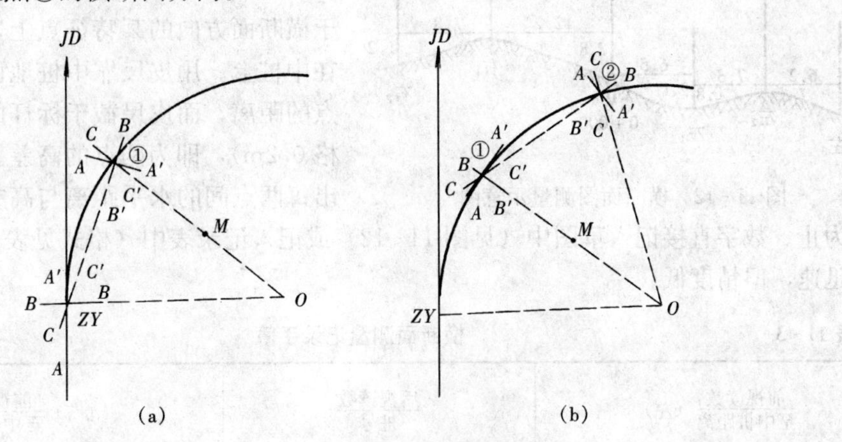

图 11-10　方向架使用示意图

如图 11-10（b）所示，欲求曲线细部点②横断面的方向，可在①点横断面方向上设临时标志 M，再以 BB' 方向瞄准 M 点，松开固定螺旋，转动活动定向杆，瞄准②点，拧紧固定螺旋，然后将求心方向架移置于②点，使方向架上 BB' 方向瞄准①点木桩，这时 CC' 方向即为细部点②的横断面方向。

同法可测定曲线上其余各点的横断面方向。

（二）横断面的施测方法

当用方向架定出横断面的方向后，即可用下述方法测出各特征点的高程。

1. 水准仪法

此法适用于断面较窄的平坦地区。水准仪安置后，以中桩地面高程为后视，以中线两侧横断面方向的地面特征点为前视，读数至 cm，并用皮尺量出各特征点至中桩的水平距离，量至 dm。观测时，安置一次仪器一般可测几个断面，记录格式如表 11-4 所示。表中分子表示高程，分母表示距离，按线路前进方向分为左右两侧，沿线路前进方向施测时，应从上而下记录。

2. 手水准仪法

手水准仪是粗略测量高差的轻便仪器，其使用如图 11-11 所示。观测时，先量出观测者眼睛的高度 I（相当于后视中桩的读数），然后观测者立在欲测横断面的中桩处，手持手水准仪，瞄准横断面方向地面特征点上的水准尺，当目镜中看到气泡影像正被读数横丝平分时，则表明气泡居中，视线水平，即以横丝读取各点前视读数，同时量出各点至中桩的水平距离，一并记入记录手簿中，如表 11-3 所示。

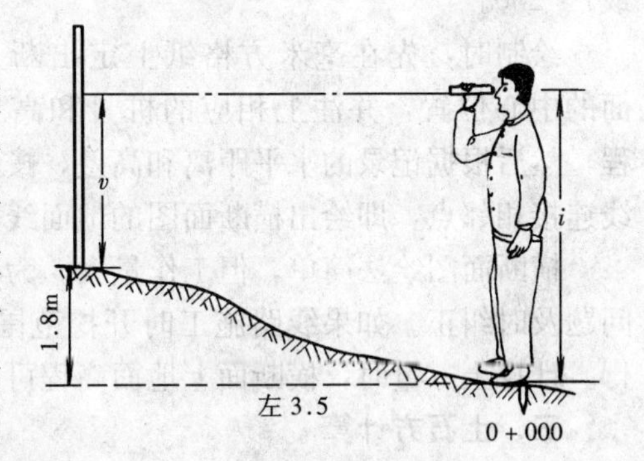

图 11-11　手水准仪使用

此方法简捷方便，精度也能满足要求，因此在线路工程测量中被广泛应用。

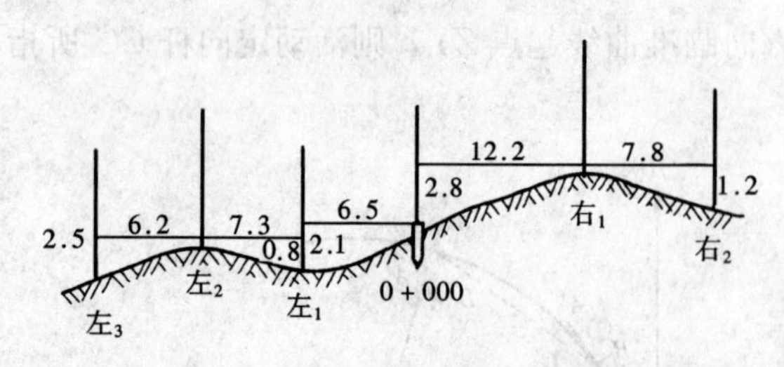

图 11-12 横断面图测量示意图

3. 标杆皮尺法

如图 11-12 所示，测量时将一根标杆立于横断面方向的某特征点上，另一根标杆立在中桩上。用皮尺靠中桩地面拉平量出至该点的距离，而皮尺截于标杆的红白格数（每格 0.2m），即为两点的高差。同法连续地测出每两点间的水平距离与高差，直至需要的宽度为止。数字直接记入草图中（见图 11-12）或记入记录表中（格式见表 11-3）。此法简便、迅速，但精度低。

表 11-3 **横断面测量记录手簿**

$\frac{\text{前视读数}}{\text{至中桩距离}}$（左）	$\frac{\text{后视读数}}{\text{桩号}}$	（右）$\frac{\text{前视读数}}{\text{至中桩距离}}$
$\frac{1.46}{20.8}$ $\frac{1.85}{18.6}$ $\frac{2.04}{14.4}$ $\frac{1.75}{12.0}$	$\frac{1.45}{0+200}$	$\frac{1.76}{8.0}$ $\frac{0.81}{10.8}$ $\frac{1.45}{20.3}$
$\frac{1.77}{21.3}$ $\frac{2.08}{14.5}$ $\frac{2.44}{10.7}$ $\frac{1.82}{5.9}$	$\frac{1.64}{0+600}$	$\frac{1.64}{4.4}$ $\frac{1.79}{12.6}$ $\frac{2.23}{20.5}$

（三）横断面图的绘制

图 11-13 所示是 0+100 整桩处的横断面图。横断面图一般在毫米方格纸上绘制。绘制时，以中线上的地面点为坐标原点，以水平距离为横坐标，高差为纵坐标。为了便于计算横断面的面积和确定管线开挖边界，其水平比例尺和高程比例尺应相同，通常为 1∶100 或1∶200。

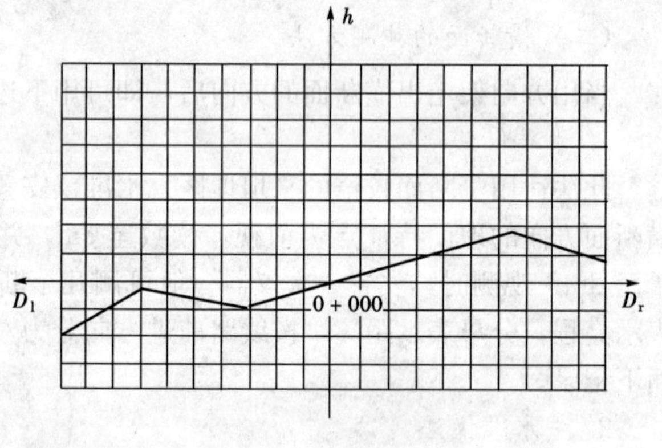

图 11-13 横断面图

绘制时，先在毫米方格纸上定出断面的中心位置，并注上相应的桩号和高程，然后根据记录的水平距离和高差，按规定的比例尺绘出地面上各特征点的位置，再用直线连接相邻点，即绘出横断面图的地面线，最后标注有关的地物和数据等。

横断面图绘法简单，但工作量大。为了提高工效、防止错误，应在现场边测边绘，发现问题及时纠正。如果线路施工时开挖范围小，线路两侧地势平坦，则横断面测量可不必进行。计算土方量时，横断面上地面高程可视为与中桩高程相同。

三、土石方计算

横断面图画好后，经路基设计，先在透明纸上按与横断面图相同的比例尺分别绘出路堑、路堤和半填半挖的路基设计线，称为标准断面图，然后按纵断面图上该中桩的设计高程把标准断面图套到该实测的横断面图上。也可将路基断面设计线直接画在横断面图上，绘制成路基断面图。图 11-14 所示为半填半挖的路基断面图，通过计算断面图的填、挖断面面积及相邻中桩间的距离，便可以算出施工的土石方量。

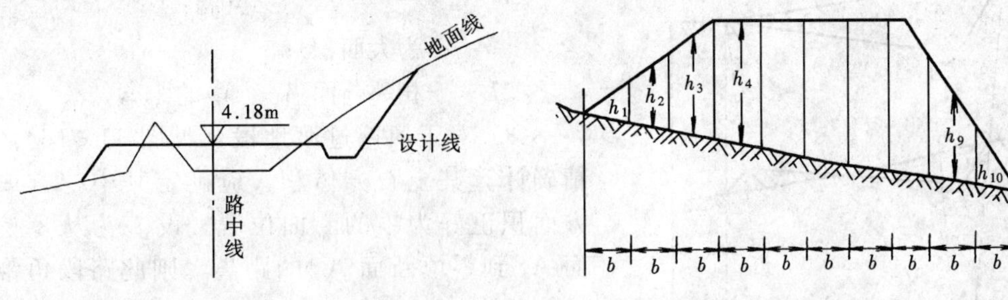

图 11-14 半填半挖路基横断面图　　图 11-15 积距法计算面积示意图

（一）横断面面积的计算

路基填、挖面积，就是横断面图上原地面线与路基设计线所包围的面积。横断面面积往往为不规则的几何图形，计算方法有积距法、几何图形法、求积仪法、坐标法和方格法等，常用的有积距法和几何图形法，其他方法可参见第八章第三节有关内容。

1. 积距法

积距法是按单位横宽 b 把横断面划分为若干个梯形和三角形条块，见图 11-15，则每个小条块的近似面积等于其平均高度 h_i 乘以横距 b_i，断面积总和等于各条块面积的总和。即

$$A = h_1 b + h_2 b + \cdots + h_n b = b\sum_{i=1}^{n} h_i$$

通常横断面图都是测绘在方格纸上，一般可取粗线间距 1cm 为单位横距，如测图比例尺为 1∶200，则单位横距 b 即为 2m，按上式即可求得断面面积。

平均高差总和$\sum h_i$ 可用“卡规”求得，如填挖断面较大时，可改用纸条，即用厘米格纸折成窄条作为量尺量得。该法计算迅速，简单方便，可直接得出填挖面积。

2. 几何图形法

几何图形法是当横断面地面较规则时，可分成几个规则的几何图形，如三角形、梯形或矩形等，然后分别计算面积，即可得出总面积值。

另外，计算横断面面积时，应注意：①将填方面积 A_r 和挖方面积 A_w 分别计算；②计算挖方面积时，边沟在一定条件下是个定值，故边沟面积可单独算出直接加在挖方面积内，而不必连同挖方面积一并卡积距；③横断面面积计算取值到 0.1mm²，算出后可填写在横断面图上，以便计算土石方量。

（二）路基土石方量的计算

(1) 通常为计算方便，一般均采用平均断面法，并近似采用下式，即

$$V = \frac{A_1 + A_2}{2} L \qquad (11-1)$$

式中 A_1、A_2——分别为相邻两桩号的断面面积；

L——相邻两桩间的距离。

(2) 当 A_1 和 A_2 相差很大时，所求体积则与棱柱体更为接近，可按下式计算

$$V = \frac{1}{3}(A_1 + A_2)L\left(1 + \frac{\sqrt{m}}{1+m}\right) \qquad (11-2)$$

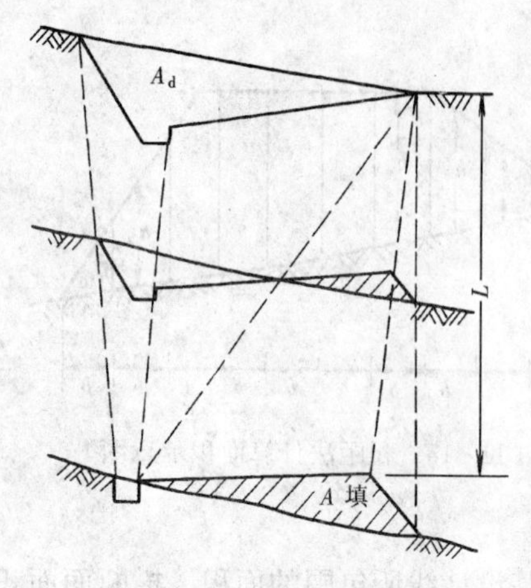

图 11-16 挖、填方面积为零的断面确定

式中 m——比例系数，即$\frac{A_1}{A_2}$（A_1 为小面积，A_2 为大面积）；

L——相邻断面 A_1、A_2 的距离。

（3）对于填挖过渡地段（见图 11-16），为精确计算其土石方体积，应确定其中挖方或填方面积正好为零的断面位置。设 L 为从零挖断面 A_T 到零填断面 A_w 的距离，则此路段角锥体的体积为

$$\left.\begin{aligned} V_T &= \frac{1}{3}A_T L \\ V_w &= \frac{1}{3}A_w L \end{aligned}\right\} \quad (11-3)$$

第三节 线路施工测量

一、管道施工测量

管道施工测量的主要任务是根据设计图纸的要求，为施工测设各种标志，使施工人员便于随时掌握中线方向和高程位置。

管道施工测量的精度要求，一般取决于工程的性质和施工方法。例如，无压力的自流管道（如排水管道）比有压力管道（如给水管道）测量精度要求高；不开槽施工比开槽施工测量精度要求高；厂区内部管道比外部管道测量精度要求高。在实际工作中，各种管道施工测量必须满足设计要求。施工测量的工作内容广泛，方法灵活多样，现将主要内容介绍如下。

（一）明挖管道施工测量

1. 施工前的测量工作

（1）熟悉图纸和现场情况。施工测量前，首先要认真熟悉设计图纸，包括管道平面图、纵横断面图和附属构筑物图等。通过熟悉图纸，在了解设计图纸和对测量的精度要求的基础上，掌握管道中线位置和各种附属构筑物的位置等，并找出有关的施测数据及其相互关系。为了防止错误，对有关尺寸应互相校核。在勘察施工现场时，除了解工程和地形的一般情况外，还应找出各交点桩、里程桩、加桩和水准点的位置。另外还应注意做好现有地下管线的复查工作，以免施工时造成不必要的损失。

（2）恢复中线。管道中线测量中所钉的中线桩、交点桩等，到施工时难免有部分碰动和丢失，为了保证中线位置准确可靠，施工前应根据设计的定线条件进行复检，并将碰动和丢失的桩重新恢复，直到满足施工要求。同时，一般要将管道附属构筑物（涵洞、检查井等）的位置一并测出。

（3）测设施工控制桩。在施工时，管道中线上各桩将被挖掉，为了便于恢复管道中线和检查井等管道附属物的位置，应在不受施工干扰破坏、引测方便和容易保存桩位的地方，测设施工控制桩。施工控制桩分中线控制桩和附属构筑物控制桩两种。

1）测设中线方向控制桩。如图 11-17 所示，施测时一般以管道中线为准，在各段中线的延长线上钉设控制桩。若管道直线段较长，也可在中线一侧的管槽外测设一条与中线平行

的轴线桩，各桩间距以 20m 为宜，作为恢复和控制中线的依据。

2）测设附属构筑物控制桩。如图 11-17 所示，以定位时标定的附属构筑物位置为准，在垂直于中线的方向上钉两个控制桩。恢复附属构筑物的位置时，通过两控制桩拉小线，则小线与中线的交点就是构筑物的中心位置。控制桩要钉在槽口外 0.5m 左右，与中线的距离最好是整米数，以便使用。

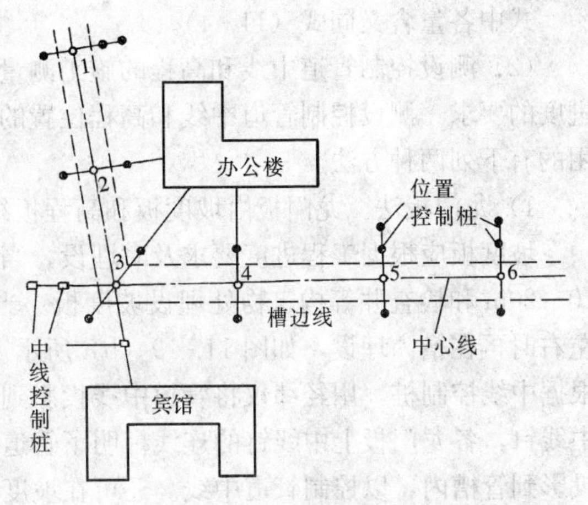

图 11-17　测设附属物控制桩

（4）施工水准点的加密。为了在施工过程中引测高程方便，应在原有水准点之间加设临时水准点，其间距约为 100～150m，其精度要求应根据工程性质和有关规范规定确定。

在引测水准点时，一般都同时校测出入口和管道与其他管线交叉处的高程，如与设计图纸给定数据不符，要及时与设计部门研究解决。

2. 施工过程中的测量工作

（1）槽口放线。槽口放线的任务是根据设计管径大小、埋置深度以及土质情况，决定开槽宽度，并在地面上定出槽边线的位置，作为开槽的依据。

若横断面比较平坦时，如图 11-18（a）所示，半槽口宽度可用下列公式计算

$$D_z = D_y = \frac{b}{2} + mh \tag{11-4}$$

式中　b——槽底宽度；

h——中线上的挖土深度；

m——管槽的边坡率。

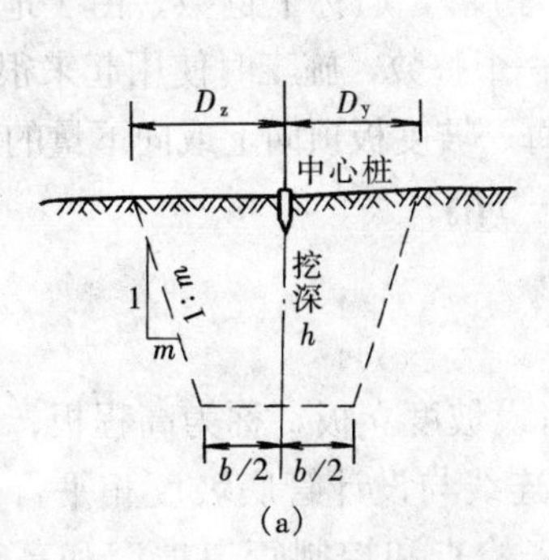

(a)

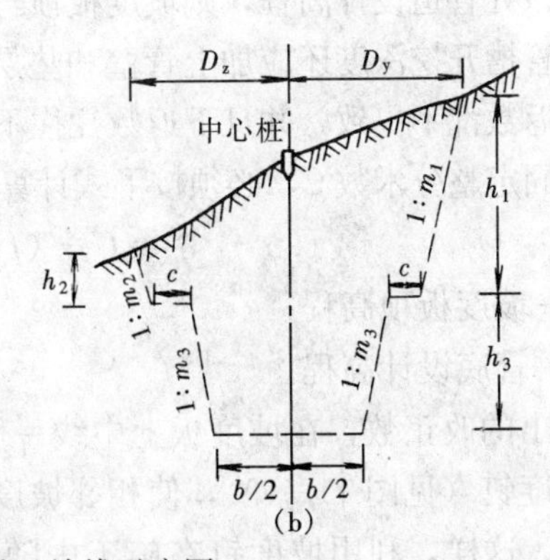

(b)

图 11-18　槽口放线示意图

如图 11-18（b）所示，若横断面倾斜较大时，中线两侧槽口宽度就不一致，半槽口宽度应分别按下式计算或用图解法求出

$$\left.\begin{aligned} D_z &= \frac{b}{2} + m_2h_2 + m_3h_3 + c \\ D_y &= \frac{b}{2} + m_1h_1 + m_3h_3 + c \end{aligned}\right\} \tag{11-5}$$

式中各量含义同式（11-4）。

（2）测设控制管道中线和高程的施工测量标志。管道施工中的测量工作主要是根据工程进度的要求，测设控制管道中线和高程位置的施工测量标志，以便按设计要求进行施工。常用的有下列两种方法。

1）龙门板法。龙门板由坡度板和高程板组成，如图 11-19 所示，一般均跨槽埋设。

坡度板应根据工程进度要求及时埋设，当槽深在 2.5m 以内时，应在开槽前沿中线每隔 10～20m 和检查井等构筑物处埋设坡度板。当槽深在 2.5m 以上时，应待槽挖到距槽底 2m 左右时再在槽内埋设，如图 11-19（b）所示。坡度板要埋设牢固，板面要保持水平。然后，根据中线控制桩，用经纬仪将管道中线投影到各坡度板上，并钉小钉标定其位置，此钉称为中线钉，各龙门板上中线钉的连线标明了管道的中线方向。在连线上挂垂线，可将中线位置投影到管槽内，以控制管道中线。还可在坡度板的侧面写上里程桩号或检查井等附属构筑物的号数，以方便使用。

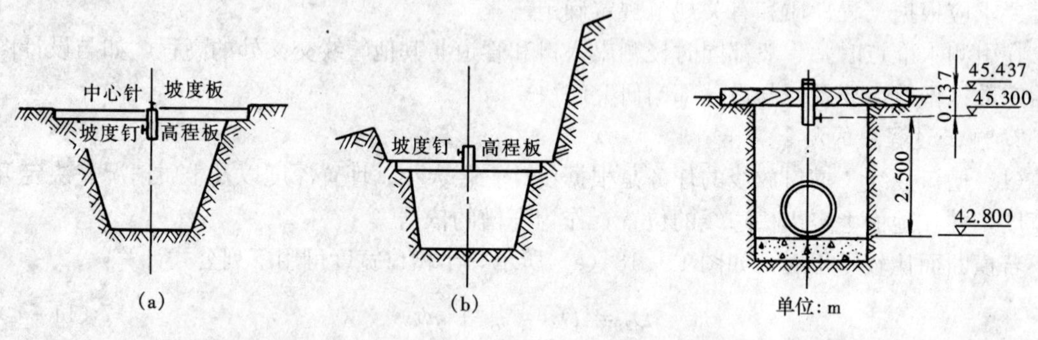

图 11-19 龙门板设置示意图　　图 11-20 坡度钉测设示意图

为了控制管槽开挖深度，应根据附近水准点，用水准仪测出各坡度板顶的高程。根据管道坡度，计算出该处管道设计高程，则坡度板顶与管道设计高程之差即为由坡度板顶往下开挖的深度（实际上管槽开挖深度还应加上管壁和垫层的厚度），通称下返数。由于地面的起伏，使各坡度板的下返数都不一致，并且下返数往往不是一个整数，施工时使用起来很不方便。为使下返数为一个固定整分米数 C，必须按下式计算出每一坡度板顶向上或向下量的改正数 δ

$$\delta = C - (H_{bd} - H_{gd})$$

式中 H_{bd}——坡度板顶高程；

H_{gd}——管底设计高程。

根据计算出的改正数，在坡度板上中线一侧钉设坡度立板，称为高程板；在高程板上钉小钉，称为坡度钉（见图 11-19），使相邻坡度钉连线与设计管底坡度相平行，且高差为选定的下返数 C。这样，利用坡度钉在施工中随时来检查和控制管道坡度和高程，既灵活又方便。

测设坡度钉的方法灵活多样，通常采用第九章所介绍的已知坡度线的测设方法和“高差改正数法”测设坡度钉。现参照图 11-20 和表 11-4 说明坡度钉设置的方法。

①如表 11-4 所示先将水准仪测出的各坡度板顶高程列入第 5 栏内，根据第 2 栏、第 3 栏计算出各坡度板处的管底设计高程，列入第 4 栏内，如 0＋000 高程为 42.800（见图 11-20），坡度 $i=-3‰$，0＋000 到 0＋010 距离为 10m，则 0＋010 的管底设计高程为

$$42.800+(-3‰)\times10=42.800-0.030=42.770\ (\mathrm{m})$$

同法可以计算出其他各处管底设计高程。第6栏为坡度板顶高程减去管底设计高程，如0+000为

$$H_{bd}-H_{gd}=45.437-42.800=2.637\ (\mathrm{m})$$

其余类推。

②为了施工检查方便，选定下返数C为2.500m，列在第7栏内。第8栏是每个坡度板顶向下量（负数）或向上量（正数）的改正数δ，如0+000改正数为

$$\delta=2.500-2.637=-0.137\ (\mathrm{m})$$

③在高程板侧面钉坡度钉。用小钢卷尺从每个坡度板顶向上（或向下）量取改正数，在高程板侧面钉上小钉，即为坡度钉。

表11-4　　**坡度钉测设手簿**

板　号	距 离	坡 度	管底高程 H_{gd}	板顶高程 H_{bd}	$H_{bd}-H_{gd}$	选定下返数 C	改正数 δ	坡度钉高程
1	2	3	4	5	6	7	8	9
0+000			42.800	45.437	2.637		−0.137	45.300
0+010	10		42.770	45.383	2.613		−0.113	45.270
0+020	10		42.740	45.364	2.624		−0.124	45.240
0+030	10	−3‰	42.710	45.315	2.605	2.500	−0.105	45.210
0+040	10		42.680	45.310	2.620		−0.130	45.180
0+050	10		42.650	45.246	2.556		−0.096	45.150
0+060	10		42.620	45.268	2.348		−0.148	45.120

④坡度钉是管道施工中控制管道坡度的基本标志，必须准确可靠。为此，测设时应注意以下几点：

为了防止观测和计算错误，每测一段后应到另一水准点上进行校核。

施工中交通频繁，容易碰动龙门板，尤其在雨后龙门板还可能有下沉现象，因此要定期进行检查。

在测设坡度钉时，除对本工段校核外，还要联测已建成的管道或已测好的坡度钉，以便相互衔接。

管道穿越地面起伏较大的地段时，应分段选取合适的下返数，需要测设两个高程板，钉两个坡度钉。

为了施工中掌握高程，在每块坡度板上都应标示高程牌或注明下返数。在高程牌上可注明管底设计高程、坡度钉高程、坡度钉至管底设计高、坡度钉至基础面和坡度钉至槽底等。

2）平行轴腰桩法。对精度要求比较低，现场条件不便采用坡度板的管道，施工测量时，常采用平行轴腰桩法来控制管道的中线和坡度。其步骤如下：

在开工之前，在中线一侧或两侧设置一排平行于管道中线的轴线桩，桩位应落在井挖槽边线外，如图11-21所示，平行轴线离管道中线距离为a，各桩间距以10～20m为宜，各检查井位也相应地在平行轴线上设桩。

为了控制管底高程，在槽沟坡上（距槽底约1m左右）打一排与平行轴线相对应的平行轴线桩，使其与管道中线的间距为b，这排桩称为腰桩（见图11-21）。在腰桩上钉一小钉，并用水准仪测出各腰桩上小钉的高程。小钉高程与该处管底设计高程之差h，即为下返数，

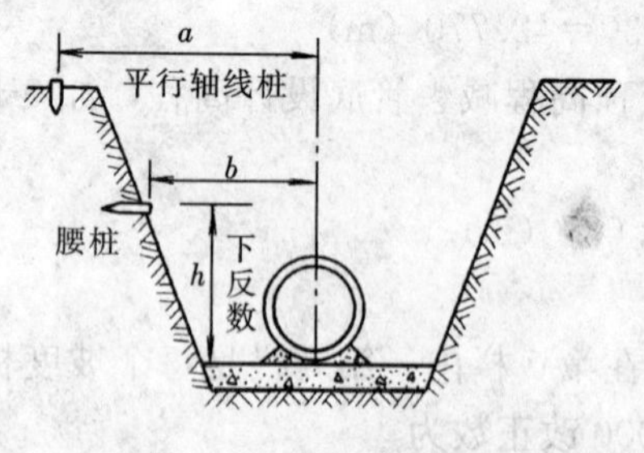

图 11 - 21　腰桩示意图

施工时只需要用水准尺量取小钉到槽底的距离与下返数相比，便可检查槽底是否挖到管底设计高程。

腰桩法各腰桩的下返数不一，容易出错。为此也可先选定到管底的下返数为某一整数，并计算出各腰桩的高程。腰桩设置可按第九章测设已知高程点的方法进行，并以小钉标志其位置，此时各桩小钉的连线则与设计坡度平行，并且小钉的高程与管底高程之差为一常数。

排水管道接头一般为承插口，施工精度要求较高，为了保证工程质量，在管道接口前应复测管顶高程（即管底高程加管径和管壁厚度），高程误差不得超过±1cm。如在限差之内，方可接口，接口之后，还需进行竣工测量，然后方可回填土方。

（二）顶进管道施工测量

当地下管线穿越铁路、公路或重要建筑物时，为了避免施工中大量的拆迁工作和保证正常的交通运输，往往不允许开沟槽，而采用顶管施工的方法。这种方法，随着机械化施工程度的提高，已经被广泛的采用。

采用顶管施工时，应事先挖好工作坑，在工作坑内安放导轨（铁轨或方木），并将管材放在导轨上，用顶镐的办法，将管材沿着所要求的方向顶进土中，然后在管内将土方挖出来。顶管施工中测量工作的主要任务是掌握管道中线方向，高程和坡度。其特点是设计位置明确、准确，测量及施工精度要求高。

1. 顶管测量的准备工作

（1）顶管中线桩的设置。中线桩是控制顶管中心线的依据，设置时应根据设计图上管线的要求，在工作坑的前后钉立两个桩，称为中线控制桩（见图 11 - 22），然后确定开挖边界。开挖到设计高程后，将中线引到工作坑的前后坑壁上，并钉立木桩（在木桩上钉小钉），此桩称为顶管中线桩，以标定顶管的中线位置。中线桩要钉牢，并妥善保护以免碰动或丢失。

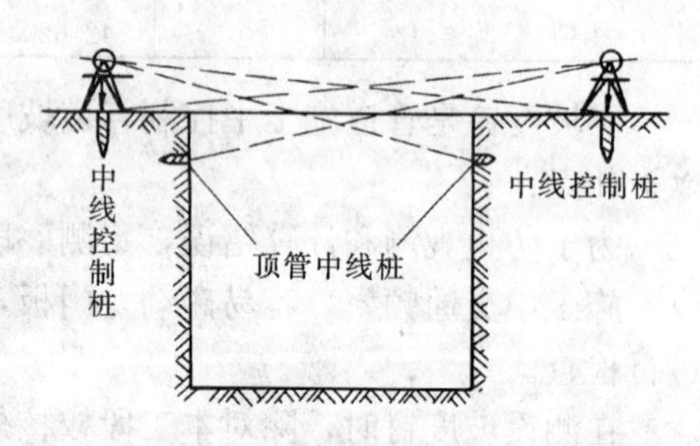

图 11 - 22　中线控制桩

（2）设置临时水准点。为了控制管道按设计高程和坡度顶进，需要在工作坑内设置临时水准点。一般要求设置两个，以便相互检核，为应用方便，设置时应使临时水准点的高程与顶管起点管底设计高程一致。

（3）导轨的安装。导轨一般安装在方木或混凝土垫层上。垫层面的高程及纵坡都应当符合设计要求（中线高程应稍低，以利于排水和防止摩擦管壁），根据导轨宽度安装导轨，根据顶管中线桩及临时水准点检查中心线和高程，无误后将导轨固定。

导轨有铁轨和木轨两种，目前多采用铁轨。导轨的作用是保证管道在顶入土之前位置正确并引导管道按设计的中心线和坡度顶入土中。因此导轨安装完毕后，要严格检查其位置符合有关设计及规范要求。

2. 顶进过程中的测量工作

（1）中线测量。如图 11 - 23 所示，通过顶管中线桩拉一条细线，并在细线上挂两垂球，两垂球的连线即为管道方向。在管内前端横放一木尺，尺长等于或略小于管径，使它恰好能放在管内。木尺上的分划是以尺的中央为零向两端增加的。将尺子在管内放平，如果两垂球的方向线与木尺上的零分划线重合，则说明管子中心在设计管线方向上；如不重合，则管子有偏差。其偏差值可直接在木尺上读出，偏差超过±1.5cm，则需要校正管子。

(2) 高程测量。如图11-24所示，水准仪安置在工作坑内，以临时水准点为后视，以顶管内待测点为前视（使用一根小于管径的标尺），将算得的待测点高程与管底的设计高程相比较，其差值即为高程偏差。

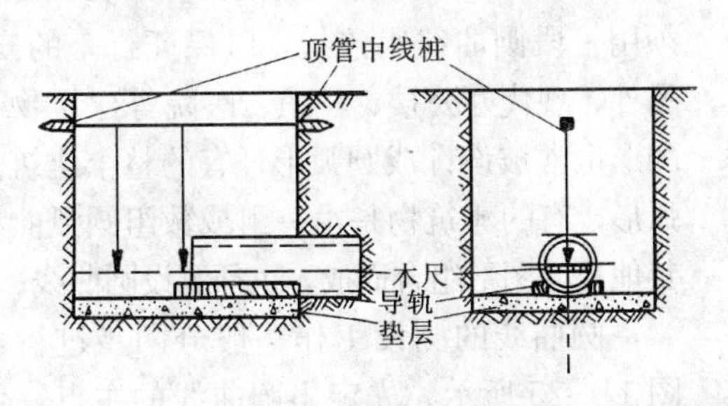

图11-23　顶管中线测量

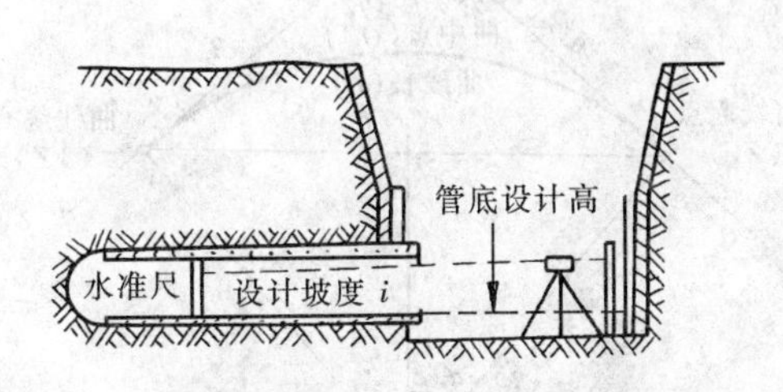

图11-24　顶管高程测量

在顶进过程中，一般要求每顶进0.5m进行一次中线和高程测量，如果其偏差在限差之内，可继续顶进；若发现偏差超限，则须进行校正，从而保证施工质量。

表11-5所示的手簿是以0+390桩号开始进行顶管施工测量的观测数据。第1栏是根据0+390的管底设计高程和设计坡度推算出来的，第3栏是每顶进一段（0.5m）观测的管子中线偏差值，第4栏、第5栏分别为水准测量后视读数和前视读数，第6栏是待测点的应有的前视读数。待测点实际读数与应有读数之差，为高程误差。表中此项误差均未超过限差。

表11-5　　**顶管施工测量手簿**

设计高程（管内壁）	桩　号	中心偏差（m）	水准点读数（后视）	待测点实际读数（前视）	待测点应有读值	高程误差（m）	备　注
1	2	3	4	5	6	7	8
42.564	0+390.0	0.000	0.742	0.735	0.736	−0.001	水准点高程为：
42.566	0+390.5	左0.004	0.864	0.850	0.856	−0.003	
42.569	0+391.0	左0.003	0.769	0.757	0.758	−0.001	42.558m
42.571	0+391.5	右0.001	0.840	0.823	0.827	−0.004	$I=+5‰$，
⋮	⋮	⋮	⋮	⋮	⋮	⋮	0+390管底高程为：
42.664	0+410.0	右0.005	0.785	0.681	0.679	+0.002	
⋮	⋮	⋮	⋮	⋮	⋮	⋮	42.564m

短距离顶管（小于50m）可按上述方法进行测设。当距离较长时，需要分段施工，每100m设一个工作坑，采用对向顶管施工方法。在贯通时，管子错口不得超过3cm。

有时，顶管工程采用套管，此时顶管施工精度要求可适当放宽。

当顶管距离太长，直径较大，并且采用机械化施工的时候，可用激光水准仪进行导向，使机械顶管方向测量和偏差校正实现了自动化。

首先将激光水准仪或激光经纬仪安置在工作坑内管道中线上，通过调整使激光束符合顶管轴线方向和设计坡度，以此作为导向的基准线。然后再调整装在掘进头上的光电接收靶和自动控制系统装置，使激光束与接收靶中心重合。当掘进方向出现偏差时，则光电接收靶接收到偏差信号，并通过自动控制系统调整机头方向，使机头沿着激光束方向继续前进。

二、道路施工测量

道路施工测量主要包括作为施工依据的桩点位置及高程（这些桩点主要是中线桩、边桩）和路基放样两大部分。

（一）平曲线测设

当道路由一个方向转到另一个方向时，必须用一段圆曲线来连接，以保证行车的安全。另外，现代办公楼、宾馆、医院等建筑物平面图形也常被设计成圆弧形，有的整个建筑为圆弧形，有的建筑物是由一组或数组圆弧曲线与其他平面图形组合而成，也须测设圆曲线。

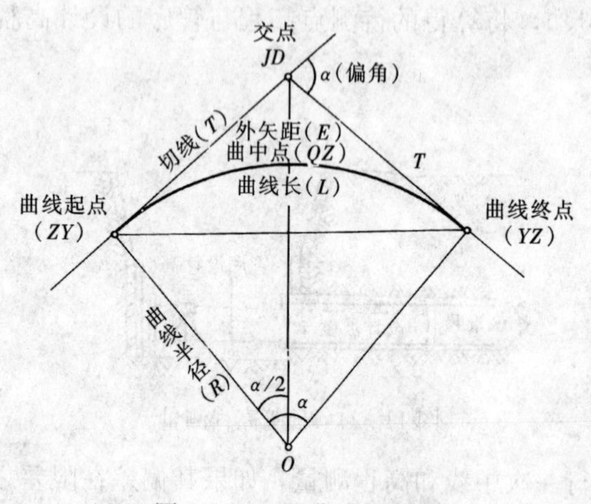

图 11-25 圆曲线元素图

圆曲线的测设工作一般分两步进行，如图 11-25 所示。先定出圆曲线的主点，包括曲线的起点 ZY（亦称直圆点）、曲线的中点 QZ（亦称曲中点）和曲线的终点 YZ（亦称圆直点）。然后依据主点在曲线上每隔一定距离加密细部点，以详细标定圆曲线的形状和位置，称为详细测设。现分述如下。

1. 圆曲线主点的测设

（1）计算圆曲线测设元素。圆曲线的曲线半径 R、线路转折角 α、切线长 T、曲线长 L 和外矢距 E 是计算和测设曲线的主要元素。由图 11-25 中几何关系可知，若 α、R 已知（一般根据地形条件及工程要求选定或设计确定），则曲线元素的计算公式为

$$\left.\begin{aligned}&\text{切线长 } T=R\lg\frac{\alpha}{2}\\&\text{曲线长 } L=R\alpha\frac{\pi}{180^\circ}\\&\text{外矢距 } E=R\sec\frac{\alpha}{2}-R=R\left(\sec\frac{\alpha}{2}-1\right)\\&\text{切曲差 } D=2T-L\end{aligned}\right\}\tag{11-6}$$

这些元素值可用电子计算器快速算出。

（2）计算圆曲线主点的桩号。道路里程是沿曲线计算的，曲线上各主点的桩号按下式计算

$$\left.\begin{aligned}&ZY\text{ 点的桩号}=JD\text{ 点的桩号}-T\\&QZ\text{ 点的桩号}=ZY\text{ 点的桩号}+\frac{L}{2}\\&YZ\text{ 点的桩号}=QZ\text{ 点的桩号}+\frac{L}{2}\end{aligned}\right\}\tag{11-7}$$

桩号计算可用切曲差来检核，其公式为

$$YZ\text{ 点的桩号}=JD\text{ 点的桩号}+T-D\tag{11-8}$$

（3）圆曲线主点的测设。在曲线元素计算后，即可进行主点测设，如图 11-26 所示，在交点 JD_1 安置经纬仪，后视来向相邻交点 JD_0 方向，自测站起沿此方向量切线长 T，得

曲线起点 ZY 打一木桩；经纬仪前视去向相邻交点 JD_2 方向，自测站起沿此方向丈量切线长 T，定曲线终点 YZ 桩；使水平度盘对零，仪器仍前视相邻交点 JD_2，松开照准部，顺时针转动望远镜，使度盘读数对准 β 的平分角值 $\left(\frac{\beta}{2}\right)$，视线即指向圆心方向（此线路为右转；如线路为左转时，则度盘读数对准 β 的平分角值后，倒转望远镜，视线才指向圆心方向）。自测站起沿此方向量出 E 值，定出曲线中点 QZ 桩。

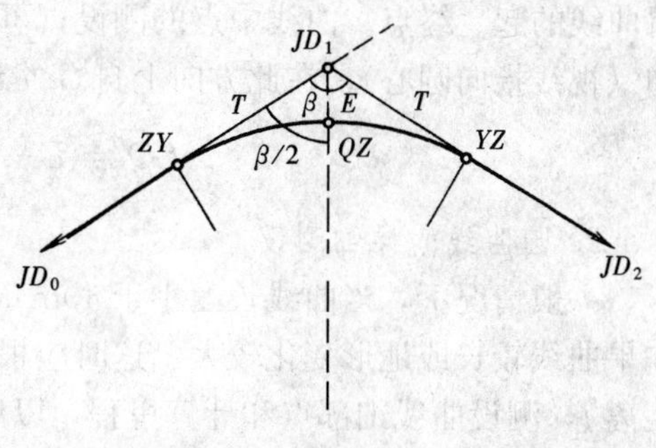

图 11-26　圆曲线主点测设

（4）交点不能设站时测设主点的方法。

1）转角的测定。当两相交直线的交点遇障碍（如房屋、河流等），不能安置仪器或实地无法定桩时，可用间接方法测设主点，如图 11-27 所示。首先在两条直线上便于工作且互相通视的地方选定 A、B 两点，分别安置经纬仪观测 β_1 和 β_2 角，则线路转角为

$$\alpha = \beta_1 + \beta_2 \tag{11-9}$$

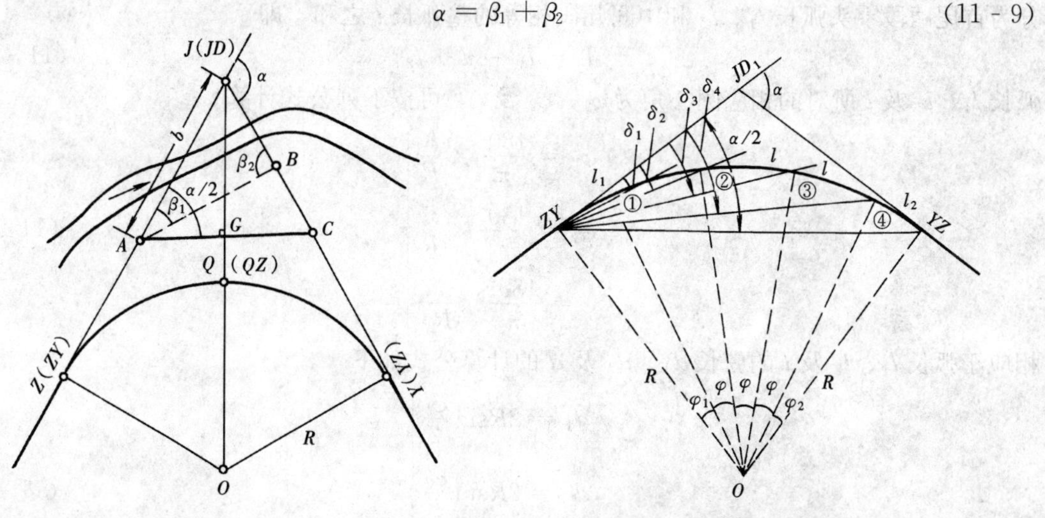

图 11-27　虚交点圆曲线主点测设　　图 11-28　偏角法测设细部点

根据测定的转角 α 和设计时选定的曲线半径 R，按曲线元素的计算式可求出切线长 T、曲线长 L 和外矢距 E 等。

2）主点的测设。经纬仪在 A 点后视直线中线桩，纵转望远镜，拨定 $\frac{\alpha}{2}$ 方向与一直线相交于 C 点，并丈量 AC 的距离，取其中点 G，根据图中几何关系知

$$AJ = CJ = b = \frac{AG}{\cos\frac{\alpha}{2}} \tag{11-10}$$

$$GJ = AG\tan\frac{\alpha}{2} \tag{11-11}$$

然后分别在 A 和 C 点设站，沿切线方向丈量 AZ 及 CY，其值为

$$AZ = CY = T - b = T - \frac{AG}{\cos\frac{\alpha}{2}} \tag{11-12}$$

得曲线的起、终点。曲线中点的测设，可在 G 点安置经纬仪，后视 C 点，顺时针拨 90°角定向（视线指向圆心），在此方向上自 G 丈量 GQ 定曲线中点，GQ 值按下式计算

$$GQ = E - GJ = E - AG\tan\frac{\alpha}{2} \tag{11-13}$$

2. 圆曲线的详细测设

一般情况下，当曲线长度小于 40m 时，测设曲线的三个主点已能满足道路施工的需要。如果曲线较长或地形变化较大，这时应根据地形变化和设计、施工要求，在曲线上每隔一定距离 l，测设曲线细部点和计算里程，以满足线形和工程施工的需要。这种工作称为圆曲线的详细测设。对曲线上细部点的间距，一般规定：$R \geqslant 100$m 时，$l=20$m；$50\text{m} < R < 100$m 时，$l=10$m；$R \leqslant 50$m 时，$l=5$m。圆曲线详细测设的方法很多，下面仅介绍两种常用的方法，在实际工作中可结合地形情况、精度要求和仪器条件合理选用。

(1) 偏角法。偏角法是一种极坐标定点的方法，它是利用偏角（弦切角）和弦长来测设圆曲线的。

如图 11-28 所示，为了计算工程量和施工方便，把各细部点里程凑整，这样曲线势必分为首尾两段零头弧长 l_1、l_2 和中间几段相等的整弧长 l 之和，即

$$L = l_1 + nl + l_2 \tag{11-14}$$

弧长 l_1、l_2 及 l 所对的相应圆心角为 φ_1、φ_2 及 φ，可按下列公式计算

$$\left.\begin{aligned} \varphi_1 &= \frac{180^\circ}{\pi} \times \frac{l_1}{R} \\ \varphi_2 &= \frac{180^\circ}{\pi} \times \frac{l_2}{R} \\ \varphi &= \frac{180^\circ}{\pi} \times \frac{l}{R} \end{aligned}\right\} \tag{11-15}$$

相应于弧长 l_1、l_2 及 l 的弦长 d_1、d_2 及 d 的计算公式如下

$$\left.\begin{aligned} d_1 &= 2R\sin\frac{\varphi_1}{2} \\ d_2 &= 2R\sin\frac{\varphi_2}{2} \\ d &= 2R\sin\frac{\varphi}{2} \end{aligned}\right\} \tag{11-16}$$

曲线上各点的偏角等于相应弧长所对圆心角的一半，即

$$\left.\begin{aligned} &\text{第①点的偏角 } \delta = \frac{\varphi_1}{2} \\ &\text{第②点的偏角 } \delta_2 = \frac{\varphi_1}{2} + \frac{\varphi}{2} \\ &\text{第③点的偏角 } \delta_3 = \frac{\varphi_1}{2} + \frac{\varphi}{2} + \frac{\varphi}{2} = \frac{\varphi_1}{2} + \varphi \\ &\vdots \\ &\text{终点 } YZ \text{ 的偏角为 } \delta_r = \frac{\varphi_1}{2} + \frac{\varphi_1}{2} + \cdots + \frac{\varphi_2}{2} = \frac{\alpha}{2} \end{aligned}\right\} \tag{11-17}$$

测设时，将经纬仪安置于曲线起点 ZY 上，以 0°00′00″后视交点 JD_1，松开照准部，置水平度盘读数为①点之偏角值 δ_1，在此方向上用钢尺量取弦长 d_1，桩钉①点；然后，将角

拨至②点的偏角 δ_2，将钢尺零点对准①点，以弦长 d 为半径，摆动钢尺至经纬仪方向线上，定出②点；再拨③点的偏角 δ_3，钢尺零点对准②点，以弦长 d 为半径，摆动钢尺至经纬仪方向线上，定出③点；其余依此类推。当拨至 $\frac{\alpha}{2}$ 时，视线应通过曲线终点 YZ，最后一个细部点至曲线终点的距离为 d_2，以此来检查测设的质量。

此法灵活性大，但存在测点误差积累的缺点。为了提高测设精度，可将经纬仪安置在 ZY 和 YZ 点上，分别向中点 QZ 测设曲线，以减少误差的积累。

用偏角法测设曲线细部点时，常因遇障碍物挡住视线而不能直接测设，如图 11-29 所示，经纬仪在曲线起点 ZY 测设出细部点①、②、③后，视线被建筑物挡住。这时，可把经纬仪移至③点，使水平度盘读数对在 0°上，用倒镜（盘右）后视 ZY 点，然后纵转望远镜，并使水平度盘读数对在④点的偏角值 δ_4 上，此时视线即在③点～④点的方向上。接着，在此时视线方向上从③点起量取弦长 d，即可桩钉出④点。接着，仍按原计算的偏角继续桩钉曲线上其余各点。在此过程若视线又遇障碍物时，可按下述一般规律进行：即把经纬仪安置在曲线任一里程桩上，首先将水平度盘读数对在曲线上后视点的偏角值上，并以倒镜后视该点，然后纵转望远镜成正镜位置，此后仍按原计算的偏角值测设曲线的其余各点。

（2）切线支距法（直角坐标法）。切线支距法以曲线起点或终点为坐标原点，以该点切线方向为 x 轴，过原点的半径为 y 轴建立起坐标系，如图 11-30 所示。根据曲线上各细部点的坐标 x、y，按直角坐标法测设各点的位置。此法适用于地势平坦、便于量距的地方。

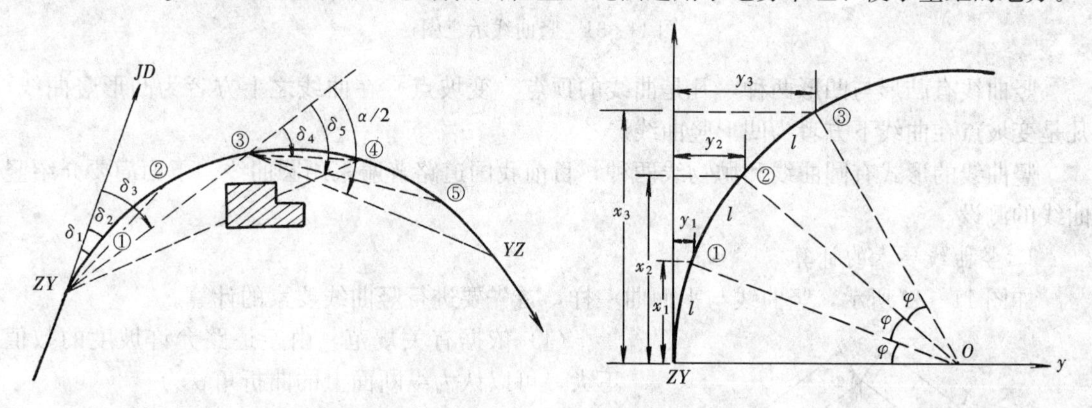

图 11-29　遇障碍细部点测设　　图 11-30　切线支距法

设曲线上两相邻细部点间的弧长为 l，所对的圆心角为 φ，则 φ 及坐标值按下式计算

$$
\left.
\begin{aligned}
\varphi &= \frac{180^\circ}{\pi} \times \frac{l}{R} \\
x_1 &= R\sin\varphi \\
y_1 &= R - R\cos\varphi = 2R\sin^2\frac{\varphi}{2} \\
x_2 &= R\sin 2\varphi \\
y_2 &= R - R\cos 2\varphi = 2R\sin^2\varphi \\
x_3 &= R\sin 3\varphi \\
y_3 &= R - R\cos 3\varphi = 2R\sin^2\frac{3}{2}\varphi \\
&\vdots
\end{aligned}
\right\} \tag{11-18}
$$

上述数据可用电子计算器算出。

实地测设时，从圆曲线起点 ZY（或终点 YZ）开始，沿切线方向量出 x_1、x_2、x_3、…，用测钎标志，再在各测钎处作垂线（一般用特制的大直角三角板或用“勾股弦”法作垂线），分别在各自的垂线上量取支距 y_1、y_2、y_3、…，由此得到曲线上①、②、③、…各点的位置。丈量相邻点间的距离（弦长）时应该相等，以此作为测设工作校核用。

此法适用于平坦开阔地区，一般可不用经纬仪，且具有测点误差不积累的优点。但当转角较大，曲线较长时，y 值亦将增大，这时不仅丈量困难，且精度受到影响。在此情况下，可在曲线中点 QZ 加设中点切线（称为顶点切线），将整个曲线分成两半测设。

（二）竖曲线测设

路线纵断面图是由许多具有不同坡度的坡段线连接而成的。纵断面上坡度变化点叫变坡点，如图 11-31 中的 JD_1、JD_2 点。为了保证行车安全平稳地通过变坡点，须用曲线把两个不同坡度线连接起来，这种曲线位于竖直面内，所以叫做竖曲线。

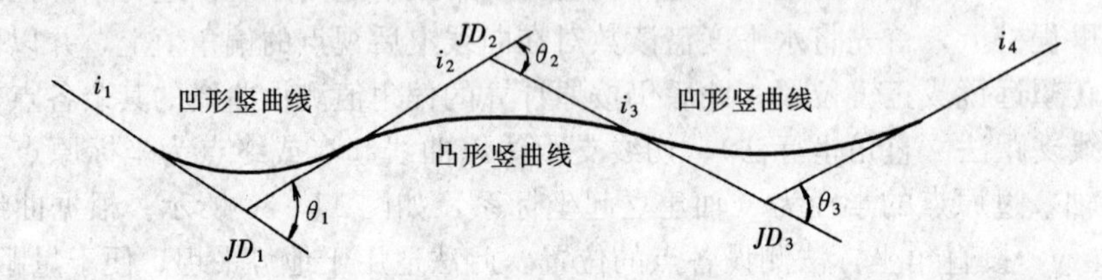

图 11-31 竖曲线示意图

竖曲线有凸形与凹形两种，凡是曲线的顶点（变坡点）在曲线之上方者为凸形竖曲线，凡是变坡点在曲线下方者为凹形竖曲线。

竖曲线的形式有圆曲线和抛物线两种，目前我国道路普遍采用圆曲线。下面简要介绍竖曲线的测设。

1. 竖曲线要素的计算

如图 11-32 所示，竖曲线与平面曲一样，首先要进行竖曲线要素的计算。

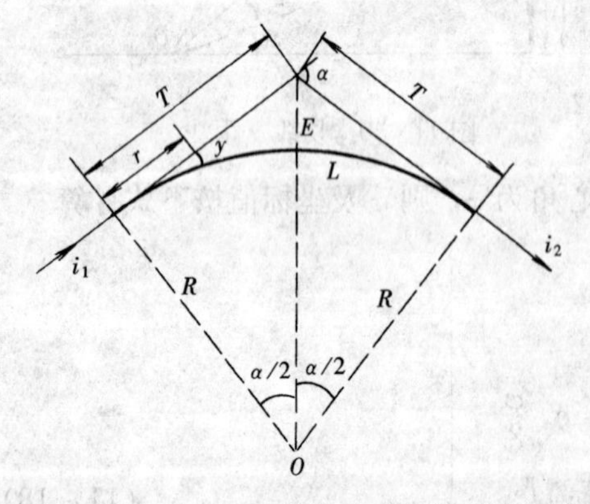

图 11-32 竖曲线各要素示意图

（1）依据有关规范，由于道路允许坡度的数值不大，可以认为纵断面上的曲折角 α 为

$$\alpha = \Delta i = i_1 - i_2 \tag{11-19}$$

式中 i_1、i_2——两相邻的纵向坡度值；

Δi——变坡点的坡度代数差（按规定，Δi 超过某规定值时，应设置竖曲线）。

（2）竖曲线半径 R 应根据国家有关规范取定，且在不过分加大工作量的情况下，尽可能加大些，以改善行车的稳定性。

（3）竖曲线切线长度 T，为

$$T = R\tan\frac{\alpha}{2} \tag{11-20}$$

因为 α 很小，故 $\tan\frac{\alpha}{2}\approx\frac{\alpha}{2}=\frac{1}{2}(i_1-i_2)$，所以

$$T=\frac{R}{2}\Delta i \tag{11-21}$$

(4) 竖曲线的长度 L。因为曲折角 α 很小，所以 $L\approx 2T$，亦可用公式 $L=R(i_1-i_2)$ 计算 L。

(5) 竖曲线上各点高程及外矢距 E。在图 11-32 中，引进了以竖曲线起点为原点的坐标系，因 α 很小，可以认为 y 坐标轴与曲线半径方向一致，因而将 y 值当作该平面点在切线上与在曲线上的高程差，从而得

$$(R+y)^2=R^2+x^2$$

$$2Ry=x^2-y^2$$

因 y^2 与 x^2 相比其值甚微，可略去 y^2 不计，故有

$$2Ry=x^2$$

$$y=\frac{x^2}{2R} \tag{11-22}$$

按上式以不同的 x 求出 y 值，再根据竖曲线起、终点的高程求得竖曲线上各点的高程。

当 $x=T$ 时，y 值为最大值，即曲线外矢距 E，故有下式

$$E=\frac{1}{2R}T^2 \tag{11-23}$$

2. 竖曲线的测设

测设竖曲线，就是沿线路中线在竖曲线起、终点之间钉设竖曲线桩，桩上标明该点填挖的高度。具体工作包括计算和标定两部分，如图 11-33 所示。

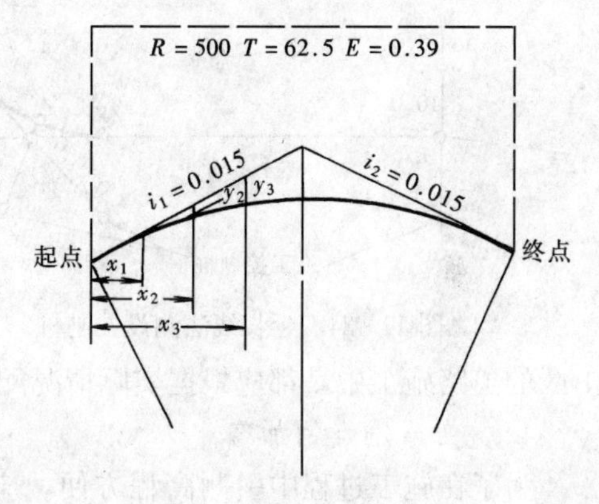

图 11-33 竖曲线测设

(1) 计算部分。以变坡点桩号为准，用 T、L 来计算竖曲线起、终点的里程桩号。

1) 自变坡点起，分别向前、向后量出距离 T，钉出竖曲线的起点和终点。

2) 由竖曲线的起点高程按坡度推算在切线上每隔 5m 的点的高程。

3) 由曲线测设用表查取或按公式 $y=\frac{x^2}{2R}$ 计算每隔 5m 的 y 值，再从各相应点的高程减去（凸形）或加上（凹形）相应的 y 值，即为该点在竖曲线上的高程。这个高程与实际地面高程的差数就是该点挖土或填土的高度。

(2) 标定工作。在相应 x 值的点上打入木桩，标明该点实地高程挖填土的高度。

测设竖曲线桩点是将切线 T 和 x 的长度作为平距处理的，这样处理所产生的误差是可以忽略的，如坡度为 0.09 时，这种误差仅为 4%，因 R 很大，故这种误差对 y 的影响极小。

（三）施工前的测量工作

1. 熟悉图纸和现场情况

施工测量前，首先要认真熟悉设计图纸施工现场情况。设计图纸主要有线路平面图、纵横断面图和附属构筑物图等。通过熟悉图纸，在了解设计图纸和对测量的精度要求的基础

上，掌握道路中线位置和各种附属构筑物的位置等，并找出其相互关系和有关的施测数据。为了防止错误，对有关尺寸应互相校核。在勘察施工现场时，除了解工程和地形的一般情况外，还应找出各交点桩、里程桩、加桩和水准点的位置，必要时进行实测校核。另外还应注意做好现有地下管线的核查工作，以免施工时造成不必要的损失。

2. 恢复中线

道路在勘察设计阶段所测设的中线桩、交点桩等，到施工时难免有部分碰动和丢失，为了保证中线位置准确可靠，施工前应根据设计的定线条件进行复核，并将碰动和丢失的桩重新恢复，直到满足施工要求。同时，一般要将管道附属构筑物（涵洞、检查井等）的位置一并测出。对于部分改线地段，则应重新定线，并测绘相应的纵横断面图。

3. 测设施工控制桩

在施工时，由于中线上各桩将被挖掉或掩盖，为了便于在施工中控制中线和检查井等管道附属物的位置，应在不受施工干扰破坏、引测方便和容易保存桩位的地方测设施工控制桩，其方法有以下两种。

（1）平行线法。平行线法是在中线两侧的路基以外测设两条与中线等距且平行的轴线桩，作为恢复和控制中线的依据。此法多用于地势平坦，直线段较长的城郊道路、街道，为了施工方便，各桩间距一般以 10～20m 为宜。

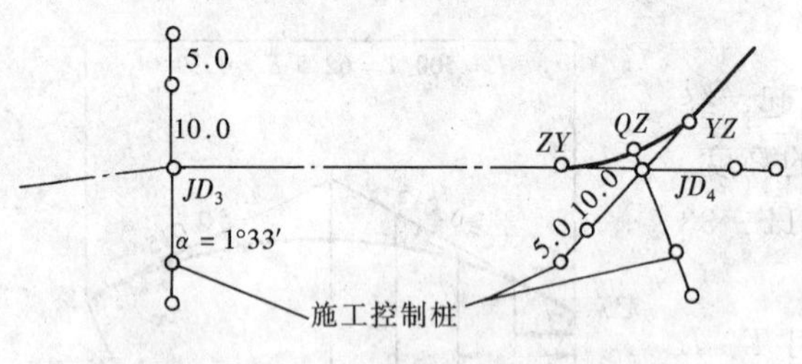

图 11-34 延长线法测设控制桩

（2）延长线法。延长线法是在中线和曲中点 QZ 至交点的延长线上测设施工控制桩，主要是控制交点的位置，如图 11-34所示，且各施工控制桩距交点的距离应量出。此法多用于地势起伏较大、直线段较短的山区公路。

以上两种方法，无论在城区、郊区或山区的道路施工中，都应根据实际情况配合使用。

4. 施工水准点的加密

为了在施工过程中引测高程方便，应在原有水准点之间加设临时水准点，其间距约为 100～150m 左右，其精度要求应根据工程性质和有关规范规定确定。

在引测水准点时，一般都同时校测出入口和管道与其他管线交叉处的高程，如与设计图纸给定数据不符，要及时与设计部门研究解决。

（四）路基放线与边桩测设

路基形式基本上可分为填方路基［称为路堤，见图 11-35（a）］和挖方路基［称为路堑，见图11-35（b）］两种。路基放线就是根据设计横断面图和各中桩的填、挖高度，把路基两旁的边坡与原地面的交点在地面上用木桩标定出来，作为路基施工的依据。因此，如果能求出这两个边桩离中桩的距离，就可以在实地测设路基边坡边桩。路基放线方法

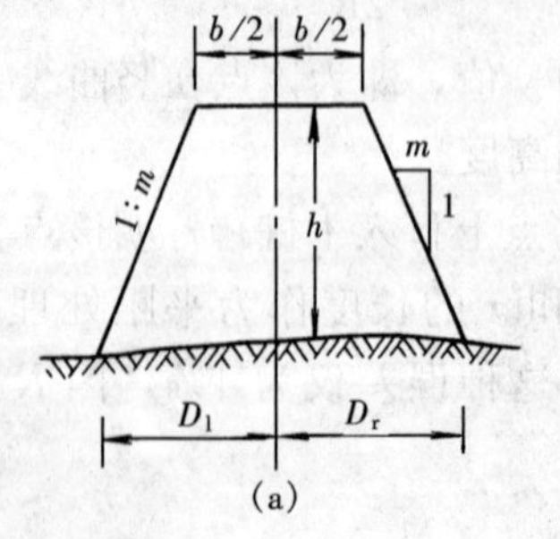

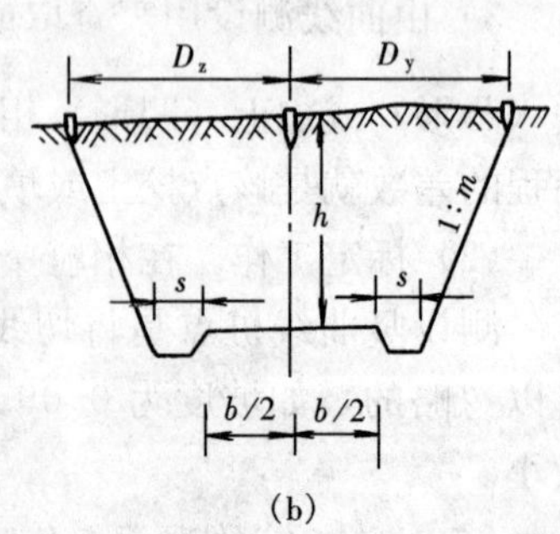

图 11-35 平坦地面路基放线示意图

如下：

1. 图解法

图解法是先在透明纸上绘出设计路堤（路堑）横断面图（比例尺与现状横断面图相同），然后将透明纸按各桩填方（或挖方）高度蒙在相应的现状横断面图上，则设计横断面图的边坡与现状地面的交点即为坡脚，用比例尺由图上量得坡脚至中心桩的水平距离，然后在实地相应的断面上用皮尺测设出坡角的位置。这是一种简便的方法。

2. 解析法

此法是通过计算求出路基中桩至边桩的距离，分平坦地面和倾斜地面两种情况。

（1）平坦地面。如图 11 - 35 所示，平坦地面的路堤与路堑的路基放线数据可按下列公式计算：

路堤
$$D_z = D_y = \frac{b}{2} + mh \tag{11-24}$$

路堑
$$D_z = D_y = \frac{b}{2} + s + mh \tag{11-25}$$

式中 D_z、D_y——道路中桩至左、右边桩的距离；

b——路基的宽度；

m——路基边坡坡度；

h——填土高度或挖土深度；

s——路堑边沟顶宽。

（2）倾斜地面。图 11 - 36 所示为倾斜地面路基横断面图，由图可知：

路堤
$$\left.\begin{aligned} D_z &= \frac{b}{2} + mh + mh_z \\ D_y &= \frac{b}{2} + mh - mh_y \end{aligned}\right\} \tag{11-26}$$

路堑
$$\left.\begin{aligned} D_z &= \frac{b}{2} + s + mh - mh_z \\ D_y &= \frac{b}{2} + s + mh + mh_y \end{aligned}\right\} \tag{11-27}$$

上式中，b、m、h 及 s 均为设计时已知，故 D_z、D_y 随 h_z、h_y 而变，而 h_z 和 h_y 各为左右边桩与中桩的地面高差，由于边桩位置是待定的，故二者不得而知，因此在实际工作中是沿着横断面方向，采用逐点接近的方法测设边桩。现以测设路堑左边桩为例，如图 11 - 36 所示，说明其测设步骤如下：

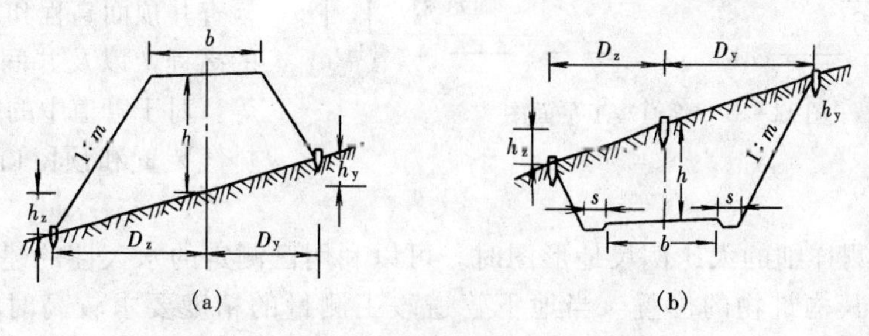

图 11 - 36　倾斜地面路基放线示意图

（1）估计边桩位置。在路基横断面图上估计路堑左边桩至中桩的水平距离 D_{zg}，于实地在其横断面方向上按 D_{zg} 定出左边桩的估计位置。

（2）实测高差。用水准仪测出左边桩估计位置与中桩的高差 h_z，按 $D_z=\frac{b}{2}+s+mh-mh_z$ 算得 D_z。若 D_z 与 D_{zg} 相差很大，则需调整边桩位置，重新测定。

（3）重估边桩位置。若 $D_z>D_{zg}$，则需把把原定左边桩向外移，得 D'_{zg}；否则反之，然后按 D'_{zg} 重新定出左边桩的估计位置。

（4）与上述（2）做法相同，重测高差，算得 D_z，若 D_z 与 D'_{zg} 相符或接近，即得左边桩的位置。否则继续调整边桩的位置，重新测定，直至满足要求为止。

其他各边桩测设方法相同，但需按式（11-26）或式（11-27）计算 D_z 或 D_y。采用逐点接近法测设边桩的位置，看起来比较繁杂，但经过一定实践之后，易于掌握，一般估计2～3次便能达到目的。

第四节 线路竣工图测绘

在线路工程中，竣工图反映了线路施工的成果及其质量，是管线工程建成后进行管理、维修和扩建时不可缺少的资料，同时它也是城市规划设计的必要依据。现以管道竣工图的绘制为例说明之。

管道竣工图有两个方面的内容：一是管道竣工带状平面图，二是管道竣工断面图。随着建设的发展，管道种类很多，管道竣工平面图往往与建筑平面图不在一张图上，而需要单独绘制综合竣工带状平面图。为了管理方便，还要编制单项管道竣工带状平面图，其宽度应至道路两侧第一排建筑物外 20m，如无道路，其宽度根据需要确定。带状平面图的比例尺根据需要一般采用 1∶500～1∶2000 比例尺。

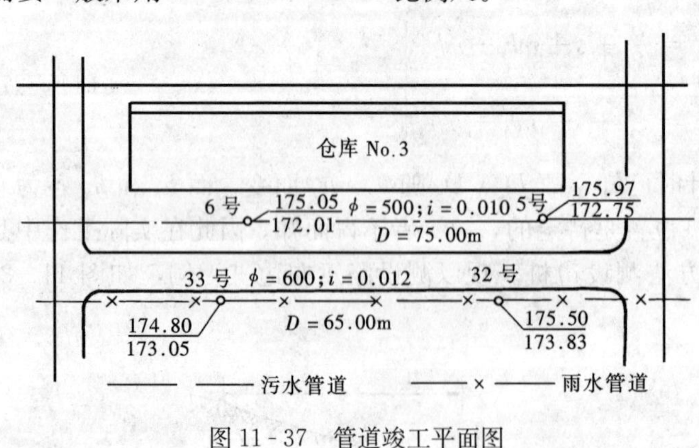

图 11-37 管道竣工平面图

竣工带状平面图主要测绘管道的主点、检查井位置以及附属构筑物施工后的实际平面位置和高程。图11-37和图 11-38 所示是管道竣工带状平面图示例，图上除标有各种管道位置外，还根据资料在图上标有检查井编号、检查井顶面高程和管底（或管顶）的高程，以及井间的距离和管径等。对于管道中的阀门、消火栓、排气装置和预留口等，应用统一符号标明。

当已有实测详细的大比例尺地形图时，可以利用已测定的永久性的建筑物用图解法来测绘管道及其构筑物的位置。当地下管道竣工测量的精度要求较高时，采用图根导线的技术要求测定管道主点的解析坐标，其点位中误差（指与相邻的控制点）不应大于 5cm。

地下管道平面图的测绘精度要求：对地下管线与邻近的地上建筑物、相邻管线，规划道路中心线的间距中误差如用解析法测绘时，1∶500～1∶2000 图不应大于图上±0.5mm，而用图解法测绘时，1∶500～1∶1000 图不应大于图上±0.7mm。

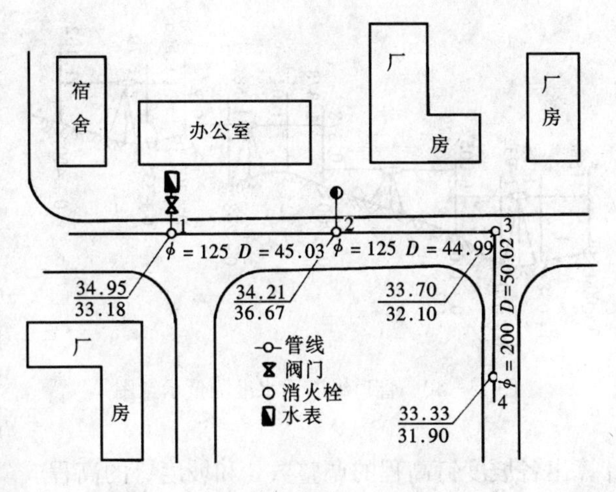

图 11-38 管道竣工平面图

管道竣工断面图测绘一定要在回填土前进行，用图根水准测量精度要求测定检查井口顶面和管顶高程，管底高程由管顶高程和管径、管壁厚度算得。但对于自流管道应直接测定管底高程，其高程中误差（指测点相对于邻近高程起始点）不应大于±2cm，井间距离应用钢尺丈量。如果管道互相穿越，在断面图上应表示出管道的相互位置，并注明尺寸。图 11-39 所示是与图 11-38 同一管道的管道竣工断面图。

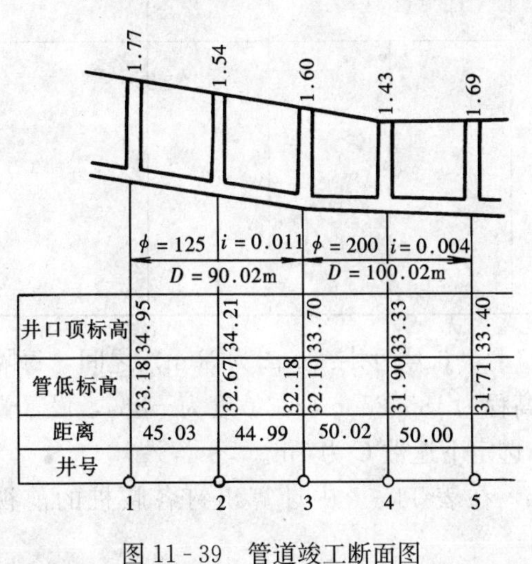

图 11-39 管道竣工断面图

如果旧有地下管道没有竣工图，应对原有旧管道进行调查测量。首先向各专业单位收集现有的旧管道资料，再到实地对照核实，弄清来龙去脉，进行调查测绘，无法核实的直埋管道，可在图上画虚线示意。

地下旧有管道调查方法根据具体情况采用下井调查和不下井调查两种，一般用 2～5m 钢卷尺、皮尺、直角尺、垂球等工具，量取管内直径、管底（或管顶）至井盖的高度和偏距（管道中心线与检查井中心的垂距），以求得管道中心线与检查井处的管道高度。一井中有多个方向的管道，要逐个量取并测量其方向，以便连线，若有预留口也要注明。

下井调查应特别注意人身安全。事前须了解管道情况并采取有效措施。若检查井已被残土埋没无法寻找时，可用管道探测仪配合进行管道的调查测量。

竣工资料和竣工图编绘完毕，应由工程负责人和编绘人签字后交付使用单位存档保管。

习题与思考题

1. 线路中线测量包括哪些内容？各应如何进行？

2. 绘制纵断面图时，为什么纵坐标的比例尺比横坐标的比例尺大？

3. 根据下面管道纵断面水准测量示意图（如图 11-40 所示），按本章表 11-2 记录手簿填写观测数据，并计算出各点的高程（0+000 的高程为 35.150m）。

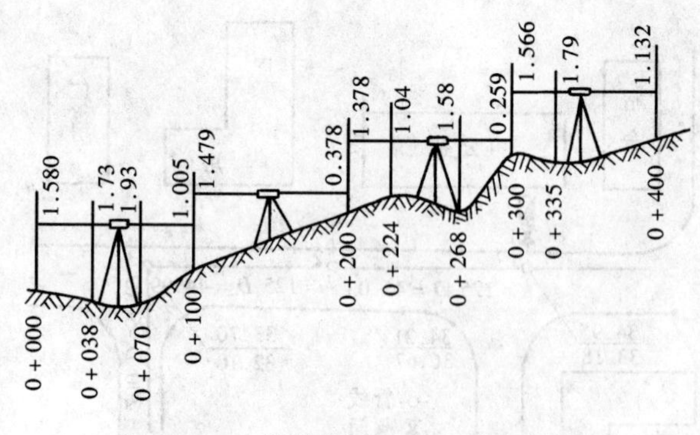

图 11-40 管道纵断面水准测量示意图

4. 根据第 3 题计算的成果绘制纵断面图（水平比例尺为 1∶1000，高程比例尺为1∶50），并绘出起点的设计高程为 33.50m、坡度为＋7.5‰的管线，并仿照图 11-7 上的各栏进行注记。

5. 如表 11-6 所示，已知管道起点 0＋000 的管底高程为 41.72m，管道坡度为10‰的下坡，在表中计算出各坡度钉处的管底设计高程，并按实测的板顶高程选定下返数 C，再根据选定下返数计算出各坡度钉高程的调整数 δ 和坡度钉的高程。

表 11-6　　坡度钉测设手簿

桩　号	距　离（m）	坡度	管底设计高程 H_{pb}	板顶高程 H_{pt}	$H_{pt}-H_{pb}$	选定下返数 C	调整数 δ	坡度钉高程
1	2	3	4	5	6	7	8	9
0＋000			41.72	44.310				
0＋020				44.100				
0＋040				43.825				
0＋060				43.734				
0＋080				43.392				
0＋100				43.283				
0＋120				43.051				

6. 管道施工测量中的腰桩起什么作用？现在 5 号、6 号两井（距离为 50m）之间，每隔 10m 在沟槽内设置一排腰桩，已知 5 号井的管底高程为 135.250m，其坡度为－8‰，设置腰桩是从附近水准点（高程为 139.234m）引测的，选定下返数 C 为 1m。

设置时，以临时水准点为后视读数 1.543m，在表 11-7 中计算出钉各腰桩的前视读数。

表 11-7　　腰桩测设手簿

井和腰桩编号	距　离	坡　度	管底高程	选定下返数 C	腰桩高程	起始点高程	后视读数	各腰桩前视读数
1	2	3	4	5	6	7	8	9
5号（1）			135.250					
2								
3								
4								
5								
6号（6）								

7. 道路施工中应进行哪些测量工作？

8. 试述测设圆曲线三个主点的方法。

9. 设有一圆曲线，已知交点的桩号为 0+201.60m，$\alpha=40°12'$（右折），$R=80$m。试计算该圆曲线的元素及主点的桩号。

10. 简述用偏角和切线支距法测设圆曲线细部点的方法与步骤。

11. 线路水准测量有什么特点？为什么观测转点比观测中间点的精度要求高？

12. 管道竣工测量的目的及内容是什么？简述管道竣工测量的特点以及竣工测量中的基本要求。

附录一　水准仪系列技术参数

技术参数 \ 仪器等级	DS05	DS1	DS3	DS10
每1km水准测量高差中数偶然中误差不超过（mm）	±0.5	±1.0	±3.0	±10.0
望远镜放大倍数不小于（倍）	42	38	28	20
望远镜物镜有效孔径不小于（mm）	55	47	38	28
管状水准器角值（″/2mm）	10	10	20	20
圆水准器角值（′/2mm）	8	8	8	10
自动安平精度（″）	±0.1	±0.2	±0.5	±2
测微器最小格值（mm）	±0.05	±0.05	—	—
主要用途	国家一等水准测量及地震水准测量	国家二等水准测量及其他精密水准测量	国家三、四等水准测量及一般工程水准测量	一般工程水准测量
相应精度的常用仪器	Koni 002 Ni 004 N3 HB－2	Koni 007 Ni 2 DS1（北测、靖江）	Koni 025 Ni 030 DS3－2（北测） N2DZS3－1（北光）	N10 Ni 4 DS10 DZS10

附录二　经纬仪系列技术参数

技术参数＼仪器等级	DJ07	DJ1	DJ2	DJ6	DJ15
一测回水平方向中误差不大于（″）	±0.7	±1.0	±2.0	±6.0	±15.0
望远镜放大倍数（倍）	30，45，55	24，30，45	28	20	20
望远镜物镜有效孔径（mm）	65	60	40	40	36
照准部水准器角值（″/2mm）	4	6	20	30	30
竖盘指标水准器角值（″/2mm）	10	10	—	—	—
圆水准器角值（′/2mm）	2	8	8	8	8
水平读数最小格值	0.2″	0.2″	1″	1′	1′
主要用途	国家一等三角和天文测量	二等三角测量及精密工程测量	三、四等三角测量，等级导线测量及一般工程测量	大比例尺地形测量及一般工程测量	一般工程测量
相应精度的常用仪器	T4 Theo 003 DJ07－1（北光）	T3 Theo 002 DJ1（苏光）	T2 Theo 010 DJ2（苏光、北光）	T1 Theo 020、 Theo 030、 DJ6（北光、苏光等）	T0

参考文献

[1] 李生平. 建筑工程测量. 武汉：武汉工业大学出版社，1997.
[2] 文登荣，宛梅华. 测量学. 北京：中央广播电视大学出版社，1985.
[3] 汤浚淇. 测量学. 北京：中央广播电视大学出版社，1994.
[4] 合肥工业大学等. 测量学. 北京：中国建筑工业出版社，1990.
[5] 章书寿，陈福山. 测量学教程. 北京：测绘出版社，1997.
[6] 陆之光. 建筑测量. 北京：中国建筑工业出版社，1987.
[7] 郭宗河. 房地产测量学. 山东：石油大学出版社，1997.
[8] 同济大学测量系，清华大学测量教研室. 测量学. 北京：测绘出版社，1991.
[9] 金和钟，陈丽华. 工程测量. 浙江：杭州大学出版社，1998.
[10] 钟孝顺，聂让. 测量学. 北京：人民交通出版社，1997.
[11] 李青岳，陈永奇. 工程测量学（修订版）. 北京：测绘出版社，1995.
[12] 郑庄生. 建筑工程测量. 北京：中国建筑工业出版社，1995.
[13] 吕云麟，林凤明. 建筑工程测量. 湖北：武汉工业大学出版社，1992.
[14] 王大武等. 房地产测绘. 北京：地震出版社，1997.
[15] 金志强. 建筑工程测量. 北京：测绘出版社，2010.
[16] 李仲. 建筑工程测量. 北京：高等教育出版社，2007.
[17] 李仕东. 工程测量. 北京：人民交通出版社，2009.
[18] 过静珺. 土木工程测量. 武汉：武汉理工大学出版社，2006.
[19] 郭卫彤. 土木工程测量. 北京：中国电力出版社，2007.
[20] 苗景荣. 建筑工程测量. 北京：中国建筑工业出版社，2009.
[21] 胡伍生，潘庆林. 土木工程测量. 南京：东南大学出版社，2007.